U0658187

高等学校经典教材"三点"丛书

概率统计简明教程

（同济·第一版）

重点　难点　考点　辅导与精析

主编　李昌兴

编者　李昌兴　赵美霞　林椹尠

西北工业大学出版社

【内容简介】 本书是与同济大学编写的《工程数学·概率统计简明教程》相配套的学习辅导书。参考原教材各章的顺序,每章包括重点及知识点辅导与精析、难点及典型例题辅导与精析、考点及考研真题辅导与精析、课后习题解答四部分. 本书着重于基本概念、基本原理和基本方法的归纳总结,并注重于分析解题思路,揭示解题规律,引导读者思考,培养学习兴趣.

本书可作为在校大学生学习概率统计课程的学习辅导书,也可供考研应试复习以及从事概率统计教学工作的人员参考.

图书在版编目(CIP)数据

概率统计简明教程重点难点考点辅导与精析/李昌兴主编. —西安:西北工业大学出版社,2010.8
(高等学校经典教材"三点"丛书)
ISBN 978 - 7 - 5612 - 2868 - 5

Ⅰ.①概… Ⅱ.①李… Ⅲ.①概率论—高等学校—教学参考资料②数理统计—高等学校—教学参考资料 Ⅳ.①O21

中国版本图书馆 CIP 数据核字(2010)第 158349 号

出版发行:西北工业大学出版社
通信地址:西安市友谊西路 127 号 邮编:710072
电 话:(029)88493844 88491757
网 址:www.nwpup.com
印 刷 者:陕西向阳印务有限公司
开 本:727 mm×960 mm 1/16
印 张:19
字 数:322 千字
版 次:2010 年 8 月第 1 版 2010 年 8 月第 1 次印刷
定 价:28.00 元

前 言

概率论与数理统计是高等学校工科和经济管理学科各专业必修的一门重要的数学基础课,也是全国硕士研究生统一入学考试数学科目的重要组成部分.它的数学思想和计算方法已经成为科学技术、经济管理和人文社会等各个领域中分析问题和解决问题的有效手段,因而备受广大科技工作者的重视.然而,这门课程的理论体系抽象,概念难以理解,方法难以掌握,思维难以展开,问题难以入手和习题难以解答等,本书从读者的角度出发,帮助大家解决学习过程中遇到的一些困难.

本书根据教育部组织制定的新《概率论与数理统计课程的教学基本要求》和《硕士研究生入学考试数学考试大纲》的要求编写,并在此基础上略有提高,以适应在校大学生和有志于考研读者的学习和应试复习的需要.

本书每章分为重点及知识点辅导与精析、难点及典型例题辅导与精析、考点及考研真题辅导与精析、课后习题解答四部分.重点及知识点辅导与精析部分简述了本章的基本概念、主要定理、性质及计算公式,指出了各章知识点的有机联系,使读者从整体上把握各章所涵盖的知识要点.难点及典型例题辅导与精析部分,精选了若干具有代表性的典型例题,力求做到选题全面,重点突出,解答详细,通过典型例题的示范,指导读者解题,帮助读者掌握解题要领与步骤,澄清错误概念与想法,使读者在解题过程中达到举一反三,触类旁通,以期提高读者解题方法的多样性和灵活性.考点及考研真题辅导与精析部分,收集了国内许多知名院校课程考试题及部分考研试题,以使读者明确考点,做到心中有数,有的放矢,着重于解题思路,揭示命题规律.课后习题解答部分,我们按照习题所在章节,提供与教材内容相一致的解题方法。对于简单题目给出解题思路,概念性较强或难以理解的习题做了详尽的解答,以便读者对照检查.

本书可作为在校大学生学习概率论与数理统计课程的同步学习辅导书,并可作为考研应试复习资料,也可供从事概率论与数理统计教学人员参考.

全书共分 12 章,其中第 8,9 章由赵美霞编写,第 10,11,12 章由林椹尠编写,其余各章由李昌兴编写. 全书由李昌兴统稿、定稿. 张素梅、邢务强详细阅读了本书的初稿,提出了许多宝贵的意见,编者在此一并致谢.

在本书的编写过程中,参阅了大量国内同类教材及相关辅导书,得到了有益的启迪和教益,谨向有关作者深致谢意!

我们恳切希望本书能对广大读者朋友学习概率论与数理统计有所帮助. 由于我们水平有限,书中疏漏不妥之处,恳请读者指教.

编　者

2010 年 4 月

目　　录

第 1 章

随 机 事 件

1.1 重点及知识点辅导与精析

1.1.1 随机试验的概念

具有以下两个特点的试验称为随机试验.

(1) 试验的所有可能结果是已知的或是可以确定的;

(2) 每次试验将要发生什么样的结果是事先无法预知的.

随机试验又依其可否在相同条件下重复进行,分为可重复试验及不可重复试验.本书绝大部分涉及的都是可重复试验.

1.1.2 样本空间和随机事件

试验所有可能结果的全体构成样本空间;称试验的每一个可能结果为样本点,样本空间为全体样本点的集合;随机事件是对随机试验中出现的某些现象或某种情况的陈述;它可以用试验的某些可能结果加以描述,因而是样本空间的子集.也简称随机事件为事件.

1.1.3 事件的关系

随机事件之间有如下四种关系.

(1) 包含关系. 如果 A 发生必导致 B 发生,称 A 蕴含于 B,且记之为 $A \subset B$.

(2) 相等关系. 如果 $A \subset B, B \subset A$ 同时成立,称 A 与 B 相等,且记之为 $A = B$.

(3) 互斥关系. 如果 A, B 不能在一次试验中同时发生,称 A 与 B 互斥.

（4）互补关系. 如果 A,B 在一次试验中必发生一个，且只能发生一个，称 A 与 B 互补.

1.1.4　事件的运算

随机事件之间有如下三种运算.

（1）并的运算. A 与 B 的并产生这样一个事件，即 A,B 至少发生一个，记之为 $A \bigcup B$.

（2）交的运算. A 与 B 的交产生这样一个事件，即 A,B 同时发生，记之为 $A \bigcap B$ 或 AB.

（3）差的运算. A 与 B 的差产生这样一个事件，即 A 发生且 B 不发生，记之为 $A - B$.

1.2　难点及典型例题辅导与精析

例 1　样本空间有哪些主要性质？

解　样本空间有两个主要性质：每次试验必有属于样本空间中的某个样本点发生；样本空间中的任意两个样本点不会出现在同一次试验中.

例 2　写出下列随机试验的样本空间.

（1）生产某种产品直到生产出 10 件正品为止，描述总生产的产品件数的样本空间.

（2）某人射击一个目标，若击中目标，射击就停止，记录射击的次数的样本空间.

（3）在半径为 1 的圆内任取一点，描述该点位置的坐标的样本空间.

（4）记录一个班一次数学考试的平均分数（设以百分制记分）.

（5）对某工厂出厂的产品进行检查，合格品的记上"正品"，不合格品的记上"次品". 如果连续查出了 2 件次品，就停止检查；或检查了 4 件产品就停止，记录检查的结果.

分析　确定随机试验的样本空间是概率论的基本问题，也是重要的问题. 样本空间就是随机试验所有可能结果组成的集合，即找出试验所有可能结果是写出样本空间的关键. 样本空间的描述就是集合的描述，其描述的方法通常有枚举法和特性刻画法.

解　（1）设生产产品的总数为 n，那么这一试验的样本空间 Ω 应该是从

10 开始的一切整数,即 $\Omega=\{n\mid n\geqslant 10$ 的整数$\}$. 这是有限型的样本空间.

(2) 射击是一次一次地进行下去. 若击中目标,不再进行下次射击;若未击中目标,射击就要继续进行. 因此,射击进行的次数就是一切正整数,即样本空间为 $\Omega=\{1,2,3,\cdots\}$.这是无限可列型的样本空间.

(3) 设圆心与原点重合,该点的坐标为(x,y),那么这一试验的样本空间为 $\Omega=\{(x,y)\mid x^2+y^2<1\}$.这是无限不可列型的样本空间.

(4) 以 n 表示该班级的学生数,总成绩的可能取值为 $0,1,2,3,\cdots,100n$,样本空间为 $\Omega=\{\frac{i}{n}\mid i=0,1,2,\cdots,100n\}$.

(5) 用 0 表示检查到一件次品,用 1 表示检查到一件正品. 如 0110 表示第一次与第四次检查到次品,而第二次与第三次检查到的是正品,样本空间可表示为

$\Omega=\{00,100,0100,0101,0110,1100,1010,1011,0111,1101,1110,1111\}$

例3 设 A,B,C 为三个随机事件,用 A,B,C 的运算关系表示下列各事件.

(1)A 发生,B 与 C 都不发生.

(2)A,B,C 中恰有两个发生.

(3) A,B,C 中不多于一个发生.

(4) A,B,C 中至多有两个发生.

(5) A,B,C 不都发生.

分析 利用事件的运算关系表示事件,关键是要正确理解事件的运算和事件的关系. 理解的思路不同,得到的表达式也不尽一样,但只要思路正确,所得到不同表达式相互等价. 特别是在复合事件中常用"恰有"、"只有"、"不多于"、"至少"、"至多"、"都发生"和"不都发生"等词描述,必须弄清楚这些词语的确切含义.

解 (1)"事件 A 发生,B 与 C 都不发生"等同于"$A,\bar{B},\bar{C}$ 三个事件同时发生",所以"A 发生,B 与 C 都不发生"可表示为事件 $A\bar{B}\bar{C}$.

也可以把"B 与 C 都不发生"看做一个整体,那么它的对立事件就是"B,C 至少有一个发生",即 $B\cup C$,那么"B 与 C 都不发生"等价于 $\overline{B\cup C}$.所以 A 发生,B 与 C 都不发生也可表示为事件 $A(\overline{B\cup C})$.

(2)"A,B,C 中恰有两个发生"的等价事件是"A,B 都发生,而 C 不发生;或 A,C 都发生,而 B 不发生;或 B,C 都发生,而 A 不发生",所以它可以表示为

$$A\overline{BC} \cup \overline{A}B\overline{C} \cup \overline{AB}C$$

另外,事件"A,B,C 中恰有两个发生"也等价于"A,B 同时发生,或 A,C 同时发生,或 B,C 同时发生,且 A,B,C 不同时发生",所以"A,B,C 中恰有两个发生"也可表示为

$$(AB \cup AC \cup BC) - ABC \quad 或 \quad (AB \cup AC \cup BC)\overline{ABC}$$

(3)"A,B,C 中不多于一个发生"等价于"A 发生,而 B,C 都不发生;或 B 发生,而 A,C 都不发生;或 C 发生,而 A,B 都不发生;或 A,B,C 都不发生",即可表示为

$$A\overline{BC} \cup \overline{A}B\overline{C} \cup \overline{AB}C \cup \overline{ABC}$$

"A,B,C 中不多于一个发生"也等价于"A,B,C 中至少有两个都不发生",所以它也可表示为

$$\overline{AB} \cup \overline{AC} \cup \overline{BC}$$

另外,"A,B,C 中不多于一个发生"的对立事件是"A,B,C 中至少有两个发生",所以也可以把"A,B,C 中不多于一个发生"表示为事件

$$\overline{AB \cup BC \cup CA}$$

(4)"A,B,C 中至多有两个发生"等价于"A,B,C 中至少有一个不发生",因此它可表示为 $\overline{A} \cup \overline{B} \cup \overline{C}$.

也可把"A,B,C 中至多有两个发生"分解成三个事件"A,B,C 三个事件不同时发生","A,B,C 三个事件恰好有一个发生","A,B,C 三个事件恰好有两个发生"的和事件,那么它可表示为

$$\overline{A}B C \cup \overline{A} B\overline{C} \cup \overline{AB}C \cup A B \overline{C} \cup A\overline{B}\overline{C} \cup \overline{A}B\overline{C} \cup \overline{ABC}$$

此外,"A,B,C 中至多有两个发生"的对立事件为"A,B,C 三个事件都发生",从而也可表示为$\overline{ABC}$.

(5)"A,B,C 不都发生"等价于"A,B,C 三个事件至少有一个不发生",或者等价于"A,B,C 不能同时发生",从而它可表示为 $\overline{A} \cup \overline{B} \cup \overline{C}$ 或$\overline{ABC}$.

【注】①"两个事件的差"可用对立事件来表示,如 $A-B=A\overline{B}$,$A-BC=A\overline{BC}$. ②易犯的错误是,误将$\overline{AB}$ 与 $\overline{A}\overline{B}$ 等同起来. 事实上,$\overline{AB}=\overline{A} \cup \overline{B} \neq \overline{A}\,\overline{B}$. 又如$\overline{ABC}=\overline{A} \cup \overline{B} \cup \overline{C} \neq \overline{A}\,\overline{B}\,\overline{C}$. ③误以为 $\Omega=A \cup B \cup C$,如将$\overline{ABC}$ 写成 $A \cup B \cup C - ABC$. 事实上,$\Omega-(A \cup B \cup C)$ 可能不等 $\varnothing$. 一般地,$A \cup B \cup C \subset \Omega$. ④误将 Ω 写成必然事件的概率1. 如将事件 A,B,C 中至少有一个发生的对立事件写成 $1-(A \cup B \cup C)$ 的错误结果.

例 4　一名射手连续向某个目标射击三次,事件 A_i 表示该射手第 i 次射击击中目标,其中 $i=1,2,3$. 试用文字叙述下列事件: $A_1 \cup A_2, \overline{A}_2, A_1 \cup A_2 \cup A_3, A_1 A_2 A_3, A_3 - A_2, \overline{A_1 \cup A_2}, \overline{A}_1 \overline{A}_2, \overline{A}_2 \cup \overline{A}_3, \overline{A_2 A_3}, A_1 A_2 \cup A_2 A_3 \cup A_1 A_3$.

解　$A_1 \cup A_2$ 表示"前两次至少有一次击中目标".

$\overline{A}_2$ 表示"第二次未击中目标".

$A_1 \cup A_2 \cup A_3$ 表示"三次射击中至少有一次击中目标".

$A_1 A_2 A_3$ 表示"三次射击都击中目标".

$A_3 - A_2$ 表示"第三次击中目标而第二次未击中目标".

$\overline{A_1 \cup A_2} = \overline{A}_1 \overline{A}_2$,表示"前两次射击中都没有击中目标".

$\overline{A}_2 \cup \overline{A}_3 = \overline{A_2 A_3}$,表示"后两次射击中至少有一次没有击中目标".

$A_1 A_2 \cup A_2 A_3 \cup A_1 A_3$ 表示"三次射击中至少有两次击中目标".

例 5　设两个事件 A,B,若 $AB = \overline{A}\,\overline{B}$,试问 A 与 B 是什么关系?

解　因为 $\overline{A}\,\overline{B} = \overline{A \cup B}$,所以由 $AB = \overline{A}\,\overline{B}$ 可得 $AB = \overline{A \cup B}$. 又因为 $A \cup B \supset AB$,所以 $AB = \varnothing$,即 $\overline{A \cup B} = \varnothing$,也就是 $A \cup B = \Omega$. 因此,A 与 B 是对立事件,即 $A = \overline{B}, B = \overline{A}$.

例 6　如图 1-1 所示的电路中,以 A 表示"信号灯亮"这一事件,事件 B,C,D 表示继电器Ⅰ,Ⅱ,Ⅲ闭合,试用事件 B,C,D 表示事件 A.

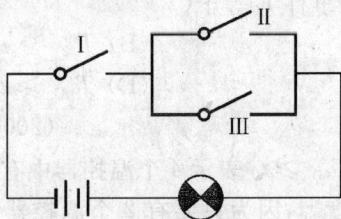

图　1-1

解　从图 1-1 可以看到,若继电器Ⅰ,Ⅱ闭合或者Ⅰ,Ⅲ闭合,那么信号灯亮,即 $BC \subset A, BD \subset A$,从而 $BC \cup BD \subset A$. 另一方面,若信号灯亮,那么继电器Ⅰ闭合,而且继电器Ⅱ,Ⅲ至少有一个闭合,即 $A \subset B, A \subset C \cup D$,故 $A \subset B \bigcap (C \cup D)$. 于是 $A = BC \cup BD$.

例 7　试用事件运算公式证明下列各式.

(1) $A - AB = A \cup B - B = A\overline{B}$;

(2)$A \bigcup B - AB = (A-B) \bigcup (B-A) = A\overline{B} \bigcup \overline{A}B.$

证　(1) 由于

$$A \bigcup B - B = (A \bigcup B)\overline{B} = A\overline{B} \bigcup B\overline{B} = A\overline{B}$$

$$A\overline{B} = A(\Omega - B) = A\Omega - AB = A - AB$$

所以

$$A - AB = A \bigcup B - B = A\overline{B}$$

(2) 由于

$$(A-B) \bigcup (B-A) = A\overline{B} \bigcup B\overline{A}$$

$$A \bigcup B - AB = (A \bigcup B) \bigcap (\overline{AB}) = (A \bigcup B) \bigcap (\overline{A} \bigcup \overline{B}) =$$
$$[A \bigcap (\overline{A} \bigcup \overline{B})] \bigcup [B \bigcap (\overline{A} \bigcup \overline{B})] =$$
$$A\overline{B} \bigcup B\overline{A}$$

所以

$$A \bigcup B - AB = (A-B) \bigcup (B-A) = A\overline{B} \bigcup \overline{A}B$$

1.3　考点及考研真题辅导与精析

例 1　在电炉上安装了 4 个温控器,其显示温度的误差是随机的. 在使用过程中,只要有 2 个温控器的显示温度不低于临界温度 t_0,电炉就断电. 以事件 E 表示"电炉断电",而 $T_{(1)} \leqslant T_{(2)} \leqslant T_{(3)} \leqslant T_{(4)}$ 为 4 个温控器显示的按递增序列排列的温度值,则事件 E 等于(　　).

(A) $T_{(1)} \geqslant t_0$　　　　　　　　　　(B) $T_{(2)} \geqslant t_0$

(C) $T_{(3)} \geqslant t_0$　　　　　　　　　　(D) $T_{(4)} \geqslant t_0$

(2000 年研究生入学考试题)

解　由已知条件,$T_{(i)} \geqslant t_0$ 表示 4 个温控器中有 $4-(i-1)$ 个温控器的显示温度不低于临界温度 t_0,因为只要有 2 个温控器的显示温度不低于临界温度 t_0,电炉就断电,即事件 E 发生,所以事件 E 等价于事件 $T_{(3)} \geqslant t_0$,故选(C).

例 2　以事件 A 表示"甲种产品畅销,乙种产品滞销",则其对立事件 $\overline{A}$ 为(　　).

(A)"甲、乙两种产品均畅销"

(B)"甲种产品滞销,乙种产品畅销"

(C)"甲种产品滞销"

(D)"甲种产品滞销,或乙种产品畅销"

(1989 年研究生入学考试题)

解 因为事件 A 表示"甲种产品畅销,乙种产品滞销",设 B 表示"甲种产品畅销",C 表示"乙种产品畅销",所以 $A = B\bar{C}$. 于是 $\bar{A} = \overline{B\bar{C}} = \bar{B} \cup C$,即 A 的对立事件表示"甲种产品滞销或乙种产品畅销",故应选(D).

例 3 对于任意两个事件 A 和 B,与 $A \cup B = B$ 不等价的是(   ).

(A) $A \subset B$ (B) $\bar{B} \subset \bar{A}$

(C) $A\bar{B} = \varnothing$ (D) $\bar{A}B = \varnothing$

(2006 年合肥工业大学)

解 $A \cup B = B$ 等价于 $A \subset B$,或 $\bar{B} \subset \bar{A}$,或 $A\bar{B} = \varnothing$,而 $\bar{A}B = B - AB = B - A$. 所以(D)与 $A \cup B = B$ 不等价. 故应选(D).

例 4 若事件 A, B, C 满足等式 $A \cup C = B \cup C$,则 $A = B$.   (   )

(1988 年研究生入学考试题)

解 因为 $A \cup C = B \cup C$,而 A, B, C 是任意三个事件,事件 $A \cup C$ 可表示为两个互斥事件的和,即 $A \cup C = C \cup A\bar{C}$. 同理可得 $B \cup C = C \cup B\bar{C}$,故 $A\bar{C} = B\bar{C}$. 即 $A - C = B - C$,两个差事件相等,而不是 A 与 B 相等. 所以此题所给结论是错误的.

例 5 设 A, B, C, D 为四个随机事件,用事件的运算关系表示:(1) 事件 A, B, C, D 中仅有事件 A, B 两个发生 _____ ;(2)A, B 中至少有一个发生,C, D 中至少有一个不发生 _____ ;(3)A, B, C, D 不都发生 _____ .
(2007 年哈尔滨工业大学)

解 (1) 注意到事件 A, B, C, D 中仅有事件 A, B 两个发生,即 A 与 B 都发生,且 C, D 均不发生,所以填 $AB\bar{C}\bar{D}$.

(2)A, B 中至少有一个发生可表示为 $A \cup B$,而 C, D 中至少有一个不发生可表示为 $\bar{C} \cup \bar{D}$,所以填写 $(A \cup B)(\bar{C} \cup \bar{D})$ 或 $(A \cup B)\overline{CD}$.

(3) 事件 A, B, C, D 不都发生,即 A, B, C, D 中至少有一个不发生,所以填写 $\bar{A} \cup \bar{B} \cup \bar{C} \cup \bar{D}$ 或 $\overline{ABCD}$.

例 6 设 A, B, C 是三个随机事件,事件"A, B, C 中至少有两个发生",可以用 A, B, C 表示为 _____ .
(2004 年西安电子科技大学)

解 "A, B, C 中至少有两个发生"等价于"A, B 同时发生,或 A, C 同时发生,或 B, C 同时发生",即事件 AB, BC, CA 中至少有一个发生,即

$$AB \cup BC \cup CA$$

另外,"事件 A, B, C 中至少有两个发生"可以分解为"A, B, C 中恰有两个发生"与"A, B, C 同时发生"的和事件,因此它可表示为

$$A B\overline{C} \bigcup \overline{A}BC \bigcup A\overline{B}C \bigcup ABC$$

因此,填写 $AB \bigcup BC \bigcup CA$,或填写 $AB\overline{C} \bigcup \overline{A}BC \bigcup A\overline{B}C \bigcup ABC$.

例7 证明 $A \bigcup B = (A-B) \bigcup (B-A) \bigcup AB$.

（2007 年北京化工大学）

证 **方法一** 用事件的关系与运算的定义.

$A \bigcup B$ 发生即事件 A 或事件 B 发生,则必然导致下列三个事件之一发生: A 发生 B 不发生,B 发生 A 不发生,A 与 B 同时发生,即 $A-B,B-A,AB$. 所以 $A \bigcup B \subset (A-B) \bigcup (B-A) \bigcup AB$.

反之,$A-B$ 即 A 发生 B 不发生,那么 A 发生,有 $A-B \subset A$.同理,$B-A \subset B$,同时 $AB \subset A$,故 $(A-B) \bigcup (B-A) \bigcup AB \subset A \bigcup B$.

于是,$A \bigcup B = (A-B) \bigcup (B-A) \bigcup AB$.

方法二 用集合关系与运算定义.

若 $x \in A \bigcup B$,那么 $x \in A$ 或 $x \in B$. 当 $x \in A$ 时,注意到 $A = (A-B) \bigcup AB$,从而 $x \in (A-B) \bigcup AB$;当 $x \in A$ 时,同理可得 $x \in (B-A) \bigcup AB$. 因此

$$A \bigcup B \subset [(A-B) \bigcup AB] \bigcup [(B-A) \bigcup AB] =$$
$$(A-B) \bigcup (B-A) \bigcup AB$$

反之,若 $x \in (A-B) \bigcup (B-A) \bigcup AB$,则 $x \in (A-B)$,或者 $x \in (B-A)$,或者 $x \in AB$,即 $x \in A$ 或 $x \in B$. 所以 $(A-B) \bigcup (B-A) \bigcup AB \subset A \bigcup B$.

于是,$A \bigcup B = (A-B) \bigcup (B-A) \bigcup AB$.

方法三 用集合的运算关系.

$$(A-B) \bigcup (B-A) \bigcup AB = A\overline{B} \bigcup B\overline{A} \bigcup AB =$$
$$(A\overline{B} \bigcup AB) \bigcup (B\overline{A} \bigcup AB) =$$
$$A(\overline{B} \bigcup B) \bigcup (\overline{A} \bigcup A)B = A \bigcup B$$

所以,$A \bigcup B = (A-B) \bigcup (B-A) \bigcup AB$.

【注】事件的关系有包含、相等、互斥、对立四种.讨论或证明时,一般有三种方法:用事件的关系与运算的定义;用集合关系与运算定义;用事件或集合的运算性质.

1.4　课后习题解答

1.用集合的形式写出下列随机试验的样本空间与随机事件 A.

（1）抛一枚硬币两次,观察出现的面,事件 $A = \{$两次出现的面相同$\}$;

(2) 记录某电话总机一分钟内接到的呼叫次数,事件 $A=\{$一分钟内呼叫次数不超过 3 次$\}$;

(3) 从一批灯泡中随机抽取一只,测试其寿命,事件 $A=\{$寿命在 $2\,000\sim2\,500$ h 之间$\}$.

解　(1) $\Omega=\{(+,+),(+,-),(-,+),(-,-)\}$
$$A=\{(+,+),(-,-)\}$$

(2) 记 X 为一分钟内接到的呼叫次数,则
$$\Omega=\{X=k\mid k=0,1,2,\cdots\},\quad A=\{X=k\mid k=0,1,2,3\}$$

(3) 记 X 为抽到的灯泡的寿命(单位:h),则
$$\Omega=\{X=x\mid x\in[0,+\infty)\},\quad A=\{X=x\mid x\in[2\,000,2\,500]\}$$

2. 袋中有 10 个球,分别编有号码 $1\sim10$,从中任取 1 球.设 $A=\{$取得球的号码是偶数$\}$,$B=\{$取得球的号码是奇数$\}$,$C=\{$取得球的号码小于 5$\}$.问:下列运算表示什么事件? (1) $A\bigcup B$;(2) AB;(3) AC;(4) $\overline{AC}$;(5) $\overline{A}\,\overline{C}$;(6) $\overline{B\bigcup C}$;(7) $A-C$.

解　(1) $A\bigcup B=\Omega$ 是必然事件;

(2) $AB=\varnothing$ 是不可能事件;

(3) $AC=\{$取得球的号码是 2,4$\}$;

(4) $\overline{AC}=\{$取得球的号码是 1,3,5,6,7,8,9,10$\}$;

(5) $\overline{A}\,\overline{C}=\{$取得球的号码是奇数,且不小于 5$\}=\{$取得球的号码为 5,7,9$\}$;

(6) $\overline{B\bigcup C}=\overline{B}\bigcap\overline{C}=\{$取得球的号码是不小于 5 的偶数$\}=\{$取得球的号码为 6,8,10$\}$;

(7) $A-C=A\overline{C}=\{$取得球的号码是不小于 5 的偶数$\}=\{$取得球的号码为 6,8,10$\}$.

3. 在区间 $[0,2]$ 上任取一数,记 $A=\{x\mid\frac{1}{2}<x\leqslant1\}$,$B=\{x\mid\frac{1}{4}\leqslant x\leqslant\frac{3}{2}\}$,求下列事件的表达式. (1) $A\bigcup B$;(2) $\overline{AB}$;(3) $A\overline{B}$;(4) $A\bigcup\overline{B}$.

解　(1) $A\bigcup B=\{x\mid\frac{1}{4}\leqslant x\leqslant\frac{3}{2}\}$

(2) $\overline{AB}=\{x\mid0\leqslant x\leqslant\frac{1}{2}$ 或 $1<x\leqslant2\}\bigcap B=$
$$\{x\mid\frac{1}{4}\leqslant x\leqslant\frac{1}{2}\}\bigcup\{x\mid1<x\leqslant\frac{3}{2}\}$$

(3) 因为 $A \subset B$，所以 $A\overline{B} = \varnothing$；

(4) $A \bigcup \overline{B} = A \bigcup \{x \mid 0 \leqslant x < \frac{1}{4}$ 或 $\frac{3}{2} < x \leqslant 2\} =$

$$\{x \mid 0 \leqslant x < \frac{1}{4} \text{ 或 } \frac{1}{2} < x \leqslant 1 \text{ 或 } \frac{3}{2} < x \leqslant 2\}$$

4. 用事件 A,B,C 的运算关系式表示下列各事件.

(1) A 出现，B,C 都不出现（记为 E_1）；

(2) A,B 都出现，C 不出现（记为 E_2）；

(3) 所有三个事件都出现（记为 E_3）；

(4) 三个事件中至少有一个出现（记为 E_4）；

(5) 三个事件都不出现（记为 E_5）；

(6) 不多于一个事件出现（记为 E_6）；

(7) 不多于两个事件出现（记为 E_7）；

(8) 三个事件中至少有两个出现（记为 E_8）.

解　(1) $E_1 = A\overline{B}\overline{C}$；

(2) $E_2 = AB\overline{C}$；

(3) $E_3 = ABC$；

(4) $E_4 = A \bigcup B \bigcup C$；

(5) $E_5 = \overline{A}\,\overline{B}\overline{C}\overline{B}\overline{C}$；

(6) $E_6 = \overline{A}\,\overline{B}C \bigcup A\overline{B}\overline{C} \bigcup \overline{A}B\overline{C} \bigcup \overline{A}\,\overline{B}\overline{C}$；

(7) $E_7 = \overline{ABC} = \overline{A} \bigcup \overline{B} \bigcup \overline{C}$；

(8) $E_8 = AB \bigcup AC \bigcup BC$.

5. 一批产品中有合格品和废品，从中有放回地抽取三次，每次取一件. 设 A_i 表示事件"第 i 次抽到废品"，$i = 1,2,3$，试用 A_i 表示下列事件.

(1) 第一次、第二次中至少一次抽到废品；

(2) 只有第一次抽到废品；

(3) 三次都抽到废品；

(4) 至少有一次抽到合格品；

(5) 只有两次抽到废品.

解 (1) $A_1 \bigcup A_2$；

(2) $A_1 \overline{A_2}\,\overline{A_3}$；

(3) $A_1 A_2 A_3$；

(4) $\overline{A_1} \bigcup \overline{A_2} \bigcup \overline{A_3}$；

(5) $A_1 A_2 \overline{A_3} \bigcup A_1 \overline{A_2} A_3 \bigcup \overline{A_1} A_2 A_3$.

6. 接连进行三次射击,设 $A_i = \{$第 i 次射击命中$\}$, $i = 1, 2, 3$, $B = \{$三次射击恰好命中二次$\}$, $C = \{$三次射击至少命中二次$\}$;试用 A_i 表示 B 和 C.

解　　$B = A_1 A_2 \overline{A_3} \bigcup A_1 \overline{A_2} A_3 \bigcup \overline{A_1} A_2 A_3$

$C = A_1 A_2 \bigcup A_1 A_3 \bigcup A_2 A_3$

第 2 章

事件的概率

2.1 重点及知识点辅导与精析

2.1.1 概率的概念

概率是随机事件出现的可能性大小,因而是随机事件不确定性的度量.

概率的统计定义揭示了随机现象的统计规律,即概率是频率的稳定值,在实际应用中可用做概率的近似计算.

2.1.2 古典概型及概率的确定

称有以下两个特点的随机试验为古典概型:

(1) 有限性:试验的可能结果只有有限个;

(2) 等可能性:各个可能结果出现是等可能的.

其事件的概率的计算公式为

$$P(A) = \frac{\text{有利于 } A \text{ 的样本点数}}{\text{样本点总数}} = \frac{k}{n}$$

2.1.3 几何概型及概率的确定

几何概型是古典概型的推广,即保留等可能性而去掉有限性的限制,即容许试验可能结果有无穷多个.

其计算概率的公式为

$$P(A) = \frac{|S_A|}{|\Omega|}$$

其中,Ω 为所有可能试验结果所处的某空间区域;S_A 是 Ω 的一个子区域,为事

件 A 的样本点在区域 Ω 中的相对位置.

2.1.4　概率的公理化定义及性质

1. 公理化定义

满足以下三个公理的一个集函数 $P(\cdot)$ 称为概率.

公理 1（非负性）对每一事件 $A,0 \leqslant P(A) \leqslant 1$.

公理 2（规范性）$P(\Omega)=1$.

公理 3（完全可加性）对任意一列两两互斥事件 $A_1,A_2,\cdots,$ 有

$$P(\bigcup_{n=1}^{\infty} A_n) = \sum_{n=1}^{\infty} P(A_n)$$

2. 性质

(1) $P(\varnothing)=0$；

(2) $P(\overline{A})=1-P(A)$；

(3) $P(A \bigcup B)=P(A)+P(B)-P(AB)$；

(4) 若 $A \subset B$，则 $P(B-A)=P(B)-P(A)$，且 $P(A) \leqslant P(B)$.

2.2　难点及典型例题辅导与精析

　　例 1　若 $P(A)=0.5,P(B)=0.4,P(A-B)=0.3$，求 $P(A \bigcup B)$ 和 $P(\overline{A} \bigcup \overline{B})$.

　　解　由于

$$P(A-B)=P(A-AB)=P(A)-P(AB)$$

那么由已知条件，有

$$P(AB)=P(A)-P(A-B)=0.5-0.3=0.2$$

于是

$$P(A \bigcup B)=P(A)+P(B)-P(AB)=0.5+0.4-0.2=0.7$$

$$P(\overline{A} \bigcup \overline{B})=P(\overline{AB})=1-P(AB)=1-0.2=0.8$$

　　例 2　设 A,B 为两事件，且 $P(A)=0.6,P(B)=0.7$. 问：(1) 在什么条件下 $P(AB)$ 取到最大值，最大值是多少？(2) 在什么条件下 $P(AB)$ 取到最小值，最小值是多少？

分析 利用概率的基本性质及事件的运算关系是解决本题的关键.

解 (1) 因为
$$AB \subset A, \quad AB \subset B$$
所以
$$P(AB) \leqslant P(A), \quad P(AB) \leqslant P(B)$$
即
$$P(AB) \leqslant \min\{P(A), P(B)\} = 0.6$$
从而当 $P(AB) = P(A)$ 时,$P(AB)$ 取得值最大,其值等于 $P(A) = 0.6$.

(2) 由概率加法公式 $P(A \cup B) = P(A) + P(B) - P(AB)$,得
$$P(AB) = P(A) + P(B) - P(A \cup B) = 0.6 + 0.7 - P(A \cup B) =$$
$$1.3 - P(A \cup B)$$
因为 $0 \leqslant P(A \cup B) \leqslant 1, P(\Omega) < P(A) + P(B)$,所以当 $P(A \cup B) = P(\Omega) = 1$ 时,$P(A \cup B) = 1$ 取最大值,从而 $P(AB)$ 取最小值,且最小值为 0.3.

【注】本题易把条件 $P(AB) = P(A)$ 误写成 $A \subset B$ 或 $A = AB$,而把 $P(A \cup B) = 1$ 误写成 $A \cup B = \Omega$.

例3 设 A, B, C 为三个事件,且 $P(A) = P(B) = P(C) = \frac{1}{4}, P(AB) = P(BC) = 0, P(AC) = \frac{1}{8}$. 试求 A, B, C 中至少有一个发生的概率.

解 "A, B, C 中至少有一个发生"即为 $A \cup B \cup C$. 由概率的性质,得
$$P(A \cup B \cup C) = P(A) + P(B) + P(C) - P(AB) -$$
$$P(BC) - P(CA) + P(ABC) =$$
$$\frac{1}{4} + \frac{1}{4} + \frac{1}{4} - 0 - 0 - \frac{1}{8} + P(ABC) =$$
$$\frac{5}{8} + P(ABC)$$
又 $ABC \subset AB$,那么再由概率的性质得
$$0 \leqslant P(ABC) \leqslant P(AB)$$
而 $P(AB) = 0$,于是 $P(ABC) = 0$,故所求概率
$$P(A \cup B \cup C) = \frac{5}{8}$$

【注】不要误认为 $P(AB) = 0$,就可得到 $AB = \varnothing$. 事实上,当 $P(AB) = 0$ 时,AB 不一定是不可能事件 $\varnothing$(请读者举出这样的反例).

例4 证明:对任意的事件 A, B,有 $P(A \cup B)P(AB) \leqslant P(A)P(B)$.

分析　证明的关键就是熟练掌握概率的性质及事件的关系和运算.

证　**方法一**　由于

$$A \bigcup B = (A - B) \bigcup (B - A) \bigcup AB$$

且 $A - B, B - A, AB$ 两两互斥,所以

$$P(A \bigcup B) = P(A - B) + P(B - A) + P(AB)$$

从而有

$$
\begin{aligned}
P(A \bigcup B)P(AB) &= [P(A - B) + P(B - A) + P(AB)]P(AB) = \\
&\quad P(A - B)P(AB) + P(B - A)P(AB) + \\
&\quad P(AB)P(AB) \leqslant \\
&\quad P(A - B)P(B - A) + P(A - B)P(AB) + \\
&\quad P(B - A)P(AB) + P(AB)P(AB) = \\
&\quad [P(A - B) + P(AB)][P(B - A) + P(AB)]
\end{aligned}
$$

又　　　　　　$$P(A - B) = P(A - AB) = P(A) - P(AB)$$

即　　　　　　$$P(A - B) + P(AB) = P(A)$$

类似有　　　　$$P(B - A) + P(AB) = P(B)$$

于是得　　　　$$P(A \bigcup B)P(AB) \leqslant P(A)P(B)$$

方法二　由于

$$A = AB \bigcup A\overline{B}, \quad B = AB \bigcup \overline{A}B$$

因此

$$
\begin{aligned}
P(A)P(B) &= P[AB \bigcup A\overline{B}]P[AB \bigcup \overline{A}B] = \\
&\quad [P(AB) + P(A\overline{B})][P(AB) + P(\overline{A}B)] = \\
&\quad P(AB)P(AB) + P(AB)P(\overline{A}B) + P(A\overline{B})P(AB) + \\
&\quad P(A\overline{B})P(\overline{A}B) \geqslant \\
&\quad P(AB)[P(AB) + P(A\overline{B}) + P(\overline{A}B)] \geqslant \\
&\quad P(AB)[P(AB) + P(A\overline{B}) + P(\overline{A}B)] = \\
&\quad P(AB)P(A \bigcup B)
\end{aligned}
$$

所以　　　　　$$P(A \bigcup B)P(AB) \leqslant P(A)P(B)$$

例 5　一次投掷两颗骰子,求出现的点数之和为奇数的概率.

分析　利用古典概型计算概率时,首先注意到样本空间所包含的样本点总数是有限个,每一个样本点都是等可能的发生. 其次注意到计算样本空间所包含的样本点总数和有利事件包含的样本点总数时,必须在已经确定的样本空间中进行,否则会引起混淆或导致错误的结果.

解　记 $A=\{$出现点数之和为奇数$\}$.

方法一　若取每次试验所有可能的点数 (i,j)（表示第一颗骰子出现 i 点，第二颗骰子出现 j 点）为样本点，则样本点的总数为 $n=36$，且这 36 个样本点组成等概率样本空间，其中 A 包含的样本点数 $k_A=3\times3+3\times3=18$，故所求概率为 $P(A)=\dfrac{k_A}{n}=\dfrac{1}{2}$.

方法二　由于要确定的是每次试验出现点数之和的奇偶性，因此可取每次试验可能出现的结果为 $\{$点数和为奇数$\}$，$\{$点数和为偶数$\}$ 作为样本点，它们也构成等概率样本空间，样本点的总数 $n=2$，A 包含的样本点数 $k_A=1$，故所求概率为 $P(A)=\dfrac{k_A}{n}=\dfrac{1}{2}$.

方法三　把每次试验可能出现的结果取为（奇，偶），（奇，奇），（偶，奇），（偶，偶）（记（奇，偶）表示第一颗骰子出现奇数点，第二颗骰子出现偶数点），则这四个样本点也组成等概率样本空间，样本点的总数 $n=4$，包含 A 的样本点数 $k_A=2$，故 $P(A)=\dfrac{k_A}{n}=\dfrac{1}{2}$.

【注】 在方法三中若取 A 表示出现两个数是奇数，B 表示出现的两个数一个是奇数，而另一个是偶数，C 表示出现的两个数是偶数作为样本点，组成样本空间，则得出 $P(A)=\dfrac{1}{3}$，错误的原因就是所选取的样本空间不是等概率的. 事实上，$P(A)=\dfrac{1}{4}$，$P(B)=\dfrac{1}{2}$.

例 6　一批产品有 10 件，其中有 3 件次品.（1）从中随机地取 3 件，求恰有 2 件次品的概率；（2）从中连续取 3 次，每次取 1 件，检查后不放回，求 3 次中恰好抽到 2 件次品的概率；（3）从中连续取 3 次，每次取 1 件，检查后放回，求 3 次中恰好抽到 2 件次品的概率.

解　（1）设 A 表示"从中随机地取 3 件，恰有 2 件次品". 在 10 件产品中随机取 3 件的不同取法数就是从 10 件产品中随机取 3 件的组合数，即样本点总数为 $n=C_{10}^3$. 对于事件 A，在 3 件产品中恰有 2 件次品共有 C_3^2 种取法，有 1 件正品共有 C_7^1 中取法. 由乘法原理，A 包含 $C_3^2C_7^1$ 个样本点，即 $k_A=C_3^2C_7^1$. 于是所求概率为

$$P(A)=\frac{k_A}{n}=\frac{C_3^2C_7^1}{C_{10}^3}=\frac{7}{40}.$$

（2）设 B 表示"从中连续取 3 次，每次取 1 件，检查后不放回，3 次中恰好抽

到 2 件次品". 在 10 件产品中连续取 3 次,每次取 1 件,检查后不放回的不同取法数就是从 10 件产品中随机取 3 件的排列数,即样点总数为 $n = P_{10}^3$. 对于事件 B,在 3 次抽取中,恰有 2 次取到次品,1 次取到正品的取法数为 $C_3^2 C_7^1 P_3^3$,即 $k_B = C_3^2 C_7^1 P_3^3$. 于是所求概率为

$$P(B) = \frac{k_B}{n} = \frac{C_3^2 C_7^1 P_3^3}{P_{10}^3} = \frac{7}{40}$$

(3) 设事件 C 表示"从中连续取 3 次,每次取 1 件,检查后放回,3 次中恰好抽到 2 件次品". 由于检查后放回,所以每次抽取都有 10 种不同的取法. 根据乘法原理,连续取 3 次的不同取法数,即样本空间包含的样本点总数为 $n = 10 \times 10 \times 10$. 对于事件 C,设想把 3 件产品放在 3 个位置上,在 3 个位置挑出 2 个位置放次品,共有 C_3^2 种挑选法;再者次品有 3×3 种取法,正品有 7 种取法. 由乘法原理,C 包含的样本点总数为 $k_C = C_3^2 \times 3^2 \times C_7^1$. 所求概率为

$$P(C) = \frac{k_C}{n} = \frac{C_3^2 \times 3^2 \times C_7^1}{10^3} = \frac{189}{1\,000}$$

【注】将 $P(A)$ 或 $P(B)$ 误写成 $\dfrac{C_3^2 C_7^1}{P_{10}^3}$(即计算样本空包含样本点总数时考虑了取产品的顺序,而计算有利事件包含样本点总数未考虑所取产品的顺序),或误写成 $\dfrac{P_3^2 P_7^1}{P_{10}^3}$(即计算有利事件包含样本点总数时未考虑到次品与正品的排列顺序).

例 7　已知 10 个晶体管中有 7 个正品及 3 个次品,每次任意抽取 1 个进行测试,测试后不再放回,直至把 3 个次品都找到为止,求需要测试 7 次的概率.

分析　计算出所求概率的事件所包含的样本点总数是解答本题的关键.

解　测试 7 次,就是从 10 个晶体管中不放回地抽取 7 个晶体管,其样本空间所包含的样本点的总数为 $n = P_{10}^7$. 设事件 A 表示"经过 7 次测试,3 个次品都已找到",这就是说在前 6 次测试中有 2 次找到次品,而在第 7 次测试时找到了最后 1 个次品或者前 7 次测试均为正品,最后剩下的 3 个就是次品. 由于 3 个次品均可在最后一次被测试到,所以事件 A 所包含的样本点数为

$$k_A = C_6^2 \times C_4^4 \times P_7^4 \times 3! \; + C_7^7 \times 7!$$

因此,所求概率为

$$P(A) = \frac{k_A}{n} = \frac{C_6^2 \times C_4^4 \times P_7^4 \times 3! \; + C_7^7 \times 7!}{P_{10}^7} = \frac{2}{15}$$

例 8　3 封信随机投向标号为 Ⅰ,Ⅱ,Ⅲ,Ⅳ 的 4 个邮筒投寄. 试求:(1) 第 Ⅱ 邮筒内恰好被投入 1 封信的概率;(2) 前 3 个邮筒内均有信的概率;(3)3 封

信平均被投入 2 个邮筒内的概率.

解　设 A 表示"第 Ⅱ 邮筒内恰好被投入 1 封信",B 表示"前 3 个邮筒均有信",C 表示"3 封信平均被投入 2 个邮筒". 由题意知,每封信被投到每个邮筒的概率都是 $\frac{1}{4}$,即每封信各自都有 4 种不同的分配方式,因此,3 封信有 4^3 种不同的分配方法,每一种分法对应着一个样本点,因而样本空间所包含的样本点总数为 $n=4^3=64$. 第 Ⅱ 邮筒内恰好被投入 1 封信可以分为两步:先从 3 封信中任选 1 封信被投入第 Ⅱ 邮筒,共有 C_3^1 种选法,而后再把剩下的 2 封信随机投入其余的 3 个邮筒,共有 3^2 种方式,从而 A 所包含的样本点总数为 $k_A=C_3^1 \cdot 3^2=27$. 同样可知 B 所包含的样本点总数是 3 的全排列,即 $k_B=P_3^3=6$. 事实上,不可能把 3 封信平均投入到 2 个邮筒,也就是说事件 C 是一个不可能事件,所以 $k_C=0$. 因此,所求概率分别为

$$P(A)=\frac{k_A}{n}=\frac{27}{64}, \quad P(B)=\frac{k_B}{n}=\frac{6}{64}=\frac{3}{32}, \quad P(C)=\frac{k_C}{n}=0$$

例 9　在 $1\sim 2\,000$ 的整数中随机地取一个数,问取到的整数既不能被 6 整除,又不能被 8 整除的概率是多少?

分析　充分利用概率的性质把复杂事件概率计算转化为若干个简单事件的概率计算是解答本问题的关键.

解　设 $A=\{$取到的数能被 6 整除$\}$,$B=\{$取到的数能被 8 整除$\}$,$C=\{$取到的整数既不能被 6 整除,又不能被 8 整除$\}$,则 $C=\overline{A\bigcup B}$. 所以

$$P(C)=P(\overline{A\bigcup B})=1-P(A\bigcup B)=1-[P(A)+P(B)-P(AB)]$$

下面分别计算事件 A,B,C 的概率.

由于 $333<\frac{2\,000}{6}<334$,A 所包含的样本点总数为 333,因此

$$P(A)=\frac{333}{2\,000}$$

由于 $\frac{2\,000}{8}=250$,B 所包含的样本点总数为 250,因此 $P(B)=\frac{250}{2\,000}$.

又因为一个数同时能被 6 与 8 整除,就相当于被它们的最小公倍数整除. 注意到 $83<\frac{2\,000}{24}<84$,AB 所包含的样本点总数为 83,于是 $P(AB)=\frac{83}{2\,000}$. 故所求概率为

$$P(C)=1-P(A\bigcup B)=1-[P(A)+P(B)-P(AB)]=$$
$$1-\left[\frac{333}{2\,000}+\frac{250}{2\,000}-\frac{83}{2\,000}\right]=\frac{3}{4}$$

例 10 从 $1,2,3,4,5,6,7,8,9$ 的 9 个数字中随机地取出一个数,取后放回,连续取 n 次,求取到的 n 个数之积能被 10 整除的概率.

分析 如果直接计算,则很烦琐.若能求出对立事件的概率,再利用对立事件的概率计算就相对容易得多.

解 设事件 A 表示"取出的 n 个数之积能被 10 整除",事件 B 表示"取出的 n 个数中不含数字 5",事件 C 表示"取出的 n 个数中必含数字 5,但不含数字 $2,4,6,8$ 中的任何一个",且 B 与 C 互不相容,$A=B\bigcup C$.

每次从 $1,2,3,4,5,6,7,8,9$ 取出一个数共有 9 种取法,连续取 n 次,那么由乘法原理共有 9^n 种取法,即样本空间包含的样本点的总数 $n=9^n$.

B 包含的样本点数,即从 $1,2,3,4,6,7,8,9$ 的 8 个数中允许重复取 n 个元素的排列,共有 8^n 个,因此 $P(B)=\dfrac{k_B}{n}=\dfrac{8^n}{9^n}$.

C 包含的样本点数,即从 $1,3,5,7,9$ 这 5 个数字中允许重复取 n 个元素的排列,共有 5^n 个,减去由 $1,3,7,9$ 这 4 个数字中允许重复取 n 个的排列,共有 4^n 个,即 $k_C=5^n-4^n$,故 $P(C)=\dfrac{5^n-4^n}{9^n}$.

于是,所求概率为

$$P(A)=1-P(\overline{A})=1-P(B\bigcup C)=$$
$$1-P(B)-P(C)=1-\frac{8^n+5^n-4^n}{9^n}$$

例 11 袋中装有 a 个黑球,b 个白球,现在把球随机地一个一个摸出来,求第 k 次摸出的一个球是黑球的概率($1\leqslant k\leqslant a+b$).

解 设 A 表示"第 k 次摸出的一个球是黑球".

方法一 给 $a+b$ 个球分别编号,把摸出的球依次排列在 $a+b$ 个位置上,则所有可能的排列相当于对 $a+b$ 个相异元素进行全排列,所以样本空间包含的样本点数 $n=(a+b)!$.而事件 A 包含的样本点总数可以这样考虑:第 k 个位置安放一个黑球有 a 种方法,而另外 $a+b-1$ 个位置上相当于对 $a+b-1$ 个相异元素进行全排列,即 $k_A=a(a+b-1)!$,故所求概率为

$$P(A)=\frac{k_A}{n}=\frac{a(a+b-1)!}{(a+b)!}=\frac{a}{a+b}$$

方法二 把黑球与白球看做没有区分,将摸出的球仍依次放在 $a+b$ 个位置上.样本空间包含的样本点数 $n=C_{a+b}^a C_b^b$.事件 A 包含的样本点总数可以这样考虑:第 k 个位置必须放黑球,剩下的 $a-1$ 个黑球和 b 个白球放在 $a+b-1$ 个位置上,即 $k_A=C_a^1 C_{a+b-1}^{a-1} C_b^b$.于是有

$$P(A) = \frac{k_A}{n} = \frac{C_a^1 C_{a+b-1}^{a-1} C_b^b}{C_{a+b}^a C_b^b} = \frac{a}{a+b}$$

方法三　把 a 个黑球和 b 个白球看做各不相同,且样本空间只考虑前 k 次摸球.那么样本空间包含的样本点总数就是从 $a+b$ 个球中任取 k 个的排列数,即 $n = P_{a+b}^k$,而其中第 k 个位置上排黑球的排法数就是从 a 个黑球中任取一个,排在其余 $k-1$ 个位置上,这种排法一共有 $C_a^1 P_{a+b-1}^{k-1}$ 种,即 $k_A = C_a^1 P_{a+b-1}^{k-1}$. 所以

$$P(A) = \frac{k_A}{n} = \frac{C_a^1 P_{a+b-1}^{k-1}}{P_{a+b}^k} = \frac{a}{a+b}$$

方法四　样本空间只考虑第 k 次摸球.那么,样本空间包含样本点总数相当于从 $a+b$ 个球中任取一个排在第 k 个位置上,有 $a+b$ 种排法,而第 k 个位置上黑球的排法数为 C_a^1,即 $k_A = C_a^1$. 因此

$$P(A) = \frac{k_A}{n} = \frac{a}{a+b}$$

【注】① 本题的四种解法,来自于对样本空间不同的构造,在计算有利事件包含样本点总数时一定与样本空间保持一致. ② 本题表明,摸得黑球的概率与摸球的先后次序无关.这一结论与我们日常生活的经验是一致的,这也就是著名的抽签原理.

例 12　从 5 双不同的手套中任取 4 只,这 4 只手套中至少有 2 只手套配成一双的概率是多少?

解　设事件 A 表示"4 只手套中至少有 2 只配成一双".

方法一　从 5 双(10 只)手套中任取 4 只,共有 $n = C_{10}^4$ 种取法.为使取出的 4 只中至少有 2 只配成一双,先从 5 双手套中任取 1 双,再从剩下的 4 双中任取 2 只,共有 $C_5^1 C_8^2$ 种取法,其中 C_5^2 种取法是 4 只配对,应减去,故事件 A 包含的样本点总数 $k_A = C_5^1 C_8^2 - C_5^2$. 于是事件 A 的概率为

$$P(A) = \frac{k_A}{n} = \frac{C_5^1 C_8^2 - C_5^2}{C_{10}^4} = \frac{13}{21}$$

方法二　设事件 A_1 表示"取出的 4 只手套恰有 2 只配成一双",事件 A_2 表示"取出的 4 只手套恰好配成两双",于是 $A = A_1 \bigcup A_2$,$A_1 \bigcap A_2 = \varnothing$,而

$$P(A_1) = \frac{k_{A_1}}{n} = \frac{C_5^1 C_2^2 C_4^2 C_2^1 C_2^1}{C_{10}^4}, \quad P(A_2) = \frac{k_{A_2}}{n} = \frac{C_5^2}{C_{10}^4}$$

于是得

$$P(A) = P(A_1) + P(A_2) = \frac{C_5^1 C_2^2 C_4^2 C_2^1 C_2^1}{C_{10}^4} + \frac{C_5^2}{C_{10}^4} = \frac{13}{21}$$

方法三　设事件 B 为"4 只手套中至少有 2 只配成一双",则其对立事件 $\overline{B}$

为"4 只手套中没有 2 只配成一双". 显然,样本空间所包含的样本点总数仍为 $n=C_{10}^4$,事件 B 包含的样本点总数可以这样来计算:从 5 双中任取 4 双,然后再从每双中任取 1 只,这样取出的 4 只手套肯定没有 2 只配成一双,这样的取法有 $k_B=C_5^4 C_2^1 C_2^1 C_2^1 C_2^1$ 种,于是所求概率为

$$P(B)=1-P(\bar{B})=1-\frac{C_5^4 C_2^1 C_2^1 C_2^1 C_2^1}{C_{10}^4}=\frac{13}{21}$$

方法四　如果设想手套是一只一只取出的,即注意到手套被取出的先后顺序,那么样本点总数就是 10 只手套中任取 4 只的排列数,即 $n=P_{10}^4$ 种.

按照同样的理解,事件 $\bar{A}$ 中的样本点可以这样来确定:4 只手套是一只一只取出的,第一只手套有 10 种取法(5 双中任取一只),第二只手套有 8 种取法(除去已取出的第一只以及与第一只配成一双的另一只),第三、第四只手套各有 6 种、4 种取法. 所以,依乘法原理 $\bar{A}$ 中样本点总数 $k_{\bar{A}}=10\times8\times6\times4$,故

$$P(A)=1-P(\bar{A})=1-\frac{10\times8\times6\times4}{10\times9\times8\times7}=\frac{13}{21}$$

【注】　古典概率一般都有多种解法,这是因为同一随机试验往往可以用不同的样本空间来描述. 即便对于同一样本空间,计算样本点数的方法也有多种,重要的是认清所构造样本空间中样本点的形式和性质,从而正确地计算出样本空间所含样本点总数和所求事件包含样本点总数. 就本题而言,根据对立事件计算概率更为简洁.

例 13(匹配问题)　n 个人每人携带一件礼品参加联欢会. 联欢会开始后,先把所有礼品编号,然后每人各抽取一个号码,按号码领取礼品. 试求:(1) 所有参加联欢会的人都得到别人赠送的礼品的概率;(2) 恰好 m 个人拿到自己的礼品的概率.

分析　运用事件与其对立事件概率的关系及 n 个事件和的概率计算的加法公式是解决本题的关键.

解　(1) 设 A 表示事件"所有参加联欢会的人都得到别人赠送的礼品",A_i 表示事件"第 i 个人得到自己带来的礼品",$i=1,2,\cdots,n$,则事件 $A_1\bigcup A_2\bigcup\cdots\bigcup A_n$ 表示至少有一个人得到自己带来的礼品,于是有

$$P(A)=1-P(A_1\bigcup A_2\bigcup\cdots\bigcup A_n)$$

为此先计算概率

$$P(A_i)=\frac{(n-1)!}{n!}=\frac{1}{n}\qquad(i=1,2,\cdots,n)$$

$$P(A_i A_j) = \frac{(n-2)!}{n!} = \frac{1}{n(n-1)} \qquad (1 \leqslant i < j \leqslant n)$$

$$P(A_i A_j A_k) = \frac{(n-3)!}{n!} = \frac{1}{n(n-1)(n-2)} \qquad (1 \leqslant i < j < k \leqslant n)$$

......

$$P(A_1 A_2 \cdots A_n) = \frac{1}{n!}$$

根据 n 个事件和的计算公式，有

$$P(A_1 \bigcup A_2 \bigcup \cdots \bigcup A_n) =$$

$$\sum_{i=1}^{n} P(A_i) - \sum_{1 \leqslant i < j \leqslant n} P(A_i A) + \sum_{1 \leqslant i < j < k \leqslant n} P(A_i A_j A_k) +$$

$$\cdots + (-1)^{n-1} P(A_1 A_2 \cdots A_n) =$$

$$1 - \frac{1}{2!} + \frac{1}{3!} + \cdots + \frac{(-1)^{n-1}}{n!} = \sum_{i=1}^{n} \frac{(-1)^{i-1}}{i!}$$

从而所有参加联欢会的人都得到别人赠送的礼品的概率为

$$P(A) = 1 - \sum_{i=1}^{n} \frac{(-1)^{i-1}}{i!} = \sum_{i=0}^{n} \frac{(-1)^i}{i!}$$

（2）下面计算恰好 m 个人拿到自己的礼品的概率. 指定的 m 个人拿到自己的礼品，这一事件的概率为

$$P(A_{i_1} A_{i_2} \cdots A_{i_m}) = \frac{(n-m)!}{n!} = \frac{1}{n(n-1) \cdots (n-m+1)}$$

其余的 $n-m$ 个人都得到别人的礼品的概率为 $\sum_{i=0}^{n-m} \frac{(-1)^i}{i!}$. 又 n 个人中恰有 m 个人都拿到自己礼品有 C_n^m 种方式，故恰好 m 个人拿到自己的礼品的概率为

$$C_n^m \frac{1}{n(n-1) \cdots (n-m+1)} \sum_{i=0}^{n-m} \frac{(-1)^i}{i!} = \frac{1}{m!} \sum_{i=0}^{n-m} \frac{(-1)^i}{i!}$$

例 14　在 $(0,1)$ 中随机地取两个数，求它们乘积不大于 $\frac{1}{4}$ 的概率.

分析　这是几何概率问题. 在做这类题目时，正确作出图形是解决问题的关键. 这类题目常用到定积分.

解　设 x,y 在 $(0,1)$ 中随机地取两个数，则 $0 < x < 1, 0 < y < 1$. 把 (x,y) 表示为平面上一点的坐标，则点 (x,y) 位于边长为 1 的正方形区域内（见图 2-1），即样本空间

$$\Omega = \{(x,y) \mid 0 < x < 2, 0 < y < 2\}$$

为了使 x,y 的乘积不大于 $\dfrac{1}{4}$，即 $xy \leqslant \dfrac{1}{4}$，

则点 (x,y) 应位于图 2-1 中阴影部分的区域内，即

$$A = \left\{ (x,y) \mid 0 < x < 1, 0 < y < 1, xy \leqslant \dfrac{1}{4} \right\}$$

因此所求概率

$$P(A) = \frac{|S_A|}{|\Omega|} = \frac{1}{4} + \int_{\frac{1}{4}}^{1} \frac{1}{x} \mathrm{d}x = \frac{1}{4} + \frac{1}{2}\ln 2$$

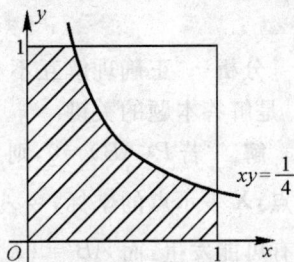

图　2-1

2.3　考点及考研真题辅导与精析

例 1　设随机事件 A, B 及其和事件 $A \bigcup B$ 的概率分别是 $0.4, 0.3$ 和 0.6. 若 $\bar{B}$ 表示 B 的对立事件，那么积事件 $A\bar{B}$ 的概率 $P(A\bar{B}) = $ _____.

（1990 年研究生入学考试试题）

解　因为

$$P(A \bigcup B) = P(A) + P(B) - P(AB)$$

那么由已知条件得

$$P(AB) = P(A) + P(B) - P(A \bigcup B) = 0.4 + 0.3 - 0.6 = 0.1$$

于是

$$P(A\bar{B}) = P(A-B) = P(A) - P(AB) = 0.4 - 0.1 = 0.3$$

因此填 0.3.

例 2　已知 A, B 两事件满足条件 $P(AB) = P(\bar{A}\,\bar{B})$，且 $P(A) = p$，则 $P(B) = $ _____.　　　　　（1990 年研究生入学考试试题）

解　因为 $P(A \bigcup B) = P(A) + P(B) - P(AB)$，所以

$$P(\bar{A}\,\bar{B}) = P(\overline{A \bigcup B}) = 1 - P(A \bigcup B) =$$
$$1 - [P(A) + P(B) - P(AB)] =$$
$$1 - P(A) - P(B) + P(AB) =$$
$$1 - p - P(B) + P(AB)$$

于是由已知条件得 $P(B) = 1 - p$，所以应填 $1 - p$.

例 3　设 A, B 为两个随机事件，若 $P(AB) = 0$，则下列命题正确的是（　　）.

(A) A 和 B 对立　　　　　　　(B) AB 是不可能事件

(C) AB 未必是不可能事件　　　(D) $P(A) = 0$ 或 $P(B) = 0$

分析 正确理解互不相容、不可能事件及零概率事件之间的关系与区别,是解答本题的关键.

解 若 $P(AB)=0$,则 AB 未必是不可能事件.例如,随机地向 $[0,1]$ 区间投点,X 表示点的坐标,令 $A=B=\{X=\sqrt{2}\}$,则事件 A,B 为两个随机事件,且都有可能发生,而 $AB=\{X=\sqrt{2}\}$,由几何概率可知 $P(AB)=0$.再如,掷一枚骰子,A 表示"出现 2 点",B 表示"出现 6 点",则 $AB=\varnothing$,从而 $P(AB)=0$,但 $P(A)=P(B)=\dfrac{1}{6}$.综上所述,选(C).

例 4 10 个球中有 3 个红球,7 个白球,随机地分给 10 个人,每人一球,则最后 3 个分到球的人恰有 1 个得到红球的概率为(　　　).

解 设 A_i 表示"第 i 个人分到红球",其中 $i=1,2,\cdots,10$,A 表示"第 8,9,10 个人分到红球".

若把 3 个红球的位置固定下来,则其他位置必然放置白球,而红球的位置可以有 C_{10}^3 种方法.由于第 i 次取得红球,这个位置上必然放红球,剩下的红球可以在 9 个位置上任取 2 个位置,共有 C_9^2 种方法,故 $P(A_i)=\dfrac{C_9^2}{C_{10}^3}(i=1,2,\cdots,$ 10).于是所求概率为

$$P(A)=P(A_1\overline{A_2}\,\overline{A_3}+\overline{A_1}A_2\overline{A_3}+\overline{A_1}\,\overline{A_2}A_3)=$$
$$P(A_1\overline{A_2}\,\overline{A_3})+P(\overline{A_1}A_2\overline{A_3})+P(\overline{A_1}\,\overline{A_2}A_3)=$$
$$C_{10}^3\times\frac{3}{10}\times\left(\frac{7}{10}\right)^2$$

因此填 $C_{10}^3\times\dfrac{3}{10}\times\left(\dfrac{7}{10}\right)^2$.

例 5 将 C,C,E,E,I,N,S 等 7 个字母随机排成一行,那么,恰好排成英文单词 SCIENCE 的概率为_____.　　　　(1992 年研究生入学考试试题)

解 设 A 表示"C,C,E,E,I,N,S 等 7 个字母随机排成一行,恰好排成英文单词 SCIENCE",那么样本空间包含的样本点总数是 7 个字母的全排列,即 $n=P_7^7$,而 A 包含的样本点总数为 $k_A=P_2^2P_2^2$.于是所求概率为

$$P(A)=\frac{k_A}{n}=\frac{P_2^2P_2^2}{P_7^7}=\frac{4}{7!}$$

因此填 $\dfrac{4}{7!}$.

例 6 将红、黄、蓝 3 个球随机地放入 4 只盒子,若每只盒子容球数不限,则有 3 只盒子各放 1 球的概率是_____. (2006 年上海交通大学)

解 由已知条件知,样本空间包含的样本点的总数 $n=4^3$,而有利事件 A 包含样本点数为 $k_A=P_4^3$. 于是所求概率 $P(A)=\dfrac{k_A}{n}=\dfrac{P_4^3}{4^3}=\dfrac{3}{8}$,因此填 $\dfrac{3}{8}$.

【注】本题很容易误填为

$$P(A)=\frac{k_A}{n}=\frac{C_4^3}{4^3}=\frac{1}{16} \quad 或 \quad P(A)=\frac{k_A}{n}=\frac{C_4^3}{C_4^3+2C_4^2+C_4^1}=\frac{1}{5}$$

例 7 从 $0,1,2,3,4,5,6,7,8,9$ 等 10 个数字中任意选取 3 个不同的数字,试求下列事件的概率:$A_1=\{3$ 个数字中不含 0 和 5$\}$;$A_2=\{3$ 个数字中不含 0 或 5$\}$. (2006 年华南理工大学)

解 设 B 表示"取出的 3 个数字中不含 0",C 表示"取出的 3 个数字中不含 5",且 $A_2=B\bigcup C$.从 $0,1,2,3,4,5,6,7,8,9$ 等 10 个数字中任意选取 3 个不同的数字的选取方法总数为 C_{10}^3,即样本空间包含的样本点 $n=C_{10}^3$,而且 $k_A=C_8^3$,因此

$$P(A_1)=\frac{k_{A_1}}{n}=\frac{C_8^3}{C_{10}^3}=\frac{7}{15}$$

$$P(A_2)=P(B\bigcup C)=1-P(\overline{B\bigcup C})=1-P(\overline{B}\,\overline{C})=1-\frac{C_8^1}{C_{10}^3}=\frac{14}{15}$$

例 8 袋中装有 50 个乒乓球,其中 20 个是黄球,30 个是白球. 今有两人依次随机地从袋中各取一球,取后不放回,则第 2 个人取得黄球的概率是_____. (1997 年研究生入学考试试题)

解 设 A_i 表示"第 i 个人取到黄球",其中 $i=1,2$. 由于取后不放回,因此第 2 个人取到黄球的可能性与第 1 个人取到什么颜色的球有关,于是有

$$A_2=A_2\Omega=A_2(A_1\bigcup \overline{A}_1)=A_1A_2\bigcup \overline{A}_1A_2$$

又 A_1A_2 与 $\overline{A}_1A_2$ 互斥,所以

$$P(A_2)=P(A_1A_2\bigcup \overline{A}_1A_2)=P(A_1A_2)+P(\overline{A}_1A_2)=$$

$$\frac{20\times 19}{50\times 49}+\frac{30\times 20}{50\times 49}=\frac{2}{5}$$

故应填 $\dfrac{2}{5}$.

【注】本题可以根据抽签原理(抽签与先后顺序无关),第 2 个人抽得黄球与第 1 个人抽到黄球的概率相同,都是 $\dfrac{20}{50}=\dfrac{2}{5}$.

例9　考虑一元二次方程 $x^2 + Bx + C = 0$,其中 B,C 分别为将一枚骰子接连投掷两次先后出现的点数,求该方程有实根的概率 p 和有重根的概率 q.

（1996 年研究生入学考试试题）

解　设 A 表示"方程有实根",B 表示"方程有重根". 易知一枚骰子接连投掷两次,其样本点总数为 36,即 $n = 36$. 而此一元二次方程有实根的充要条件是 $b^2 - 4c \geqslant 0$,即 $c \leqslant \dfrac{b^2}{4}$;有重根的充要条件是 $b^2 - 4c = 0$,即 $c = \dfrac{b^2}{4}$. 易见 b,c 的可能取值见下表:

b 的取值	1	2	3	4	5	6
$c \leqslant b^2/4$ 的取值		1	1,2	1,2,3,4	1,2,3,4,5,6	1,2,3,4,5,6
$c = b^2/4$ 的取值		1		4		

从表可以得到 A 包含的样本点的总数为 $k_A = 19$,B 包含的基本事件总数为 $k_B = 2$,故所求概率为

$$p = P(A) = \frac{k_A}{n} = \frac{19}{36}, \quad q = P(B) = \frac{k_B}{n} = \frac{2}{36} = \frac{1}{18}$$

例11　随机地向半圆 $0 < y < \sqrt{2ax - x^2}$（a 为常数）内掷一点,点落在半圆内任何区域的概率与该区域的面积成正比. 则原点与该点的连线与 x 轴的夹角小于 $\dfrac{\pi}{4}$ 的概率为_____.　　　（1991 年研究生入学考试试题）

解　设随机地向半圆 $0 < y < \sqrt{2ax - x^2}$（a 为大于 0 的常数）内掷一点的坐标为 (x,y),那么样本空间为圆心在 $(a,0)$,半径为 a 的上半圆区域（见图 2-2）,即 $\Omega = \{(x,y) \mid 0 < y < \sqrt{2ax - x^2}\}$.

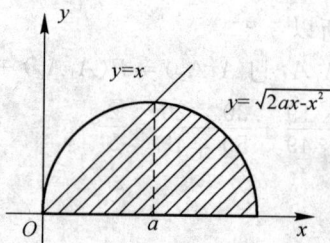

图　2-2

原点与该点的连线与 x 轴的夹角小于 $\dfrac{\pi}{4}$ 的事件 A 为图 $2-2$ 阴影部分区域,因此所求概率为

$$P(A)=\frac{|S_A|}{|\Omega|}=\frac{\dfrac{1}{4}\pi a^2+\dfrac{1}{2}a^2}{\dfrac{1}{2}\pi a^2}=\frac{1}{2}+\frac{1}{\pi}$$

2.4　课后习题解答

1.从一批由 45 件正品、5 件次品组成的产品中任取 3 件产品,求其中恰有 1 件次品的概率.

解　这是无放回抽取,样本点总数 $n=C_{50}^3$.记所求概率的事件为 A,则有利于 A 的样本点数 $k=C_{45}^2 C_5^1$.于是得

$$P(A)=\frac{k}{n}=\frac{C_{45}^2 C_5^1}{C_{50}^3}=\frac{45\times 44\times 5\times 3!}{50\times 49\times 48\times 2!}=\frac{99}{392}$$

2.一口袋中有 5 个红球及 2 个白球,从这袋中任取一球,看过它的颜色后放回袋中,然后,再从这袋中任取一球.设每次取球时袋中各个球被取到的可能性相同,求:(1)第一次、第二次都取到红球的概率;(2)第一次取到红球,第二次取到白球的概率;(3)两次取得的球为红、白各一的概率;(4)第二次取到红球的概率.

解　本题是有放回抽取模式,样本点总数 $n=7^2$.记(1)(2)(3)(4)题求概率的事件分别为 A,B,C,D.

(1)有利于 A 的样本点数 $k_A=5$,故 $P(A)=\left(\dfrac{5}{7}\right)^2=\dfrac{25}{49}$;

(2)有利于 B 的样本点数 $k_B=5\times 2$,故 $P(B)=\dfrac{5\times 2}{7^2}=\dfrac{10}{49}$;

(3)有利于 C 的样本点数 $k_C=2\times 5\times 2$,故 $P(C)=\dfrac{2\times 5\times 2}{7^2}=\dfrac{20}{49}$;

(4)有利于 D 的样本点数 $k_D=7\times 5$,故 $P(D)=\dfrac{7\times 5}{7^2}=\dfrac{35}{49}=\dfrac{5}{7}$.

3.一个口袋中装有 6 只球,分别编上号码 $1\sim 6$,随机地从这个口袋中取 2 只球.试求:(1)最小号码是 3 的概率;(2)最大号码是 3 的概率.

解　本题是无放回模式,样本点总数 $n=6\times 5$.设 A 表示最小号码是 3,B 表示最大号码是 3.

（1）最小号码为 3，只能从编号为 3，4，5，6 这 4 个球中取 2 只，且有一次抽到 3，因而有利样本点数为 2×3，所求概率为 $P(A) = \dfrac{2 \times 3}{6 \times 5} = \dfrac{1}{5}$.

（2）最大号码为 3，只能从 1，2，3 号码球中取，且有一次取到 3，于是有利样本点数为 2×2，所求概率为 $P(B) = \dfrac{2 \times 2}{6 \times 5} = \dfrac{2}{15}$.

4. 一盒子中装有 6 只晶体管，其中有 2 只是不合格品，现在作无放回抽样，接连取 2 次，每次取 1 只，试求下列事件的概率：（1）2 只都合格品；（2）1 只是合格品，1 只是不合格品；（3）至少有 1 只是合格品.

解　分别记题（1），（2），（3）涉及的事件为 A,B,C，则

（1）$P(A) = \dfrac{C_4^2}{C_6^2} = \dfrac{4 \times 3 \times 2}{6 \times 5 \times 2} = \dfrac{2}{5}$

（2）$P(B) = \dfrac{C_4^1 C_2^1}{C_6^2} = \dfrac{4 \times 2 \times 2}{6 \times 5 \times 2} = \dfrac{8}{15}$

（3）注意到 $C = A \bigcup B$，且 A 与 B 互斥，因而由概率的可加性知

$$P(C) = P(A) + P(B) = \frac{2}{5} + \frac{8}{15} = \frac{14}{15}$$

5. 掷两颗骰子，求下列事件的概率：（1）点数之和为 7；（2）点数之和不超过 5；（3）点数之和为偶数.

解　设事件 A,B,C 分别表示"点数之和为 7"、"点数之和不超过 5"、"点数之和为偶数". 由已知条件得样本点总数 $n = 6^2$.

（1）A 含样本点 $(2,5)$，$(5,2)$，$(1,6)$，$(6,1)$，$(3,4)$，$(4,3)$，所以 $P(A) = \dfrac{6}{6^2} = \dfrac{1}{6}$；

（2）B 含样本点 $(1,1),(1,2),(2,1),(1,3),(3,1),(1,4),(4,1),(2,2),(2,3),(3,2)$，所以 $P(B) = \dfrac{10}{6^2} = \dfrac{5}{18}$；

（3）C 含样本点 $(1,1),(1,3),(3,1),(1,5),(5,1),(2,2),(2,4),(4,2),(2,6),(6,2),(3,3),(3,5),(5,3),(4,4),(4,6),(6,4),(5,5),(6,6)$，一共 18 个样本点，所以 $P(C) = \dfrac{18}{36} = \dfrac{1}{2}$.

6. 把甲、乙、丙 3 名学生随机地分配到 5 间空置的宿舍中去，假设每间宿舍最多可住 8 人，试求这 3 名学生住不同宿舍的概率.

解　记所求概率的事件为 A，样本点总数为 5^3，而有利 A 的样本点数为 $5 \times 4 \times 3$，所以

$$P(A) = \frac{5 \times 4 \times 3}{5^3} = \frac{12}{25}$$

7. 总经理的 5 位秘书中有 2 位精通英语,今偶遇其中的 3 位秘书,求下列事件的概率:(1) 事件 A:"其中恰好有 1 位精通英语";(2) 事件 B:"其中恰有 2 位精通英语";(3) 事件 C:"其中有人精通英语".

解　样本点总数为 C_5^3.

(1) $P(A) = \dfrac{C_2^1 C_3^2}{C_5^3} = \dfrac{2 \times 3 \times 3!}{5 \times 4 \times 3} = \dfrac{6}{10} = \dfrac{3}{5}$

(2) $P(B) = \dfrac{C_2^2 C_3^1}{C_5^3} = \dfrac{3 \times 3!}{5 \times 4 \times 3} = \dfrac{3}{10}$

(3) 因 $C = A \bigcup B$,且 A 与 B 互斥,故

$$P(C) = P(A) + P(B) = \frac{3}{5} + \frac{3}{10} = \frac{9}{10}$$

8. 设一质点一定落在 xOy 平面内由 x 轴、y 轴及直线 $x + y = 1$ 所围成的三角形内,而落在这三角形内各点处的可能性相等,即落在这三角形内任何区域上的可能性与这区域的面积成比例,计算这质点落在直线 $x = \dfrac{1}{3}$ 的左边的概率.

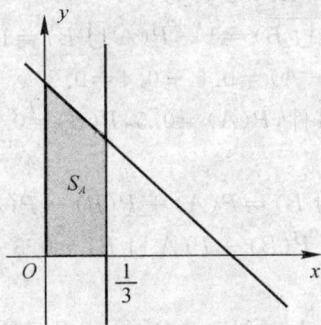

图 2-3

解　记所求概率的事件为 A,则 S_A 为图 2-3 中阴影部分,而 $|\Omega| = \dfrac{1}{2}$.

$$|S_A| = \frac{1}{2} - \frac{1}{2}\left(1 - \frac{1}{3}\right)^2 = \frac{1}{2} \times \frac{5}{9} = \frac{5}{18}$$

最后由几何概型的概率计算公式可得

$$P(A) = \frac{|S_A|}{|\Omega|} = \frac{5/18}{1/2} = \frac{5}{9}$$

9. 甲、乙两艘轮船都要在某个泊位停靠 6h,假定它们在一昼夜的时间段中随机地到达,试求这两艘船中至少有一艘停靠的泊位时必须等待的概率.

解　设 A 表示两艘船中至少有一艘停靠的泊位时必须等待,甲、乙到达的时间分别为 x,y(单位:h),则

$$\Omega = \{(x,y) \mid 0 \leqslant x \leqslant 24, 0 \leqslant y \leqslant 24\}$$
$$A = \{(x,y) \mid 0 \leqslant x \leqslant 24, 0 \leqslant y \leqslant 24, \mid x-y \mid \leqslant 6\}$$

故得

$$P(A) = \frac{\mid S_A \mid}{\mid \Omega \mid} = 1 - \frac{2 \times \frac{1}{2} \times (24-6)^2}{24^2} = \frac{7}{16}$$

10. 已知 $A \subset B, P(A) = 0.4, P(B) = 0.6$. 求:(1)$P(\overline{A}), P(\overline{B})$;(2) $P(A \bigcup B)$;(3)$P(AB)$;(4) $P(\overline{B}A), P(\overline{A}\,\overline{B})$ (5)$P(\overline{A}B)$.

解　(1) $P(\overline{A}) = 1 - P(A) = 1 - 0.4 = 0.6$

$\qquad P(\overline{B}) = 1 - P(B) = 1 - 0.6 = 0.4$

(2) $P(A \bigcup B) = P(A) + P(B) - P(AB) =$

$\qquad\qquad P(A) + P(B) - P(A) = P(B) = 0.6$

(3) $P(AB) = P(A) = 0.4$

(4) $P(\overline{B}A) = P(A - B) = P(\oslash) = 0$

$\qquad P(\overline{A}\,\overline{B}) = P(\overline{A \bigcup B}) = 1 - P(A \bigcup B) = 1 - 0.6 = 0.4$

(5) $P(\overline{A}B) = P(B - A) = 0.6 - 0.4 = 0.2$

11. 设 A, B 是两个事件,$P(A) = 0.5, P(B) = 0.7, P(A \bigcup B) = 0.8$. 试求 $P(A - B)$ 及 $P(B - A)$.

解　注意到 $P(A \bigcup B) = P(A) + P(B) - P(AB)$,因而

$$P(AB) = P(A) + P(B) - P(A \bigcup B) = 0.5 + 0.7 - 0.8 = 0.4$$

于是得

$$P(A - B) = P(A - AB) = P(A) - P(AB) = 0.5 - 0.4 = 0.1$$
$$P(B - A) = P(B - AB) = P(B) - P(AB) = 0.7 - 0.4 = 0.3$$

第3章

条件概率与事件的独立性

3.1 重点及知识点辅导与精析

3.1.1 条件概率的概念

在随机试验中,已知一事件 A 发生的条件下,另一事件 B 发生的概率,称为 B 的条件概率,记为 $P = P(B \mid A)$.其计算公式为

$$P(B \mid A) = \frac{P(AB)}{P(A)}$$

其中要求 $P(A) > 0$.

3.1.2 乘法定理

若 $P(A) > 0$,则 $P(AB) = P(A)P(B \mid A)$;
若 $P(B) > 0$,则 $P(AB) = P(B)P(A \mid B)$.

3.1.3 全概率公式

设事件 $A_1, A_2, \cdots, A_n$ 两两互斥,且 $P(A_i) > 0 (1 \leqslant i \leqslant n)$.又事件 B 满足 $B = \bigcup_{i=1}^{n} BA_i$,则

$$P(B) = \sum_{k=1}^{n} P(A_k)P(B \mid A)$$

3.1.4 贝叶斯公式

设事件 $A_1, A_2, \cdots, A_n$ 两两互斥,且 $P(A_i) > 0 (1 \leqslant i \leqslant n)$,事件 B 满足

$B = \bigcup\limits_{i=1}^{n} BA_i$，且 $P(B) > 0$，则

$$P(A_k \mid B) = \frac{P(A_k)P(B \mid A_k)}{\sum\limits_{i=1}^{n} P(A_i)P(B \mid A_i)}$$

直观上，全概率公式是从"原因"A_k 导出"结果"B 发生的概率；而贝叶斯公式则已知"结果"B 发生，导出某个"原因"A_k 发生的"后验"概率.

3.1.5　事件的独立性

如果无论 A 是否发生，都不影响事件 B 发生的概率，直观上称 A 与 B 独立. 若 A,B 独立，则

$$P(AB) = P(A)P(B)$$

这是独立事件的性质，也可作为 A,B 独立的定义.

对于三个事件 A,B,C，当且仅当以下四个等式成立时相互独立.

$$P(AB) = P(A)P(B), \qquad P(AC) = P(A)P(C)$$
$$P(BC) = P(B)P(C), \qquad P(ABC) = P(A)P(B)P(C)$$

3.1.6　伯努利试验和二项概率

在 n 次独立重复试验中，若每次试验结果只有 A 及 $\overline{A}$，且 A 在每次试验发生概率均为 p，称此概型为伯努利试验. 在伯努利试验中，A 恰好发生 k 次（记此事件为 A_k）的概率为

$$P(A_k) = C_n^k p^k (1-p)^{n-k} \qquad (k = 0, 1, \cdots, n)$$

3.2　难点及典型例题辅导与精析

例 1　设 A, B 是两个随机事件，已知 $P(A) = 0.4$，$P(B) = 0.5$. 就下面两种情况分别计算 $P(A \mid B)$ 与 $P(\overline{A} \mid \overline{B})$. (1) A 与 B 互不相容；(2) A 与 B 有包含关系.

解　(1) 由于 A 与 B 互不相容，即 $P(AB) = P(\varnothing) = 0$，那么由条件概率的定义，得

$$P(A \mid B) = \frac{P(AB)}{P(B)} = 0$$

$$P(\overline{A} \mid \overline{B}) = \frac{P(\overline{A}\,\overline{B})}{P(\overline{B})} = \frac{P(\overline{A \cup B})}{1 - P(B)} = \frac{1 - P(A \cup B)}{1 - P(B)} =$$

$$\frac{1 - [P(A) + P(B) - P(AB)]}{1 - P(B)} = \frac{1 - 0.9}{0.5} = \frac{1}{5}$$

(2) 由于 A 与 B 有包含关系，且 $P(A) < P(B)$，所以 $A \subset B, \overline{B} \subset \overline{A}$，于是有 $AB = A, \overline{A}\,\overline{B} = \overline{B}$. 故得

$$P(A \mid B) = \frac{P(AB)}{P(B)} = \frac{P(A)}{P(B)} = \frac{0.4}{0.5} = \frac{4}{5}$$

$$P(\overline{A} \mid \overline{B}) = \frac{P(\overline{A}\,\overline{B})}{P(\overline{B})} = \frac{P(\overline{B})}{P(\overline{B})} = 1$$

例 2　已知事件 A 与 B 相互独立，A 与 C 互不相容，$P(A) = 0.4$，$P(B) = 0.3$，$P(C) = 0.4$，$P(C \mid B) = 0.2$，求 $P(C \mid A \cup B)$ 及 $P(AB \mid \overline{C})$.

解　由已知条件得

$$P(AB) = P(A)P(B) = 0.12, \quad P(ABC) = P(AC) = 0$$

$$P(C \mid A \cup B) = \frac{P[C(A \cup B)]}{P(A \cup B)} = \frac{P[CA \cup CB]}{P(A \cup B)} =$$

$$\frac{P(AC) + P(BC) - P(ABC)}{P(A \cup B)} =$$

$$\frac{P(B)P(C \mid B)}{P(A) + P(B) - P(AB)} =$$

$$\frac{0.4 \times 0.2}{0.4 + 0.3 - 0.12} = \frac{4}{29}$$

又 $AC = \varnothing, A \subset \overline{C}, AB \subset \overline{C}$，所以 $AB\overline{C} = AB$. 因此

$$P(AB \mid \overline{C}) = \frac{P(AB\overline{C})}{P(\overline{C})} = \frac{P(AB)}{1 - P(C)} = \frac{0.12}{1 - 0.4} = \frac{1}{5}$$

例 3　某种动物由出生开始，活到 20 岁以上的概率为 0.8，活到 25 岁以上的概率为 0.4. 问现年 20 岁的这种动物活到 25 岁以上的概率是多少？

解　设事件 A 表示"活到 20 岁以上"，B 表示"活到 25 岁以上"，显然 $B \subset A$，即 $AB = B$，故该问题属于条件概率 $P(B \mid A)$. 又因为

$$P(A) = 0.8, \quad P(B) = 0.4, \quad P(AB) = P(B) = 0.4$$

所以

$$P(B \mid A) = \frac{P(AB)}{P(A)} = \frac{0.4}{0.8} = \frac{1}{2}$$

例 4　某人忘记了电话号码的最后一位数字，因而他随意地拨号. 求他拨

号不超过三次而接通所需电话的概率.

解　设事件 A_i 表示"第 i 次拨号拨通电话",$i=1,2,3$. 以事件 A 表示"拨号不超过三次拨通电话".

方法一　由题意可得 $A=A_1 \bigcup \overline{A}_1 A_2 \bigcup \overline{A}_1 \overline{A}_2 A_3$,且 $A_1,\overline{A}_1 A_2,\overline{A}_1 \overline{A}_2 A_3$ 两两互不相容,且

$$P(A_1)=\frac{1}{10}, \quad P(\overline{A}_1 A_2)=P(\overline{A}_1)P(A_2 \mid \overline{A}_1)=\frac{9}{10}\times\frac{1}{9}=\frac{1}{10}$$

$$P(\overline{A}_1 \overline{A}_2 A_3)=P(\overline{A}_1)P(\overline{A}_2 \mid \overline{A}_1)P(A_3 \mid \overline{A}_1 \overline{A}_2)=\frac{9}{10}\times\frac{8}{9}\times\frac{1}{8}=\frac{1}{10}$$

所以

$$P(A)=P(A_1)+P(\overline{A}_1 A_2)+P(\overline{A}_1 \overline{A}_2 A_3)=\frac{1}{10}+\frac{1}{10}+\frac{1}{10}=\frac{3}{10}$$

方法二　利用事件与对立事件概率的性质,可得所求概率

$$P(A)=1-P(\overline{A})=1-P(\overline{A}_1 \overline{A}_2 \overline{A}_3)=$$
$$1-P(\overline{A}_1)P(\overline{A}_2 \mid \overline{A}_1)P(\overline{A}_3 \mid \overline{A}_1 \overline{A}_2)=$$
$$1-\frac{9}{10}\times\frac{8}{9}\times\frac{7}{8}=\frac{3}{10}$$

例5　盒中装有 5 个球,其中有 3 个白球,2 个黄球,从中任意取 2 次,每次取 1 个球,观察之后不放回. 设 A 表示"第 1 次取到的是白球",B 表示"第 2 次取到的是白球",求条件概率 $P(B \mid A)$ 及 $P(A \mid B)$.

解　由已知条件可得

$$P(A)=\frac{3}{5}, \quad P(AB)=\frac{C_3^2}{C_5^2}=\frac{3}{10}$$

根据条件概率定义得

$$P(B \mid A)=\frac{P(AB)}{P(A)}=\frac{3/10}{3/5}=\frac{1}{2}$$

又因为

$$P(A \mid B)=\frac{P(AB)}{P(B)} \quad 及 \quad B=AB \bigcup \overline{A}B$$

所以

$$P(B)=P(AB)+P(\overline{A}B)=\frac{C_3^2}{C_5^2}+\frac{C_2^1 C_3^1}{C_5^2}=\frac{9}{10}$$

因此

$$P(A \mid B) = \frac{P(AB)}{P(B)} = \frac{1}{3}$$

例 6 某地区一工商银行的贷款范围内有甲、乙两家同类企业,设一年内甲申请贷款的概率为 0.15,乙申请贷款的概率为 0.2,在甲不向银行申请贷款的条件下,乙向银行申请贷款的概率为 0.23. 求在乙不向银行申请贷款的条件下,甲向银行申请贷款的概率.

分析 运用概率的乘法公式、性质和条件概率的定义.

解 设 A 表示"一年内甲向银行申请贷款",B 表示"一年内乙向银行申请贷款". 由已知条件可知

$$P(B) = 0.2, \quad P(A) = 0.15, \quad P(B \mid \overline{A}) = 0.23$$

本题所求概率是 $P(A \mid \overline{B})$. 由条件概率公式有

$$P(A \mid \overline{B}) = \frac{P(A\overline{B})}{P(\overline{B})}$$

又因为

$$P(AB) = P(B) - P(\overline{A}B) = P(B) - P(\overline{A})P(B \mid \overline{A}) = 0.004\ 5$$

$$P(A\overline{B}) = P(A) - P(AB) = 0.145\ 5$$

故所求概率为

$$P(A \mid \overline{B}) = \frac{P(A\overline{B})}{P(\overline{B})} = 0.181\ 875$$

例 7 设 10 件产品中有 4 件不合格品,从中任取两件. 已知在所取的两件产品中至少有一件是不合格品,求另一件也是不合格品的概率.

解 方法一 设 A 表示"两件产品中至少有一件是不合格品,B 表示"两件产品都是不合格品",C 表示"两件产品中一件是不合格品,另一件是合格品",则 $A = B \bigcup C$,且 $BC = \varnothing$,所以

$$P(A) = P(B \bigcup C) = P(B) + P(C) = \frac{C_4^2}{C_{10}^2} + \frac{C_4^1 C_6^1}{C_{10}^2} = \frac{2}{3}$$

又由于 $B \subset A$,则 $AB = B$. 因此

$$P(AB) = P(B) = \frac{C_4^2}{C_{10}^2} = \frac{2}{15}$$

于是由条件概率公式得所求概率为

$$P(B \mid A) = \frac{P(AB)}{P(A)} = \frac{1}{5}$$

方法二 如果同时从中任取两件产品,此时有一件是不合格品的取法共

有 $C_4^2 + C_4^1 C_6^1$ 种取法；而已知有一件是不合格品时，另一件也是不合格品共有 C_4^2 取法. 所以所求概率为 $\dfrac{C_4^2}{C_4^2 + C_4^1 C_6^1} = \dfrac{1}{5}$.

【注】　方法二是在缩小样本空间中考虑条件概率的计算.

例8　$m+n$ 个人排队购买电影票，票价为 5 元，这些人中有 m 个仅持有 5 元的纸币，其余 $n(n \leqslant m)$ 个人仅持有 10 元的纸币. 如果每个人只买一张电影票，并且售票处开始售票时，无零钱可找，求在买票过程中没有一个人等候找钱的概率.

解　设 $a_1, a_2, \cdots, a_n$ 是持有 10 元纸币的观众，而 $b_1, b_2, \cdots, b_m$ 是持有 5 元纸币的观众，下标号码分别表示他们排队的先后次序.

设事件 A_k 表示"第 k 个持有 10 元纸币的观众不需要等候找钱"，$k = 1, 2, 3, \cdots, n$. 于是，观众 a_1 与 m 个持有 5 元纸币的观众 $b_1, b_2, \cdots, b_m$ 共 $m+1$ 个人排队时，不应排在第一个位置（因为 a_1 至少应排在 b_1 的后面，否则他就要等候找钱了），所以

$$P(A_1) = \frac{m}{m+1}$$

在事件 A_1 发生的条件下，观众 a_2 与除 b_1 外的其余 $m-1$ 个持有 5 元纸币的观众共 m 人排队时，不应排在第一个位置，所以

$$P(A_2 \mid A_1) = \frac{m-1}{m}$$

同理可知

$$P(A_3 \mid A_1 A_2) = \frac{m-2}{m-1}$$

$$\cdots\cdots$$

$$P(A_n \mid A_1 A_2 \cdots A_{n-1}) = \frac{m-n+1}{m-n+2}$$

于是，n 个持有 10 元纸币的观众不需要等候找钱的概率为

$$P(A_1 A_2 \cdots A_n) = P(A_1) P(A_2 \mid A_1) P(A_3 \mid A_1 A_2) \cdots P(A_n \mid A_1 A_2 \cdots A_{n-1}) =$$

$$\frac{m}{m+1} \cdot \frac{m-1}{m} \cdots \frac{m-n+1}{m-n+2} = \frac{m-n+1}{m+1}$$

例9　某种产品的商标为"MAXAM"，其中有两个字母脱落，有人捡起随意放回，求放回后仍为"MAXAM"的概率.

解　以事件 A_1, A_2, A_3, A_4, A_5 分表示事件"脱落 M, M""脱落 A, A""脱落

M,A""脱落 X,A""脱落 X,M",以 B 表示"放回后仍为'MAXAM'",所求概率为 $P(B)$. 显然 A_1,A_2,A_3,A_4,A_5 两两互不相容,且 $A_1 \cup A_2 \cup A_3 \cup A_4 \cup A_5 = \Omega$. 又由题意可知

$$P(A_1) = \frac{C_2^2}{C_5^2} = \frac{1}{10}, \quad P(A_2) = \frac{C_2^2}{C_5^2} = \frac{1}{10}, \quad P(A_3) = \frac{C_2^1 C_2^1}{C_5^2} = \frac{4}{10}$$

$$P(A_4) = \frac{C_1^1 C_2^1}{C_5^2} = \frac{2}{10}, \quad P(A_5) = \frac{C_1^1 C_2^1}{C_5^2} = \frac{2}{10}$$

而

$$P(B \mid A_1) = P(B \mid A_2) = 1$$
$$P(B \mid A_3) = P(B \mid A_4) = P(B \mid A_5) = \frac{1}{2}$$

由全概率公式得

$$P(B) = \sum_{i=1}^{5} P(A_i) P(B \mid A_i) = \frac{1}{10} + \frac{1}{10} + \frac{2}{10} + \frac{1}{10} + \frac{1}{10} = \frac{3}{5}$$

例 10 已知男人中有 5% 是色盲患者,女人中有 0.25% 是色盲患者,今从男女人数相等的人群中随机地挑选一人,恰好是色盲患者.问此人是男性的概率是多少?

解 设事件 B_1 表示"选出的是男性",事件 B_2 表示"选出的是女性",事件 A 表示"选出的是色盲患者".因为 $B_1 \cup B_2 = S, B_1 B_2 = \varnothing$,且由已知条件可得

$$P(A \mid B_1) = 0.05, \quad P(A \mid B_2) = 0.0025, \quad P(B_1) = \frac{1}{2}, \quad P(B_2) = \frac{1}{2}$$

所求概率为 $P(B_1 \mid A)$. 由贝叶斯公式得

$$P(B_1 \mid A) = \frac{P(A \mid B_1) P(B_1)}{P(A \mid B_1) P(B_1) + P(A \mid B_2) P(B_2)} =$$
$$\frac{0.05 \times 0.5}{0.05 \times 0.5 + 0.0025 \times 0.5} = \frac{20}{21}$$

例 11 根据以往资料,一位母亲患某种疾病的概率为 0.3. 当母亲患病时,她的第 1 个、第 2 个孩子分别患病的概率均为 $0.6,0.7$,且两个孩子均不患病的概率为 0.12;当母亲未患病时,每个孩子必定不患病.(1)求第 1 个、第 2 个孩子未患病的概率;(2)求当第 1 个孩子未患病时,第 2 个孩子未患病的概率;(3)求当两个孩子均未患病时,母亲患病的概率.

解 设 A 表示"母亲患病",B_1 表示"第 1 个孩子未患病",B_2 表示"第 2 个孩子未患病".根据已知条件得

$$P(A) = 0.3, \quad P(\overline{B}_1 \mid A) = 0.6, \quad P(\overline{B}_2 \mid A) = 0.7$$

$$P(B_1 B_2 \mid A) = 0.12, \quad P(B_1 B_2 \mid \overline{A}) = 1$$

(1) 由全概率公式，第 1 个、第 2 个孩子未患病的概率分别为

$$P(B_1) = P(A)P(B_1 \mid A) + P(\overline{A})P(B_1 \mid \overline{A}) =$$

$$P(A)[1 - P(\overline{B}_1 \mid A)] + [1 - P(A)]P(B_1 \mid \overline{A}) =$$

$$0.3 \times (1 - 0.6) + (1 - 0.3) \times 1 = 0.82$$

$$P(B_2) = P(A)P(B_2 \mid A) + P(\overline{A})P(B_2 \mid \overline{A}) =$$

$$P(A)[1 - P(\overline{B}_2 \mid A)] + [1 - P(A)]P(B_2 \mid \overline{A}) =$$

$$0.3 \times (1 - 0.7) + (1 - 0.3) \times 1 = 0.79$$

(2) 当第 1 个孩子未患病时，第 2 个孩子未患病的概率为

$$P(B_2 \mid B_1) = \frac{P(B_1 B_2)}{P(B_1)}$$

而由全概率公式可得

$$P(B_1 B_2) = P(A)P(B_1 B_2 \mid A) + P(\overline{A})P(B_1 B_2 \mid \overline{A}) =$$

$$0.3 \times 0.12 + 0.7 \times 1 = 0.736$$

于是

$$P(B_2 \mid B_1) = \frac{0.736}{0.82} = \frac{184}{205}$$

(3) 两个孩子均未患病时，母亲患病的概率为

$$P(A \mid B_1 B_2) = \frac{P(A)P(B_1 B_2 \mid A)}{P(B_1 B_2)} = \frac{0.3 \times 0.12}{0.736} = \frac{9}{184}$$

【注】$P(B_1 \mid A)P(B_2 \mid A) = P(B_1 B_2 \mid A)$ 表明在 A 发生的条件下，B_1, B_2 相互独立，但是在无条件下，$P(B_2 \mid B_1) \neq P(B_2)$，即 B_1, B_2 不独立.

例 12　一学生接连参加同一课程的两次考试，第一次及格的可能性为 p. 若第一次及格，则第二次及格的概率也为 p；若第一次不及格，则第二次及格的概率为 $\dfrac{p}{2}$.（1）若至少有一次及格，则他能取得某种资格，求他取得该资格的概率.（2）若已知他第二次已经及格，求他第一次及格的概率.

解　设 A 表示"该学生能取得某种资格"，A_i 表示"第 i 次考试及格"，$i = 1, 2$.

(1) 根据已知条件可得 $A = A_1 \cup \overline{A}_1 A_2$，且 $A_1 \cap \overline{A}_1 A_2 = \varnothing$. 由已知条件得

$$P(A_1) = p, \quad P(A_2 \mid A_1) = p, \quad P(A_2 \mid \overline{A_1}) = \frac{p}{2}$$

于是

$$P(A) = P(A_1 \bigcup \overline{A_1} A_2) = P(A_1) + P(\overline{A_1} A_2) =$$

$$P(A_1) + P(\overline{A_1}) P(A_2 \mid \overline{A_1}) = p + (1 - p) \frac{p}{2} =$$

$$\frac{3}{2} p - \frac{1}{2} p^2$$

(2) 由贝叶斯公式得所求概率为

$$P(A_1 \mid A_2) = \frac{P(A_1) P(A_2 \mid A_1)}{P(A_1) P(A_2 \mid A_1) + P(\overline{A_1}) P(A_2 \mid \overline{A_1})} =$$

$$\frac{pp}{pp + (1 - p) \frac{p}{2}} = \frac{2p}{p + 1}$$

例 13　某人要买 10 件物品,他随机地在售货员拿给他的 10 件物品中选 3 件进行测试. 若他认为有一件是次品,他就不买. 设一件次品他可以测试出来的概率为 0.95,而一件次品被他误认为是正品的概率是 0.01. 如果这 10 件中确实有 4 件次品,求他买下这批物品的概率.

解　以事件 A_i 表示"该人任取得 3 件物品中恰有 i 件次品",其中 $i = 0$, $1, 2, 3$,以 B 表示"买下该批物品". 那么 $A_i (i = 0, 1, 2, 3)$ 之间两两互不相容,且 $A_0 \bigcup A_1 \bigcup A_2 \bigcup A_3 = \Omega$. 由已知条件得

$$P(A_i) = \frac{C_4^i C_6^{3-i}}{C_{10}^3}$$

$$P(B \mid A_i) = (1 - 0.01)^i (1 - 0.95)^{3-i} = (0.99)^i (0.05)^{3-i}$$

其中 $i = 0, 1, 2, 3$. 那么由全概率公式得所求概率为

$$P(B) = \sum_{i=0}^{3} P(A_i) P(B \mid A_i) =$$

$$\sum_{i=0}^{3} \frac{C_4^i C_6^{3-i}}{C_{10}^3} \times (0.99)^i (0.05)^{3-i} \approx 0.048\,303$$

例 14　已知某城市下雨事件占一半,天气预报的准确率为 0.9,某人每天早上为下雨而烦恼,于是预报下雨他就带伞. 即便预报无雨,他也有一半时间带伞. 求:(1) 已知他没有带伞,却遇到下雨的概率;(2) 已知他带伞,但天不下雨的概率.

解　设事件 A 表示"天下雨",B 表示"预报下雨",C 表示"此人带伞",那

么由已知条件得

$$P(A) = P(\overline{A}) = \frac{1}{2}, \quad P(C \mid AB) = P(C \mid \overline{A}B) = 1$$

$$P(C \mid A\overline{B}) = P(C \mid \overline{A}\,\overline{B}) = \frac{1}{2}$$

$$P(B \mid A) = P(\overline{B} \mid \overline{A}) = \frac{9}{10}, \quad P(\overline{B} \mid A) = P(B \mid \overline{A}) = \frac{1}{10}$$

由全概率公式得

$$P(C \mid A) = P(B \mid A)P(C \mid AB) + P(\overline{B} \mid A)P(C \mid A\overline{B}) =$$

$$\frac{9}{10} \times 1 + \frac{1}{10} \times \frac{1}{2} = \frac{19}{20}$$

$$P(C \mid \overline{A}) = P(B \mid \overline{A})P(C \mid \overline{A}B) + P(\overline{B} \mid \overline{A})P(C \mid \overline{A}\,\overline{B}) =$$

$$\frac{1}{10} \times 1 + \frac{9}{10} \times \frac{1}{2} = \frac{11}{20}$$

再由贝叶斯公式得所求概率依次为

$$P(A \mid \overline{C}) = \frac{P(A)P(\overline{C} \mid A)}{P(A)P(\overline{C} \mid A) + P(\overline{A})P(\overline{C} \mid \overline{A})} =$$

$$\frac{\frac{1}{2} \times \frac{1}{20}}{\frac{1}{2} \times \frac{1}{20} + \frac{1}{2} \times \frac{9}{20}} = \frac{1}{10}$$

$$P(\overline{A} \mid C) = \frac{P(\overline{A})P(C \mid \overline{A})}{P(\overline{A})P(C \mid \overline{A}) + P(A)P(C \mid A)} =$$

$$\frac{\frac{1}{2} \times \frac{11}{20}}{\frac{1}{2} \times \frac{11}{20} + \frac{1}{2} \times \frac{19}{20}} = \frac{11}{30}$$

例 15 根据以往记录的数据分析,某船只运输的某种物品损坏的情况共有 3 种:损坏 2%(这一事件记为 A_1),损坏 10%(事件 A_2),损坏 90%(事件 A_3).且知 $P(A_1) = 0.8$,$P(A_2) = 0.15$,$P(A_3) = 0.05$.现在从已被运输的物品中随机地取 3 件,发现这 3 件都是好的(这一事件记为 B).试求 $P(A_1 \mid B)$,$P(A_2 \mid B)$,$P(A_3 \mid B)$.

解 在被运输的物品中,随机地取 3 件,相当于在物品中抽取 3 次,每次取 1 件,作不放回抽样.又由题意中说明抽取一件后,不影响取后一件是否为次品的概率.现在已知当 A_1 发生时,一件产品不是次品的概率为 $1 - 2\% =$

0.98,从而随机取 3 件,它们都不是次品的概率为 0.98^3,即

$$P(B \mid A_1) = 0.98^3$$

同理可得　　　　　$P(B \mid A_2) = 0.9^2, \quad P(B \mid A_3) = 0.1^3$

又　　　　　　　　$P(A_1) = 0.8, P(A_2) = 0.15, P(A_3) = 0.05$

现在易知 $A_i A_j = \varnothing (i \neq j)$,且 $A_1 \bigcup A_2 \bigcup A_3 = \Omega$. 由贝叶斯公式得

$$P(A_1 \mid B) = \frac{P(A_1)P(B \mid A_1)}{P(A_1)P(B \mid A_1) + P(A_2)P(B \mid A_2) + P(A_3)P(B \mid A_3)} =$$

$$\frac{0.8 \times (0.98)^3}{0.8 \times (0.98)^3 + 0.15 \times (0.9)^3 + 0.05 \times (0.1)^3} =$$

$$\frac{0.8 \times (0.98)^3}{0.826\ 4} = 0.873\ 1$$

类似地,有

$$P(A_2 \mid B) = \frac{0.15 \times (0.9)^3}{0.826\ 4} = 0.126\ 8$$

$$P(A_3 \mid B) = \frac{0.15 \times (0.1)^3}{0.826\ 4} = 0.000\ 1$$

例 16　设一个系统由 5 个元件组成(见图 3-1). 元件 1,2,3,4,5 正常工作的概率为 p,且每个元件都各自独立工作,求系统能正常工作的概率.

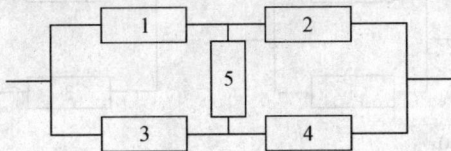

图　3-1

解　设 A, B, C, D, E 分别表示元件 1,2,3,4,5 正常工作;F 表示系统正常工作.

方法一　路径穷举法. 根据逻辑框图(见图 3-1),将所有能使系统正常工作的基本路径一一列出,这些路径中只要有一条通,整个系统就通. 这些基本路径的并就是整个系统的通路. 再用概率的加法公式和乘法公式计算系统的可靠性,即正常工作的概率. 由图 3-1 可知,使桥式系统正常工作的路径有下列 4 条:12,34,154,352,即系统正常工作 $F = AB \bigcup CD \bigcup ADE \bigcup BCE$. 于是有

$$P(F) = P(AB \bigcup CD \bigcup ADE \bigcup BCE) =$$

$$P(AB) + P(CD) + P(ADE) + P(BCE) -$$
$$P(ABCD) - P(ABDE) - P(ABCE) - P(ACDE) -$$
$$P(BCDE) - P(ABCDE) + (ABCDE) + P(ABCDE) +$$
$$P(ABCDE) + P(ABCDE) - P(ABCDE) =$$
$$2p^2 + 2p^3 - 5p^4 + 2p^5$$

方法二 全概率公式法. 按照元件 3 正常工作与非正常工作两种状态, 将原系统简化为典型的并串联系统, 再用全概率公式计算系统正常工作的概率.

当元件 3 正常工作时, 系统可简化为图 3-2(a) 所示的形式, 这时系统的可靠性为

$$P(F \mid E) = P[(A \cup C)(B \cup D)] =$$
$$P[(A \cup C)(B \cup D)] = P(A \cup C)P(B \cup D)$$

注意到

$$P(A \cup C) = P(A) + P(C) - P(AC) = 2p - p^2$$

同理

$$P(B \cup D) = 2p - p^2$$

即

$$P(F \mid E) = (2p - p^2)^2$$

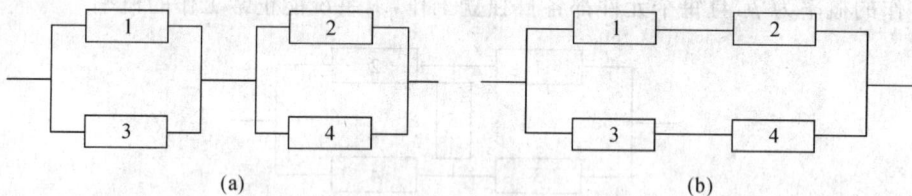

图 3-2

元件 3 非正常工作时, 系统可简化为如图 3-2(b) 所示的形式, 此时系统正常工作的概率为

$$P(F \mid \bar{E}) = P(AB \cup CD) = P(AB) + P(CD) - P(ABCD) =$$
$$P(A)P(B) + P(C)P(D) - P(A)P(B)P(C)P(D) =$$
$$2p^2 - p^4$$

从而系统正常工作的概率为

$$P(F) = P(E)P(F \mid E) + P(\bar{E})P(F \mid \bar{E}) =$$
$$p(2p - p^2)^4 + (1 - p)(2p^2 - p^4) =$$
$$2p^2 + 2p^3 - 5p^4 + 2p^5$$

例 17 甲、乙两人比赛射击,每进行一次胜者得 1 分. 在一次射击中甲胜的概率为 a,乙胜的概率为 $b(a+b=1)$. 比赛独立地进行到有一人的得分比对方多 2 分时停止,多得 2 分者最终获胜. 试求甲最终获胜的概率.

解 **方法一** 设事件 A 表示"甲最终获胜",B_1 表示"在第一、第二次射击中甲得 2 分",B_2 表示"在第一、第二次射击中乙得 2 分",B_3 表示"在第一、第二次射击中甲、乙各得 1 分",则 B_1,B_2,B_3 两两互不相容,且 $B_1 \cup B_2 \cup B_3 = \Omega$. 由全概率论公式得

$$P(A)=P(B_1)P(A \mid B_1)+P(B_2)P(A \mid B_2)+P(B_3)P(A \mid B_3)$$

再由已知条件可得

$$P(B_1)=a^2, \quad P(B_2)=b^2, \quad P(B_3)=2ab, \quad P(A \mid B_1)=1, \quad P(A \mid B_2)=0$$

注意到 B_3 发生时,则比赛重新开始,于是有

$$P(A \mid B_3)=P(A)$$

从而得

$$P(A)=a^2+2abP(A)$$

即

$$P(A)=\frac{a^2}{1-2ab}$$

方法二 根据题意,在一次比赛中,甲、乙两人有且仅有一人得 1 分. 又因要求比赛进行到有一人超过对方 2 分时停止,故须要进行偶次局方能分出胜负.

事件 A 表示"甲最终获胜",A_n 表示进行到"第 $2n+2$ 局,甲最终获胜",C_m 表示"第 m 局比赛中,甲得 1 分". 如果事件 A_n 发生,则表示在前 $2n+1$ 次与第 $2n+2$ 次比赛中各得 1 分. 而在前 $2n$ 次比赛中,甲、乙得分相等,且比赛过程中没有一方的积分超过对方 2 分及 2 分以上. 于是 A_n 为 C_m 与 $\bar{C}_m$ 的 $2n+2$ 个相异元素的排列. 前 $2n$ 个元素中 C_m 与 $\bar{C}_m$ 各出现 n 个,而后两个元素为 $C_{n+1}C_{n+2}$,并且任何前 $2k$ 项,C_m 与 $\bar{C}_m$ 均为 k 个,前 $2k+1$ 项有 k 个 C_m 或 $k+1$ 个 C_m. 对于一个具体的比赛结果,其概率为 $a^{n+2}b^n$. 另外,在前 $2n$ 局中,第 1,2 局可以互换,第 3,4 局可以互换,$\cdots$,第 $2n-1,2n$ 局可以互换,共有 2^n 种不同的结果,故

$$P(A_n)=2^n a^{n+2} b^n=a^2(2ab)^n \quad (n=0,1,2,\cdots)$$

因此

$$\begin{aligned} P(A)=P(A_1+A_2+\cdots+A_n+\cdots)= \\ P(A_1)+P(A_2)+\cdots+P(A_n)+\cdots= \\ a^2(2ab)+a^2(2ab)^2+\cdots+a^2(2ab)^n+\cdots= \\ \frac{a^2}{1-2ab} \end{aligned}$$

例18　有两个裁判组,第一组由 3 个人组成,其中两个人独立地以概率 p 做出正确的裁定,而第三个人以掷硬币决定,最后结果根据多数人的意见决定. 第二组由 1 个人组成,他以概率 p 做出正确的裁定. 试问这两个裁判组哪一组做出正确裁定的概率大?

分析　计算第一组的正确裁定率,再与第二组的正确裁定率进行比较. 为此将第一组这一个复杂事件用其他互不相容的事件表示是解决本题的关键.

解　为此应先搞清楚"最后结果根据多数人意见决定"指的是什么,即指的是"第一组至少应该有两个人做出正确裁定"这个事件. 为了计算这个事件的概率,不妨设 A,B,C 分别表示事件"第一组的三个人各自做出正确裁定",D 表示"第一组做出正确裁定",则

$$D = ABC \bigcup AB\overline{C} \bigcup A\overline{B}C \bigcup \overline{A}BC$$

由题设知

$$P(A) = P(B) = p, \quad P(C) = \frac{1}{2}$$

由于 A,B,C 是相互独立的,利用加法定理得

$$P(D) = P(ABC \bigcup AB\overline{C} \bigcup A\overline{B}C \bigcup \overline{A}BC) =$$
$$P(A)P(B)P(C) + P(A)P(B)P(\overline{C}) + P(A)P(\overline{B})P(C) +$$
$$P(\overline{A})P(B)P(C) = p \cdot p \cdot \frac{1}{2} + p \cdot p \cdot \frac{1}{2} +$$
$$p \cdot (1-p) \cdot \frac{1}{2} + (1-p) \cdot p \cdot \frac{1}{2} = p$$

这样,两个裁判组正确裁定的概率一样大.

例19　甲、乙两人射击水平相当,对同一目标轮流射击. 若一方失利,另一方可继续进行射击,直到有人命中目标为止. 命中一方为该轮比赛的优胜者. 若甲先进行射击,是否一定沾光? 为什么?

分析　甲先进行射击,是否沾光? 其本质是甲命中目标的概率比乙命中的概率大,那么甲沾光. 否则,乙沾光.

解　设甲、乙两人每次射击命中目标的概率为 p,失利的概率为 $q(q = 1-p)$,$A_i = \{$第 i 次射击甲命中目标$\}$,$B_i = \{$第 i 次射击乙命中目标$\}$,$A = \{$甲先命中目标$\}$,$B = \{$乙先命中目标$\}$,$i = 1,2,3,\cdots$,则

$$P(A) = P(A_1 + \overline{A}_1\overline{B}_1A_2 + \overline{A}_1\overline{B}_1\overline{A}_2\overline{B}_2A_3 + \cdots) =$$
$$P(A_1) + P(\overline{A}_1\overline{B}_1A_2) + P(\overline{A}_1\overline{B}_1\overline{A}_2\overline{B}_2A_3) + \cdots =$$
$$p + pq^2 + pq^4 + \cdots = \frac{p}{1-q^2} = \frac{1}{1+q}$$

而
$$P(B) = 1 - P(A) = 1 - \frac{1}{1+q} = \frac{q}{1+q}$$

因为 $0 < p < 1$，所以 $P(A) > P(B)$. 因此，甲先进行射击一定沾光.

3.3 考点及考研真题辅导与精析

例 1 设 A,B 为随机事件，且 $P(B) > 0, P(A \mid B) = 1$，则必有（　　）.
(A) $P(A \bigcup B) > P(A)$　　　　　　(B) $P(A \bigcup B) > P(B)$
(C) $P(A \bigcup B) = P(A)$　　　　　　(D) $P(A \bigcup B) = P(B)$

（2006 年研究生入学考试试题）

解 因为
$$P(A \mid B) = \frac{P(AB)}{P(B)}, \quad P(A \mid B) = 1$$

所以 $P(AB) = P(B)$，从而
$$P(A \bigcup B) = P(A) + P(B) - P(AB) = P(A)$$

因此，选(C).

例 2 已知 $P(\overline{A}) = 0.3, P(B) = 0.4, P(A\overline{B}) = 0.5$，试求 $P(B \mid A \bigcup \overline{B})$.

（2006 年哈尔滨工业大学）

解 因为
$$P(B \mid A \bigcup \overline{B}) = \frac{P[B(A \bigcup \overline{B})]}{P(A \bigcup \overline{B})} = \frac{P(AB) + P(B\overline{B})}{P(A) + P(\overline{B}) - P(A\overline{B})} =$$
$$\frac{P(AB)}{(1-0.3) + (1-0.4) - 0.5} = \frac{P(AB)}{0.8}$$

又因为
$$P(A\overline{B}) = P(A - AB) = P(A) - P(AB)$$

所以
$$P(AB) = P(A - AB) = P(A) - P(A\overline{B}) = (1-0.3) - 0.5 = 0.2$$

从而
$$P(B \mid A \bigcup \overline{B}) = \frac{P(A\overline{B})}{0.8} = \frac{0.2}{0.8} = \frac{1}{4}$$

例 3 已知 $P(A) = \frac{1}{4}, P(B \mid A) = \frac{1}{3}, P(A \mid B) = \frac{1}{2}$，试求 $P(A \bigcup B)$.

（2007 年合肥工业大学）

分析 因为 $P(A \bigcup B) = P(A) + P(B) - P(AB)$，所以本题的关键就是

求出 $P(B)$，$P(AB)$.

解 由条件概率的性质及乘法公式，有

$$P(AB) = P(A)P(B \mid A) = \frac{1}{4} \times \frac{1}{3} = \frac{1}{12}$$

又由

$$P(A \mid B) = \frac{P(AB)}{P(B)}$$

得

$$P(B) = \frac{P(AB)}{P(A \mid B)} = \frac{1/12}{1/2} = \frac{1}{6}$$

从而

$$P(A \bigcup B) = P(A) + P(B) - P(AB) = \frac{1}{4} + \frac{1}{3} - \frac{1}{12} = \frac{1}{2}$$

例 4 已知 $P(A) = 0.7$，$P(B) = 0.4$，$P(AB) = 0.8$，则 $P(A \mid A \bigcup \bar{B}) =$ _____.

解 由于

$$P(A \bigcup \bar{B}) = P(A) + P(\bar{B}) - P(A\bar{B}) =$$
$$P(A) + P(\bar{B}) - P(A - AB) = P(\bar{B}) + P(AB) =$$
$$[1 - P(B)] + [1 - P(\overline{AB})] = 0.6 + 0.2 = 0.8$$

所以

$$P(A \mid A \bigcup \bar{B}) = \frac{P[A(A \bigcup \bar{B})]}{P(A \bigcup \bar{B})} = \frac{P(A \bigcup A\bar{B})}{P(A \bigcup \bar{B})} =$$
$$\frac{P(A)}{P(A \bigcup \bar{B})} = \frac{0.7}{0.8} = \frac{7}{8}$$

例 5 设有甲、乙两袋，甲袋中有 n 只白球、m 只红球，乙袋中有 N 只白球、M 只红球. 今从甲袋中任取一只球放入乙袋中，再从乙袋中任取一球. 问从乙袋中取到白球的概率是多少？　（2004 年西安电子科技大学）

解 设事件 A_1 表示"甲袋中取得白球"，事件 A_2 表示"甲袋中取得红球"，事件 B 表示"从乙袋中取得白球". 由已知条件可得

$$P(A_1) = \frac{n}{m+n}, \quad P(A_2) = \frac{m}{m+m}$$

$$P(B \mid A_1) = \frac{N+1}{M+N+1}, \quad P(B \mid A_2) = \frac{N}{M+N+1}$$

由全概率公式得所求概率为

$$P(B) = P(B \mid A_1)P(A_1) + P(B \mid A_2)P(A_2) =$$
$$\frac{N+1}{M+N+1}\frac{n}{m+n} + \frac{N}{M+N+1}\frac{m}{m+n} =$$

$$\frac{N(m+n)+n}{(M+N+1)(m+n)}$$

例 6 一道单项选择题列出了 5 个答案,一个考生可能正确理解而选对答案,也可能乱猜一个. 假设他知道正确答案的概率为 $\frac{1}{3}$,乱猜选对答案的概率为 $\frac{1}{5}$. 如果已知它选对了,试求他确实知道正确答案的概率.

(2007 年北京化工大学)

解 设事件 A 表示"考生选对了",事件 B 表示"考生知道正确答案". 由题意可知

$$P(A \mid B)=1, \quad P(A \mid \overline{B})=\frac{1}{5}, \quad P(B)=\frac{1}{3}$$

由贝叶斯公式得所求概率为

$$P(B \mid A)=\frac{P(A)P(B \mid A)}{P(A)P(B \mid A)+P(\overline{A})P(B \mid \overline{A})}=$$

$$\frac{\frac{1}{3} \times 1}{\frac{1}{3} \times 1 + \frac{2}{3} \times \frac{1}{5}}=\frac{5}{7}$$

例 7 设有两台机床加工同样的零件,第一台机床出废品的概率为 0.03,第二台机床出废品的概率是 0.02. 加工出来的零件混放在一起,并且已知第一台机床加工的零件比第二台机床多一倍. (1) 求任意取出的一个零件是合格品的概率;(2) 如果任意取出一个零件经过检验后发现是废品,求它是第二台机床加工的概率. (2003 年上海交通大学)

解 设事件 A 表示"任取得一个零件是合格品",事件 B_i 表示"零件是第 i 台机床加工的",$i=1,2$. 由题意知

$$P(B_1)=\frac{2}{3}, \quad P(B_2)=\frac{1}{3}, \quad P(A \mid B_1)=0.97, \quad P(A \mid B_2)=0.98$$

(1) 由全概率公式得

$$P(A)=P(B_1)P(A \mid B_1)+P(B_2)P(A \mid B_2)=$$

$$\frac{2}{3} \times 0.97 + \frac{1}{3} \times 0.98 = \frac{73}{75}$$

(2) 由于

$$P(\overline{A})=1-P(A)=\frac{2}{75}, \quad P(\overline{A} \mid B_2)=1-P(A \mid B_2)=0.02$$

因此由条件概率公式得

$$P(B_2 \mid \overline{A}) = \frac{P(B_2\overline{A})}{P(\overline{A})} = \frac{P(B_2)P(\overline{A} \mid B_2)}{P(\overline{A})} = \frac{\frac{1}{2} \times 0.02}{\frac{2}{75}} = \frac{1}{4}$$

例8 玻璃杯成箱出售,每箱20只,假设各箱含0,1,2只残次品的概率相应为0.8,0.1和0.1.一顾客欲购买一箱玻璃杯,在购买时,售货员随意取一箱,而顾客开箱随机地查看4只;若无残次品,则买下该箱玻璃杯,否则退回.试求:(1)顾客买下该箱的概率;(2)在顾客买下的一箱中,确实没有残次品的概率. (1988年研究生入学考试试题)

分析 由题意,假设玻璃杯箱含残次品的情况共分三类:分别含有0,1,2只残次品.顾客购买时,售货员任取的那一箱,可以是这三箱中的任意一箱,而顾客是在售货员取的这一箱中检查.顾客是否买下,与其属于哪一类有关.这类问题的概率计算一般要用全概率公式.

解 设 A 表示"顾客买下所查看的一箱",B_i 表示"售货员取的箱中恰好有 i 件残次品",其中 $i=0,1,2$.显然 B_0,B_1,B_2 构成一个完备事件组,且
$$P(B_0)=0.8, \quad P(B_1)=0.1, \quad P(B_2)=0.1$$
$$P(A \mid B_0)=1, \quad P(A \mid B_1)=\frac{C_{19}^4}{C_{20}^4}=\frac{4}{5}, \quad P(A \mid B_2)=\frac{C_{18}^4}{C_{20}^4}=\frac{12}{19}$$

(1)由全概率公式知所求概率为
$$P(A) = \sum_{i=0}^2 P(B_i)P(A \mid B_i) =$$
$$0.8\times 1 + 0.1 \times \frac{4}{5} + 0.1 \times \frac{12}{19} = \frac{448}{475}$$

(2)由贝叶斯公式知所求概率为
$$P(B_0 \mid A) = \frac{P(B_0)P(A \mid B_0)}{P(A)} = \frac{95}{112}$$

例9 有两箱同种类的零件,第一箱装50只,其中10只一等品.第二箱装30只,其中18只一等品.今从两箱中任挑出一箱,然后从该箱中取两次作不放回抽样.求:(1)第一次取到的零件是一等品的概率;(2)已知第一次取到的零件是一等品,求第二次取到的零件也是一等品的概率.

(2002年西安电子科技大学)

解 设事件 A_i 表示"任挑一箱是第 i 箱",B_i 表示"第 i 次取到的零件是一等品",其中 $i=1,2$.因为"第一次取到的零件是一等品"发生的原因有:此一等品可能是第一箱的零件,也可能是第二箱的零件,所以 A_1,A_2 是 B_1 发生的

原因,故 A_1,A_2 是样本空间 S 的一个划分,且 $P(A_1)=P(A_2)=\dfrac{1}{2}$. 由题设有

$$P(B_1\mid A_1)=\frac{C_{10}^1}{C_{50}^1}=\frac{1}{5},\quad P(B_1\mid A_2)=\frac{C_{18}^1}{C_{30}^1}=\frac{3}{5}$$

(1) 由全概率公式得第一次取到的零件是一等品的概率为

$$P(B_1)=P(A_1)\cdot P(B_1\mid A_1)+P(A_2)\cdot P(B_1\mid A_2)=$$
$$\frac{1}{2}\times\frac{1}{5}+\frac{1}{2}\times\frac{3}{5}=\frac{2}{5}$$

(2) 由条件概率及全概率公式有

$$P(B_2\mid B_1)=\frac{P(B_1B_2)}{P(B_1)}=\frac{P(A_1)P(B_1B_2\mid A_1)+P(A_2)P(B_1B_2\mid A_2)}{P(B_1)}=$$
$$\frac{5}{2}\left(\frac{1}{2}\frac{C_{10}^2}{C_{50}^2}+\frac{1}{2}\frac{C_{18}^2}{C_{30}^2}\right)=\frac{690}{1\,241}$$

例 10 设考生的报名表来自于三个地区,各有 10 份、15 份、25 份,其中女生的分别为 3 份、7 份、5 份. 随机地从一地区先后任取两份报名表. 求:(1) 先取到一份报名表是女生的概率;(2) 已知后取到的一份报名表是男生,求先取到的一份报名表是女生的概率.   (1998 年研究生入学考试试题)

分析 反复使用全概率公式是本题的一大特点.

解 设 B_j 表示"第 j 次取到的一份报名表是女生的",A_i 表示"考生的报名表是第 i 个地区",其中 $j=1,2$,$i=1,2,3$. 显然 A_1,A_2,A_3 构成一个完备事件组.

(1) 根据已知条件得到

$$P(A_i)=\frac{C_1^1}{C_3^1}=\frac{1}{3},\quad P(B_1\mid A_1)=\frac{C_3^1}{C_{10}^1}=\frac{3}{10}$$
$$P(B_1\mid A_2)=\frac{C_7^1}{C_{15}^1}=\frac{7}{15},\quad P(B_1\mid A_3)=\frac{C_5^1}{C_{25}^1}=\frac{1}{5}$$

再由全概率公式得所求概率为

$$P(B_1)=P(A_1)P(B_1\mid A_1)+P(A_2)P(B_1\mid A_2)+P(A_3)P(B_1\mid A_3)=$$
$$\frac{1}{3}\times\frac{3}{10}+\frac{1}{3}\times\frac{7}{15}+\frac{1}{3}\times\frac{1}{5}=\frac{29}{90}$$

(2) 所求概率为

$$P(B_1\mid\overline{B_2})=\frac{P(B_1\,\overline{B_2})}{P(\overline{B_2})}$$

而

$$P(\overline{B_2})=P(A_1)P(\overline{B_2}\mid A_1)+P(A_2)P(\overline{B_2}\mid A_2)+P(A_3)P(\overline{B_2}\mid A_3)$$

又

$$P(\overline{B_2} \mid A_i) = P[\overline{B_2}(B_1 + \overline{B_1}) \mid A_i] =$$
$$P(\overline{B_2}B_1 \mid A_i) + P(\overline{B_2}\,\overline{B_1} \mid A_i)$$

其中 $i = 1, 2, 3$. 又由已知条件得

$$P(\overline{B_2} \mid A_1) = \frac{C_3^1 C_7^1}{C_{10}^2} + \frac{C_7^2}{C_{10}^2} = \frac{7}{10}$$

$$P(\overline{B_2} \mid A_2) = \frac{C_7^1 C_8^1}{C_{15}^2} + \frac{C_8^2}{C_{15}^2} = \frac{8}{15}$$

$$P(\overline{B_2} \mid A_3) = \frac{C_5^1 C_{20}^1}{C_{25}^2} + \frac{C_{20}^2}{C_{25}^2} = \frac{4}{5}$$

所以

$$P(\overline{B_2}) = \frac{1}{3} \times \frac{7}{10} + \frac{1}{3} \times \frac{8}{15} + \frac{1}{3} \times \frac{4}{5} = \frac{61}{90}$$

又

$$P(B_1 \overline{B_2}) = P(A_1)P(B_1 \overline{B_2} \mid A_1) + P(A_2)P(B_1 \overline{B_2} \mid A_2) +$$
$$P(A_3)P(B_1 \overline{B_2} \mid A_3) =$$
$$\frac{1}{3} \times \frac{C_3^1 C_7^1}{C_{10}^2} + \frac{1}{3} \times \frac{C_7^1 C_8^1}{C_{15}^2} + \frac{1}{3} \times \frac{C_5^1 C_{20}^1}{C_{25}^2} = \frac{2}{9}$$

因此所求概率为

$$P(B_1 \mid \overline{B_2}) = \frac{P(B_1 \overline{B_2})}{P(\overline{B_2})} = \frac{2/9}{61/90} = \frac{20}{61}$$

【注】在本题的第二问解答中,如果注意到"在抽签问题中,先抽和后抽的抽中机会相同,即抽签的机会与顺序无关",易知

$$P(\overline{B_2}) = P(\overline{B_1}) = 1 - \frac{29}{90} = \frac{61}{90}$$

例 11　设两个相互独立的事件 A 和 B 都不发生的概率为 $\frac{1}{9}$,A 发生 B 不发生的概率与 B 发生 A 不发生的概率相等,则 $P(A) = $ _____.

(2000 年研究生入学考试试题)

解　根据题意,得 $P(A\overline{B}) = P(\overline{A}B)$,即

$$P(A) - P(AB) = P(B) - P(AB)$$

于是 $P(A) = P(B)$. 又因为

$$P(\overline{A}\,\overline{B}) = 1 - P(A \bigcup B) = 1 - [P(A) + P(B) - P(AB)]$$

所以

$$\frac{1}{9} = 1 - 2P(A) + [P(A)]^2$$

解之,得 $P(A)=\dfrac{2}{3}$ 或 $P(A)=\dfrac{4}{3}$(舍去),故填 $\dfrac{2}{3}$.

例 12 某人向同一目标独立重复射击,每次射击命中的概率为 $p(0<p<1)$.则此人第 4 次射击恰好第 2 次命中目标的概率为( ).

(A)$3p(1-p)^2$ (B) $6p(1-p)^2$

(C) $3p^2(1-p)^2$ (D) $6p^2(1-p)^2$

(2007 年研究生入学考试试题)

分析 本题计算伯努利概型,即二项分布的概率.关键要搞清所求事件中的成功次数.

解 $P\{$第 4 次射击恰好第 2 次命中目标$\}=$
$P\{$前 3 次射击中恰好命中 1 次目标,第 4 次命中目标$\}=$
$P\{$前 3 次射击中恰好命中 1 次目标$\}\cdot P\{$第 4 次命中目标$\}=$
$C_3^1 p(1-p)^2 p=C_3^1 p^2(1-p)^2=3p^2(1-p)^2$

所以选(C).

例 13 设事件 A 与事件 B 互不相容,则( ).

(A)$P(\overline{A}\,\overline{B})=0$ (B) $P(AB)=P(A)P(B)$

(C)$P(A)=1-P(B)$ (D) $P(\overline{A}\bigcup\overline{B})=1$

(2009 年研究生入学考试试题)

解 因为事件 A 与事件 B 互不相容,所以 $P(AB)=0$. 于是有
$$P(\overline{A}\bigcup\overline{B})=P(\overline{AB})=1-P(AB)=1$$
故应选(D).

例 14 将一枚硬币独立地掷两次,引进:事件 $A_1=\{$掷第一次出现正面$\}$,$A_2=\{$掷第二次出现正面$\}$,$A_3=\{$正、反面各出现一次$\}$,$A_4=\{$正面出现两次$\}$,则事件( ).

(A) A_1,A_2,A_3 相互独立 (B) A_2,A_3,A_4 相互独立

(C) A_1,A_2,A_3 两两独立 (D) A_2,A_3,A_4 两两独立

(2003 年研究生入学考试试题)

解 因为
$$P(A_1)=P(A_2)=P(A_3)=\frac{1}{2},\quad P(A_4)=\frac{1}{4}$$
$$P(A_1A_2)=P(A_1A_3)=P(A_2A_3)=P(A_2A_4)=\frac{1}{4},\quad P(A_1A_2A_3)=0$$
所以
$$P(A_1A_2)=P(A_1)P(A_2),P(A_1A_3)=P(A_1)P(A_3)$$

$$P(A_2 A_3) = P(A_2) P(A_3), P(A_2 A_4) \neq P(A_2) P(A_4)$$

$$P(A_1 A_2 A_3) \neq P(A_1) P(A_2) P(A_3)$$

于是 A_1, A_2, A_3 两两独立,而不相互独立. A_2, A_3, A_4 不是两两独立,更不是相互独立. 故选(C).

例 15 设 A, B, C 三个事件两两独立,而 A, B, C 相互独立的充分必要条件是( ).

(A) A 与 BC 独立   (B) AB 与 $A \bigcup C$ 独立

(C) AB 与 AC 独立   (D) $A \bigcup B$ 与 $A \bigcup C$ 独立

(2004 年研究生入学考试试题)

分析 注意到"两两独立"与"相互独立"之间的区别与联系.

解 若 A, B, C 相互独立,那么

$$P(ABC) = P(A) P(B) P(C), P(BC) = P(B) P(C)$$

所以 $P(ABC) = P(A) P(BC)$,即 A 与 BC 独立.

若 A, B, C 三个事件两两独立,且 A 与 BC 独立,则

$$P(AB) = P(A) P(B), \quad P(BC) = P(B) P(C), \quad P(AC) = P(A) P(C)$$

$$P(ABC) = P(A) P(BC) = P(A) P(B) P(C)$$

于是 A, B, C 相互独立.

例 16 设两两相互独立的三个事件 A, B 和 C 满足条件 $ABC = \varnothing$, $P(A) = P(B) = P(C) < \dfrac{1}{2}$,且已知 $P(A \bigcup B \bigcup C) = \dfrac{9}{16}$,则 $P(A) = $ _____.

(1999 年研究生入学考试试题)

解 根据概率的性质

$$P(A \bigcup B \bigcup C) = P(A) + P(B) + P(C) - P(AB) -$$
$$P(BC) - P(AC) + P(ABC)$$

及已知条件,得

$$\frac{9}{16} = 3P(A) - 3\left[P(A)\right]^2$$

解之得

$$P(A) = \frac{1}{4} \quad 或 \quad P(A) = \frac{3}{4}$$

又由已知条件 $P(A) < \dfrac{1}{2}$,因此 $P(A) = \dfrac{1}{4}$,故填 $\dfrac{1}{4}$.

例 17 设 A, B 是任意两个事件,其中 A 的概率不等于 0 和 1,证明

$P(B\mid A)=P(B\mid\overline{A})$ 是事件 A 与 B 独立的充分必要条件.

(2002 年研究生入学考试试题)

解 由于 A 的概率不等于 0 和 1,所以 $P(B\mid A),P(B\mid\overline{A})$ 存在.

必要性. 由事件 A 与 B 独立,知事件 $\overline{A}$ 与 B 独立,因此

$$P(B\mid A)=P(B),\quad P(B\mid\overline{A})=P(B)$$

从而有 $$P(B\mid A)=P(B\mid\overline{A})$$

充分性. 由 $P(B\mid A)=P(B\mid\overline{A})$,可得

$$\frac{P(AB)}{P(A)}=\frac{P(\overline{A}B)}{P(\overline{A})}$$

即 $$\frac{P(AB)}{P(A)}=\frac{P(B)-P(AB)}{1-P(A)}$$

于是有 $$[1-P(A)]P(AB)=[P(B)-P(AB)]P(A)$$

也就是 $P(AB)=P(A)P(B)$,故 A 与 B 独立.

例 18 甲、乙、丙三部机床独立工作,而由一名工人照管,某段时间内它们不需要工人照管的概率分别为 0.9,0.8 及 0.85. 求在这段时间内有机床需要工人照管的概率、机床因无人照管而停工的概率以及恰有一部机床需要工人照管的概率. (2006 年合肥工业大学)

解 设事件 A,B,C 分别表示在这段时间内机床甲、乙、丙不需要工人照管. 有机床需要工人照管也就是至少有一部机床需要工人照管. 另外,应注意到三部机床由一名工人照管,即因无人照管而停工等价于在该段时间内至少有两部机床同时需要工人照管. 又由已知条件知 A,B,C 相互独立,且

$$P(A)=0.9,\quad P(B)=0.8,\quad P(C)=0.85$$

则有机床需要工人照管的概率为

$$P(\overline{A}+\overline{B}+\overline{C})=1-P(ABC)=1-P(A)P(B)P(C)=0.388$$

因无人照管而停工的概率为

$$P(\overline{A}\,\overline{B}+\overline{B}\,\overline{C}+\overline{C}\,\overline{A})=P(\overline{A}\,\overline{B})+P(\overline{B}\,\overline{C})+P(\overline{C}\,\overline{A})-2P(\overline{A}\,\overline{B}\,\overline{C})=0.059$$

恰有一部机床需要工人照管的概率为

$$P(A B\overline{C}+A\overline{B}C+\overline{A}BC)=P(AB\overline{C})+P(A\overline{B}C)+P(\overline{A}BC)=$$
$$P(A)P(B)P(\overline{C})+P(A)P(\overline{B})P(C)+$$
$$P(\overline{A})P(B)P(C)=0.9\times0.8\times0.15+$$
$$0.9\times0.2\times0.85+0.1\times0.8\times0.85=$$
$$0.329$$

例 19 盒子中装有 m 个正品硬币,n 个次品硬币(其两面均为国徽). 在盒

中任取一个硬币,将它投掷 r 次,每次都得到国徽,求这个硬币是正品的概率.

(2006 年西安电子科技大学)

解　令事件 A 表示"抽出的硬币掷 r 次均为国徽",事件 B 表示"抽出的硬币为正品".根据已知条件,并注意到掷 r 次硬币,每次出现"国徽"或者"字"是相互独立的,所以

$$P(B)=\frac{m}{m+n},\ P(A\mid\bar{B})=1,\ P(\bar{B})=\frac{n}{m+n},\ P(A\mid B)=\left(\frac{1}{2}\right)^r$$

由贝叶斯公式,则所要求的概率为

$$P(B\mid A)=\frac{P(B)P(A\mid B)}{P(B)P(A\mid B)+P(\bar{B})P(A\mid\bar{B})}=$$

$$\frac{\dfrac{m}{m+n}\times\dfrac{1}{2^r}}{\dfrac{m}{m+n}\times\dfrac{1}{2^r}+\dfrac{n}{m+n}}=\frac{m}{m+n\times2^r}$$

例 20　在通信息道中,传输的字符为 AAAA,BBBB,CCCC 三者之一.假设传送这三组字符的概率分别为 0.3,0.4,0.3. 由于通信息道的噪声干扰,每个字符被正确接收的概率为 0.8,而被错误接收为其他两个字母的概率均为 0.1. 假定前后字母是否被歪曲互不影响. 若接收到的字母为 ABBC,求被传送的字符为 BBBB 的概率.

(2005 年上海交通大学)

解　设事件 A 表示"接收到的字母 ABBC",事件 $B_i(i=1,2,3)$ 分别表示"传送字符 AAAA""传送字符 BBBB""传送字符 CCCC",于是 $B_1\bigcup B_2\bigcup B_3=\Omega$,且

$$P(B_1)=0.3,\quad P(A\mid B_1)=0.8\times0.1^3$$
$$P(B_2)=0.4,\quad P(A\mid B_1)=0.8^2\times0.1^2$$
$$P(B_3)=0.3,\quad P(A\mid B_3)=0.8\times0.1^3$$

由全概率公式得

$$P(A)=P(B_1)P(A\mid B_1)+P(B_2)P(A\mid B_2)+P(B_3)P(A\mid B_3)=$$
$$0.003\ 04$$

由贝叶斯公式得所求概率为

$$P(B_2\mid A)=\frac{P(B_2)P(A\mid B_2)}{P(A)}=\frac{256}{304}=\frac{16}{19}$$

例 21　飞机有 3 个不同部分遭到射击,在第 i 部分被击中 i 发子弹时,飞机才会被击落. 射击的命中率与每一部分的面积成正比,3 个部分的面积之比为 1:2:7. 若飞机被击中 2 弹,求飞机被击落的概率.

(2007 年北京化工大学)

分析　飞机被击落的概率直接计算不太容易,因此将其分解成若干个乘积事件之和.

解　设事件 C 表示"飞机被击落",C_1 表示"第 1 部分至少有 1 弹命中",C_2 表示"第 2 部分被命中 2 弹",A_i 表示"第 1 弹命中飞机的第 i 部分",B_i 表示"第 2 弹命中飞机的第 i 部分",其中 $i=1,2$. 显然有 $C=C_1 \bigcup C_2$,且 $C_1 \bigcap C_2 = \varnothing$. 由题意得

$$P(A_1) = P(B_1) = 0.1, \quad P(A_2) = P(B_2) = 0.2$$
$$P(A_3) = P(B_3) = 0.7$$

且 A_i 与 B_i 之间是相互独立的,由此可得

$$C_1 = A_1 B_1 \bigcup (A_1 B_2 \bigcup A_2 B_1) \bigcup (A_1 B_3 \bigcup A_3 B_1), \quad C_2 = A_2 B_2$$

故所求概率为

$$\begin{aligned}
P(C) = P(C_1) + P(C_2) = & \\
P(A_1 B_1) + P(A_1 B_2) + P(A_2 B_1) + & \\
P(A_1 B_3) + P(A_3 B_1) + P(A_2 B_2) = & \\
P(A_1)P(B_1) + P(A_1)P(B_2) + P(A_2)P(B_1) + & \\
P(A_1)P(B_3) + P(A_3)P(B_1) + P(A_2)P(B_2) = & \\
0.1 \times 0.1 + 0.1 \times 0.2 + 0.2 \times 0.1 + 0.1 \times 0.7 + & \\
0.7 \times 0.1 + 0.2 \times 0.2 = 0.23 &
\end{aligned}$$

3.4　课后习题解答

1. 已知随机事件 A 的概率 $P(A)=0.5$,随机事件 B 的概率 $P(B)=0.6$,条件概率 $P(B|A)=0.8$,试求 $P(AB)$ 及 $P(\overline{A}\,\overline{B})$.

解
$$P(AB) = P(A)P(B|A) = 0.5 \times 0.8 = 0.4$$
$$\begin{aligned}
P(\overline{A}\,\overline{B}) = P(\overline{A \bigcup B}) = 1 - P(A \bigcup B) = & \\
1 - P(A) - P(B) + P(AB) = & \\
1 - 0.5 - 0.6 + 0.4 = 0.3 &
\end{aligned}$$

2. 一批零件共 100 个,次品率为 10%,从中无放回取三次(每次取一个),求第三次才取得正品的概率.

解　设 A_i 表示第 i 次取到正品,$i=1,2,3$,那么所求概率
$$P(\overline{A}_1 \overline{A}_2 A_3) = P(\overline{A}_1)P(\overline{A}_2 \mid \overline{A}_1)P(A_3 \mid \overline{A}_1 \overline{A}_2) =$$
$$\frac{10}{100} \times \frac{9}{99} \times \frac{90}{98} = \frac{9}{1\,078}$$

3.某人有一笔资金,他投入基金的概率为 0.58,购买股票的概率为 0.28,两项投资都做的概率为 0.19.(1)已知他已投入基金,再购买股票的概率是多少?(2)已知他已购买股票,再投入基金的概率是多少?

解　记 $A = \{$某人的资金投入基金$\}$,$B = \{$某人的资金投入股票$\}$,则
$$P(A) = 0.58, \quad P(B) = 0.28, \quad P(AB) = 0.19$$

(1) $P(B \mid A) = \dfrac{P(AB)}{P(A)} = \dfrac{0.19}{0.58} \approx 0.327$

(2) $P(A \mid B) = \dfrac{P(AB)}{P(B)} = \dfrac{0.19}{0.28} \approx 0.678$

4.给定 $P(A) = 0.5, P(B) = 0.3, P(AB) = 0.15$,验证下面四个等式:
$P(A \mid B) = P(A), P(A \mid \bar{B}) = P(A), P(B \mid A) = P(B), P(B \mid \bar{A}) = P(B)$.

解　$P(A \mid B) = \dfrac{P(AB)}{P(B)} = \dfrac{0.15}{0.3} = \dfrac{1}{2} = P(A)$

$P(A \mid \bar{B}) = \dfrac{P(A\bar{B})}{P(\bar{B})} = \dfrac{P(A) - P(AB)}{1 - P(B)} = \dfrac{0.5 - 0.15}{0.7} =$

$\dfrac{0.35}{0.7} = 0.5 = P(A)$

$P(B \mid A) = \dfrac{P(AB)}{P(A)} = \dfrac{0.15}{0.5} = 0.3 = P(B)$

$P(B \mid \bar{A}) = \dfrac{P(\bar{A}B)}{P(\bar{A})} = \dfrac{P(B) - P(AB)}{1 - P(A)} = \dfrac{0.3 - 0.15}{0.5} =$

$\dfrac{0.15}{0.5} = P(B)$

5.有朋自远方来,他坐火车、坐船、坐汽车和坐飞机的概率分别为 0.3,0.2,0.1,0.4.若坐火车,迟到的概率是 0.25;若坐船,迟到的概率是 0.3;若坐汽车,迟到的概率是 0.1;若坐飞机,则不会迟到.求他最后可能迟到的概率.

解　设 B 表示"迟到",A_1, A_2, A_3, A_4 分别表示乘"火车、船、汽车、飞机",则 $B = \bigcup\limits_{i=1}^{4} BA_i$.按题意
$$P(B \mid A_1) = 0.25, \quad P(B \mid A_2) = 0.3$$
$$P(B \mid A_3) = 0.1, \quad P(B \mid A_4) = 0$$

由全概率公式有
$$P(B) = \sum_{i=1}^{4} P(A_i)P(B \mid A_i) = 0.3 \times 0.25 + 0.2 \times 0.3 +$$
$$0.1 \times 0.1 = 0.145$$

6.已知甲袋中有 6 只红球,4 只白球;乙袋中有 8 只红球,6 只白球.求下列

事件的概率:(1) 随机取一只袋,再从该袋中随机取一球,该球是红球;(2) 合并两只袋,从中随机取一球,该球是红球.

解 (1) 记 $B=\{$该球是红球$\}$,A_1 表示"取自甲袋",A_2 表示"取自乙袋".由已知条件得

$$P(B\mid A_1)=\frac{6}{10},\quad P(B\mid A_2)=\frac{8}{14}$$

所以

$$P(B)=P(A_1)P(B\mid A_1)+P(A_2)P(B\mid A_2)=$$
$$\frac{1}{2}\times\frac{6}{10}+\frac{1}{2}\times\frac{8}{14}=\frac{41}{70}$$

(2) $P(B)=\frac{14}{24}=\frac{7}{12}$

7.某工厂有甲、乙、丙三个车间,生产同一种产品,每个车间的产量分别占全厂的 25%,35%,40%,各车间的次品率分别为 5%,4%,2%,求该厂产品的次品率.

解 设 B 表示"次品",A_1,A_2,A_3 分别表示"该产品由甲、乙、丙车间生产",那么

$$P(A_1)=0.25,\quad P(A_2)=0.35,\quad P(A_3)=0.40$$
$$P(B\mid A_1)=0.05,\quad P(B\mid A_2)=0.04,\quad P(B\mid A_3)=0.02$$

由全概率公式得

$$P(B)=P(A_1)P(B\mid A_1)+P(A_2)P(B\mid A_2)+P(A_3)P(B\mid A_3)=$$
$$0.25\times0.05+0.35\times0.04+0.4\times0.02=0.0345$$

8.发报台分别以概率 0.6,0.4 发出"$*$"和"$-$".由于通信受到干扰,当发出"$*$"时,收报台未必收到信号"$*$",而是分别以概率0.8和0.2收到"$*$"和"$-$";同样,当发出信号"$-$"时,收报台分别以概率 0.9 和 0.1 的概率收到"$-$"和"$*$".求:(1) 收报台收到信号"$*$"的概率;(2) 当收报台收到信号"$*$"时,发报台确实发出信号"$*$"的概率.

解 记 $B=\{$收到信号"$*$"$\}$,$A=\{$发出信号"$*$"$\}$.

(1)由全概率公式得

$$P(B)=P(A)P(B\mid A)+P(\bar{A})P(B\mid\bar{A})=$$
$$0.6\times0.8+0.4\times0.1=0.48+0.04=0.52$$

(2)根据贝叶斯公式得

$$P(A\mid B)=\frac{P(A)P(B\mid A)}{P(B)}=\frac{0.6\times0.8}{0.52}=\frac{12}{13}$$

9. 设某工厂有 A,B,C 三个车间,生产同一螺钉,各个车间的产量分别占总产量的 25%,35%,40%,各个车间成品中次品的百分比分别为 5%,4%,2%.如果从该厂产品中抽取一件,得到的是次品,求它依次是车间 A,B,C 生产的概率.

解 为方便,记事件 A,B,C 为 A,B,C 车间生产的产品,事件 $D=\{次品\}$,因此

$$P(D)=P(A)P(D\mid A)+P(B)P(D\mid B)+P(C)P(D\mid C)=$$
$$0.25\times0.05+0.35\times0.04+0.4\times0.02=0.034\,5$$

$$P(A\mid D)=\frac{P(A)P(D\mid A)}{P(D)}=\frac{0.25\times0.05}{0.034\,5}\approx0.362$$

$$P(B\mid D)=\frac{P(B)P(D\mid B)}{P(D)}=\frac{0.35\times0.04}{0.034\,5}\approx0.406$$

$$P(C\mid D)=\frac{P(C)P(D\mid C)}{P(D)}=\frac{0.4\times0.02}{0.034\,5}\approx0.232$$

10. 设事件 A 与 B 独立,且 $P(A)=p,P(B)=q$,求事件 $P(A\bigcup B)$,$P(A\bigcup\overline{B})$,$P(\overline{A}\bigcup\overline{B})$ 的概率.

解 $P(A\bigcup B)=P(A)+P(B)-P(A)P(B)=p+q-pq$
$$P(A\bigcup\overline{B})=P(A)+P(\overline{B})-P(A)P(\overline{B})=1-q+pq$$
$$P(\overline{A}\bigcup\overline{B})=P(\overline{AB})=1-P(AB)=1-P(A)P(B)=1-pq$$

11. 已知事件 A 与 B 独立,且 $P(A\overline{B})=1/9$,$P(A\overline{B})=P(\overline{A}B)$,求 $P(A)$,$P(B)$.

解 因 $P(A\overline{B})=P(\overline{A}B)$,由独立性有 $P(A)P(\overline{B})=P(\overline{A})P(B)$,从而
$$P(A)-P(A)P(B)=P(B)-P(A)P(B)$$
则
$$P(A)=P(B)$$

再由 $P(\overline{A}\,\overline{B})=\frac{1}{9}$,有

$$\frac{1}{9}=P(\overline{A})P(\overline{B})=[1-P(A)][1-P(B)]=[1-P(A)]^2$$

所以 $1-P(A)=\frac{1}{3}$,最后得到

$$P(B)=P(A)=\frac{2}{3}$$

12. 甲、乙、丙三人同时独立地向同一目标各射击一次,命中率分别为 1/3,1/2,2/3,求目标被命中的概率.

解 记 $B=\{命中目标\}$,$A_1=\{甲命中\}$,$A_2=\{乙命中\}$,$A_3=\{丙命中\}$,

则 $B = A_1 \bigcup A_2 \bigcup A_3$，因而

$$P(B) = 1 - P(\overline{A_1 A_2 A_3}) = 1 - P(\overline{A_1}) P(\overline{A_2}) P(\overline{A_3}) =$$

$$1 - \frac{2}{3} \times \frac{1}{2} \times \frac{1}{3} = 1 - \frac{1}{9} = \frac{8}{9}$$

13. 6 个相同的元件，如图 3 - 3 所示那样安置在线路中．设每个元件不通达的概率为 p，求这个装置通达的概率．假定各个元件通达与否是相互独立的．

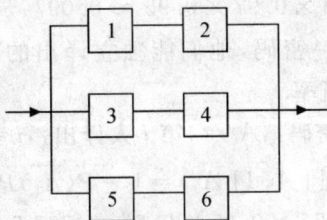

图　3 - 3

解　记 $A = \{通达\}$，$A_i = \{元件 i 通达\}$，$i = 1, 2, 3, 4, 5, 6$，则

$$A = A_1 A_2 \bigcup A_3 A_4 \bigcup A_5 A_6$$

所以

$$P(A) = P(A_1 A_2) + P(A_3 A_4) + P(A_5 A_6) - P(A_1 A_2 A_3 A_4) -$$

$$P(A_3 A_4 A_5 A_6) - P(A_1 A_2 A_5 A_6) + P(A_1 A_2 A_3 A_4 A_5 A_6) =$$

$$3(1 - p)^2 - 3(1 - p)^4 + (1 - p)^6$$

14. 假设一部机器在一天内发生故障的概率为 0.2，机器发生故障时全天停止工作．若一周 5 个工作日里每天是否发生故障相互独立，试求一周 5 个工作日里发生 3 次故障的概率．

解　$p = C_5^3 (0.2)^3 (0.8)^2 = 0.051\,2$

15. 灯泡耐用时间在 1 000 h 以上的概率为 0.2，求 3 个灯泡在使用 1 000 h 以后最多只有 1 个坏了的概率．

解　$p = C_3^3 (0.2)^3 + C_3^2 \times 0.8 \times (0.2)^2 = 0.008 + 0.096 = 0.104$

16. 设在三次独立试验中，事件 A 出现的概率相等．若已知 A 至少出现一次的概率等于 19/27，求事件 A 在每次试验中出现的概率 $P(A)$．

解　记 $A_i = \{A 第 i 次试验中出现\}$，$i = 1, 2, 3$，根据题意，有

$$\frac{19}{27} = P(A_1 \bigcup A_2 \bigcup A_3) = 1 - P(\overline{A_1 A_2 A_3}) = 1 - (1 - p)^3$$

则 $(1-p)^3 = \dfrac{8}{27}$，解之得 $p = \dfrac{1}{3}$.

17.加工一零件共需经过 3 道工序,设第 1、第 2、第 3 道工序的次品率分别为 $2\%, 3\%, 5\%$.假设各道工序是互不影响的,求加工出来的零件的次品率.

解　注意到加工零件为次品,当且仅当第 $1 \sim 3$ 道工序中至少有一道出现次品.记 $A_i = \{第\ i\ 道工序为次品\}$，$i = 1, 2, 3$，则次品率为

$$p = P(A_1 \bigcup A_2 \bigcup A_3) = 1 - P(\overline{A_1})P(\overline{A_2})P(\overline{A_3}) =$$
$$1 - 0.98 \times 0.97 \times 0.95 \approx 0.097$$

18.3 个人独立破译一密码,他们能独立译出的概率分别为 $0.25, 0.35, 0.4$.求此密码被译出的概率.

解　记 $A = \{译出密码\}$，$A_i = \{第\ i\ 人译出\}$，$i = 1, 2, 3$，则

$$P(A) = P(A_1 \bigcup A_2 \bigcup A_3) = 1 - P(\overline{A_1})P(\overline{A_2})P(\overline{A_3}) =$$
$$1 - 0.75 \times 0.65 \times 0.6 = 0.707\ 5$$

19. 将一枚均匀硬币连续独立抛掷 10 次,恰有 5 次出现正面的概率是多少？有 $4 \sim 6$ 次出现正面的概率是多少？

解　(1) $C_{10}^5 \left(\dfrac{1}{2}\right)^{10} = \dfrac{63}{256}$

(2) $\displaystyle\sum_{k=4}^{6} C_{10}^k \left(\dfrac{1}{2}\right)^{10-k} = \dfrac{21}{32}$

20. 某宾馆大楼有 4 部电梯,通过调查,知道在某时刻 T,各电梯正运行的概率均为 0.75,求:(1) 在此时刻至少有 1 台电梯在运行的概率;(2) 在此时刻恰好有一半电梯在运行的概率;(3) 在此时刻所有电梯都在运行的概率.

解　(1) $1 - (1 - 0.75)^4 = 1 - (0.25)^4 = \dfrac{255}{256}$

(2) $C_2^1 (0.75)^2 \times (0.25)^2 = 6 \times \left(\dfrac{3}{4}\right)^2 \times \left(\dfrac{1}{4}\right)^2 = \dfrac{27}{128}$

(3) $(0.75)^4 = (C_4^3)^4 = \dfrac{81}{256}$

第 4 章

随机变量及其分布

4.1 重点及知识点辅导与精析

4.1.1 随机变量的概念

在随机试验中,如果存在一个变量,它以试验结果的改变而取不同的实数值,那么称这个变量为一维随机变量.

概率论主要研究随机变量取值的概率规律,即随机变量的分布.

4.1.2 随机变量的分布函数

1.分布函数定义

随机变量的分布可以用分布函数来表示.给定随机变量 X,称函数

$$F(x) = P(X \leqslant x), \quad -\infty < x < +\infty$$

为随机变量 X 的分布函数.

2.分布函数的性质

(1) $0 \leqslant F(x) \leqslant 1$.

(2) $F(x)$ 单调不减,即当 $x_1 < x_2$,$F(x_1) \leqslant F(x_2)$.

(3) $F(x)$ 是一个右连续函数,即 $\lim\limits_{x \to x_0+0} F(x) = F(x_0)$.

(4) $\lim\limits_{x \to -\infty} F(x) = 0$,$\lim\limits_{x \to +\infty} F(x) = 1$.

(5) $P(x_1 < X \leqslant x_2) = F(x_2) - F(x_1)$.

4.1.3　一维离散型随机变量及其分布律

1. 随机变量的分布律

如果随机变量 X 仅可能取有限个或可列个值,那么称 X 为离散型随机变量. 离散型随机变量的分布律可以用下述表格形式表示:

X	x_1	x_2	$\cdots$	x_n	$\cdots$
概率	p_1	p_2	$\cdots$	p_n	$\cdots$

其中,$p_i = P(X = x_i)$.

2. 分布律的性质

(1) $0 \leqslant p_i \leqslant 1, i = 1, 2, \cdots$;

(2) $\sum\limits_i p_i = 1$.

3. 常用离散型随机变量

(1) $0-1$ 分布,分布律为

X	0	1
概率	$1-p$	p

其中,$0 < p < 1$.

(2) 二项分布 $B(n, p)$,分布律为
$$P(X = k) = C_n^k p^k (1-p)^{n-k} \qquad (k = 0, 1, \cdots, n)$$
其中,$0 < p < 1$. 当 $n = 1$ 时,二项分布即为 $0-1$,因此 $0-1$ 分布是二项分布的一种特殊情形.

(3) 泊松分布 $P(\lambda)$,分布律为
$$P(X = k) = \frac{\lambda^k}{k!} \mathrm{e}^{-\lambda} \qquad (k = 0, 1, \cdots)$$
其中,$\lambda > 0$.

4.1.4　一维连续型随机变量及其密度函数

1. 密度函数定义

如果随机变量 X 的分布函数 $F(x)$ 可以表示成

$$F(x) = \int_{-\infty}^{x} f(t)\,\mathrm{d}t, \quad -\infty < x < +\infty$$

那么称 X 为连续型随机变量,其中函数 $f(x)$ 称为 X 的概率密度函数.

2. 密度函数的性质

(1) $f(x) \geqslant 0, \quad -\infty < x < +\infty$;

(2) $\int_{-\infty}^{+\infty} f(x)\,\mathrm{d}x = 1$.

3. 分布函数的性质

(1) 分布函数 $F(x)$ 是连续函数;

(2) 对任意一个常数 c,$P(X = c) = 0$;

(3) 在 $f(x)$ 的连续点处,$F'(x) = f(x)$.

4. 常用连续型随机变量

(1) 均匀分布 $R(a,b)$,密度函数为

$$f(x) = \begin{cases} \dfrac{1}{b-a}, & a < x < b \\ 0, & 其他 \end{cases}$$

其中,$-\infty < a < b < +\infty$.

(2) 指数分布 $E(\lambda)$,密度函数为

$$f(x) = \begin{cases} \lambda \mathrm{e}^{-\lambda x}, & x > 0 \\ 0, & 其他 \end{cases}$$

其中,$\lambda > 0$.

(3) 正态分布 $N(\mu, \sigma^2)$,密度函数为

$$f(x) = \frac{1}{\sqrt{2\pi}\,\sigma} \mathrm{e}^{-\frac{(x-\mu)^2}{2\sigma^2}}, \quad -\infty < x < +\infty$$

其中,$-\infty < \mu < +\infty$,$\sigma^2 > 0$.当 $\mu = 0$,$\sigma^2 = 1$ 时,称 $N(0,1)$ 为标准正态分布,其分布函数记做 $\Phi(x)$.当 $x \geqslant 0$ 时,$\Phi(x)$ 的函数值可从正态分布表查得;当 $x < 0$ 时,可用公式 $\Phi(x) = 1 - \Phi(-x)$ 求得 $\Phi(x)$ 的值.

当 $X \sim N(\mu, \sigma^2)$ 时,有

$$P(a \leqslant X \leqslant b) = \Phi\left(\frac{b-\mu}{\sigma}\right) - \Phi\left(\frac{a-\mu}{\sigma}\right)$$

4.2　难点及典型例题辅导与精析

例1　一箱中装有6件产品,其中2件是二等品.现从中随机取出3件,试求取出的二等品件数 X 的分布律及其分布函数.

分析　求离散型随机变量的分布律,先分析随机变量的所有可能取值,而后计算每个取值对应的概率,进而得到其分布律.

解　由题意知,随机变量 X 的所有可能取值为 $0,1,2$. 在6件产品中任取3件共有 C_6^3 种取法,从而

$$P\{X=0\}=\frac{C_4^3}{C_6^3}=\frac{1}{5}$$

$$P\{X=1\}=\frac{C_2^1 C_4^2}{C_6^3}=\frac{3}{5}$$

$$P\{X=2\}=\frac{C_2^2 C_4^1}{C_6^3}=\frac{1}{5}$$

所以, X 的分布律为

X	0	1	2
概率	$\frac{1}{5}$	$\frac{3}{5}$	$\frac{1}{5}$

当 $x<0$ 时,有

$$F(x)=P(X\leqslant x)=0$$

当 $0\leqslant x<1$ 时,有

$$F(x)=P(X\leqslant x)=P(X<0)+P(X=0)+P(0<X\leqslant x)$$

又由已知条件,有

$$P(X<0)=P(0<X\leqslant x)=0$$

所以　　　　　　　$$F(x)=P(X=0)=\frac{1}{5}$$

当 $1\leqslant x<2$ 时,有

$$F(x)=P(X\leqslant x)=P(X=0)+P(X=1)=\frac{4}{5}$$

当 $x\geqslant 2$ 时,有

$$F(x)=P(X\leqslant x)=P(X=0)+P(X=1)+P(X=2)=1$$

综上所述,随机变量 X 的分布函数为

$$F(x)=\begin{cases} 0, & x<0 \\ \dfrac{1}{5}, & 0\leqslant x<1 \\ \dfrac{4}{5}, & 1\leqslant x<2 \\ 1, & x\geqslant 2 \end{cases}$$

例2 一汽车沿一街道行使,需要通过 4 个均设有红绿信号灯的路口,每个路口信号灯为红或绿与其他路口信号灯为红或绿相互独立,且红或绿两种信号显示的时间为 1:2. 以 X 表示该汽车首次遇到红灯前已通过的路口数,试求 X 的分布律.

分析 由事件的独立性可知,积事件的概率等于事件概率的乘积.

解 根据已知条件,随机变量 X 的所有可能取值为 $0,1,2,3,4$. 设 $A_i=$〈汽车在第 i 个路口信号灯首次禁止通过〉,A_1,A_2,A_3,A_4 相互独立,且 $P(A_i)=\dfrac{1}{3}$,所以

$$P(X=0)=P(A_1)=\frac{1}{3}$$

$$P(X=1)=P(\overline{A_1}A_2)=P(\overline{A_1})P(A_2)=\frac{2}{9}$$

$$P(X=2)=P(\overline{A_1}\ \overline{A_2}A_3)=P(\overline{A_1})P(\overline{A_2})P(A_3)=\frac{4}{27}$$

$$P(X=3)=P(\overline{A_1}\ \overline{A_2}\ \overline{A_3}A_4)=P(\overline{A_1})P(\overline{A_2})P(\overline{A_3})P(A_4)=\frac{8}{81}$$

$$P(X=4)=P(\overline{A_1}\ \overline{A_2}\ \overline{A_3}\ \overline{A_4})=P(\overline{A_1})P(\overline{A_2})P(\overline{A_3})P(\overline{A_4})=\frac{16}{243}$$

因此,所求分布律为

X	0	1	2	3	4
概率	$\dfrac{1}{3}$	$\dfrac{2}{9}$	$\dfrac{4}{27}$	$\dfrac{8}{81}$	$\dfrac{16}{243}$

例3 一个盒子中有 4 个小球,球上分别标有号码 $0,1,1,2$,有放回地取 2 个球,以 X 表示两次抽到球上号码数的乘积,求 X 的分布律.

解 由题意知,随机变量 X 的所有可能取值为 $0,1,2,4$. 设 X_1,X_2 分别表示两次抽到的号码数,则

$$P(X=0)=1-P(X_1\neq 0,X_2\neq 0)=1-P(X_1\neq 0)\cdot P(X_2\neq 0)=$$
$$1-\frac{3}{4}\times\frac{3}{4}=\frac{7}{16}$$

$$P(X=1) = P(X_1=1, X_2=1) = P(X_1=1)P(X_2=1) =$$
$$\frac{2}{4} \times \frac{2}{4} = \frac{1}{4}$$

$$P(X=2) = P\{(X_1=1, X_2=2) \bigcup (X_1=2, X_2=1) =$$
$$P(X_1=1)P(X_2=2) + P(X_1=2)P(X_2=1) =$$
$$\frac{2}{4} \times \frac{1}{2} + \frac{1}{2} \times \frac{2}{4} = \frac{1}{4}$$

$$P(X=4) = P(X_1=2, X_2=2) = P(X_1=2)P(X_2=2) =$$
$$\frac{1}{4} \times \frac{1}{4} = \frac{1}{16}$$

因此,所求分布律为

X	0	1	2	4
概率	$\frac{7}{16}$	$\frac{1}{4}$	$\frac{1}{4}$	$\frac{1}{16}$

例 4　设有 10 件产品,其中 7 件是正品,3 件是次品. 每次从这批产品中任取一件,在下列三种情况下,求直到取到正品为止所需抽取次数的概率分布. (1) 每次取出的产品不再放回;(2) 每次取出的产品仍放回;(3) 每次取出一件后总是另取一件正品放回到这批产品中.

分析　三种情况下抽取的次数不完全相同,且下次抽取时产品数目也不相同,要注意区分.

解　设直到取到正品为止所需抽取的次数为 X.

(1) 因为总共有 3 件次品,在不放回抽取的情况下,最多需 4 次就可取到正品,所以 X 的可能取值为 $1,2,3,4$,且

$$P(X=1) = \frac{7}{10}$$

$$P(X=2) = \frac{3}{10} \times \frac{7}{9} = \frac{7}{30}$$

$$P(X=3) = \frac{3}{10} \times \frac{2}{9} \times \frac{7}{8} = \frac{7}{120}$$

$$P(X=4) = \frac{3}{10} \times \frac{2}{9} \times \frac{1}{8} \times \frac{7}{7} = \frac{1}{120}$$

所以,X 的分布律为

X	1	2	3	4
概率	$\frac{7}{10}$	$\frac{7}{30}$	$\frac{7}{120}$	$\frac{1}{120}$

（2）由于是有放回的抽取，每次均在这10件产品中抽取，因此每次取到正品的概率为$\frac{7}{10}$，取到次品的概率是$\frac{3}{10}$，并且X的可能取值为$1,2,\cdots,k,\cdots$，事件$(X=k)$表示前$k-1$次取到次品，第k次取到正品，故所求X的分布律为

$$P(X=k)=\left(\frac{3}{10}\right)^{k-1}\times\frac{7}{10}\qquad(k=1,2,\cdots)$$

即X服从几何分布.

（3）类似(1)，X的可能取值为$1,2,3,4$，且

$$P(X=1)=\frac{7}{10}$$

$$P(X=2)=\frac{3}{10}\times\frac{8}{10}=\frac{6}{25}$$

$$P(X=3)=\frac{3}{10}\times\frac{2}{10}\times\frac{9}{10}=\frac{27}{500}$$

$$P(X=4)=\frac{3}{10}\times\frac{2}{10}\times\frac{1}{10}\times\frac{10}{10}=\frac{3}{500}$$

即X的分布律为

X	1	2	3	4
概率	$\frac{7}{10}$	$\frac{6}{25}$	$\frac{27}{500}$	$\frac{3}{500}$

例5　将一枚硬币接连掷5次，假设至少有1次国徽不出现，试求国徽出现的次数与不出现的次数之比Y的分布律.

分析　此题是求随机变量Y的分布律，注意随机变量Y的取值受条件限制，于是所求分布是条件分布.

解　设X表示国徽出现的次数，其可能取值为$0,1,2,3,4,5$，显然它服从$B(5,\frac{1}{2})$，因此

$$P(X=k)=C_5^k\left(\frac{1}{2}\right)^k\left(\frac{1}{2}\right)^{5-k}=C_5^k\left(\frac{1}{2}\right)^5$$

设A表示事件"至少有一次国徽不出现"，则

$$P(A)=P(X\leqslant 4)=1-P(X=5)=\frac{31}{32}$$

设Z表示事件"至少有1次国徽不出现的条件下国徽出现的次数"，则

$$P(Z=i)=\frac{P[(X=i)\bigcap A]}{P(A)}=\frac{P(X=i)}{P(A)}\qquad(i=0,1,2,3,4)$$

由题意知 $Y = \dfrac{Z}{5-Z}$，其中 $Z=0,1,2,3,4.$ 于是 Y 可能取值为 $0,\dfrac{1}{4},\dfrac{2}{3},\dfrac{3}{2}$，$4$，且

$$P(Y=0)=P(Z=0)=\frac{1}{31}, \quad P\left(Y=\frac{1}{4}\right)=P(Z=1)=\frac{5}{31}$$

$$P\left(Y=\frac{2}{3}\right)=P(Z=2)=\frac{10}{31}, \quad P\left(Y=\frac{3}{2}\right)=P(Z=3)=\frac{10}{31}$$

$$P(Y=4)=P(Z=4)=\frac{5}{31}$$

故所求 Y 的分布律为

Y	0	$\dfrac{1}{4}$	$\dfrac{2}{3}$	$\dfrac{3}{2}$	4
概率	$\dfrac{1}{31}$	$\dfrac{5}{31}$	$\dfrac{10}{31}$	$\dfrac{10}{31}$	$\dfrac{5}{31}$

例 6　设随机变量 X 服从 $B(2,p)$，随机变量 Y 服从 $B(3,p)$ 的二项分布，且 $P(X \geqslant 1)=\dfrac{5}{9}$，求 $P(Y \geqslant 1)$.

解　由于 X 服从 $B(2,p)$，因此 $P\{X=k\}=C_2^k p^k (1-p)^{2-k}$. 又由已知条件得

$$P(X \geqslant 1)=1-P(X=0)=1-(1-p)^2=\frac{5}{9}$$

由上式可得 $p=\dfrac{1}{3}$，再由已知条件知 Y 服从 $B\left(3,\dfrac{1}{3}\right)$，故

$$P(Y \geqslant 1)=1-P(Y=0)=1-(1-p)^3=\frac{19}{27}$$

例 7　某厂有同类型机床 60 台. 假设每台机床相互独立工作，故障率为 0.02.(1) 若由 3 名维修工各自负责 20 台机床，求机床发生故障时不能及时维修的概率;(2) 若由 3 名维修工共同负责 60 台机床，求机床发生故障时不能及时维修的概率;(3) 若要求机床发生故障时不能及时维修的概率小于 0.01,问至少需要配备几名工人共同维修机床?

解　设 $A=\{60$ 台机床中发生故障时不能及时维修 $\}$.

(1) 此时意味着至少有 1 人负责的 20 台机床在同一时刻多于 1 台机床发生故障. 设 $A_i=\{$第 i 个维修工负责的 20 台机床发生故障时不能及时维修 $\}$ $(i=1,2,3)$，则 $A=A_1 \bigcup A_2 \bigcup A_3$. 第 i 个维修工负责的 20 台机床在同一时刻发生故障的台数 $X_i \sim B(20,0.01)(i=1,2,3)$. 由独立性得

$$P(A) = P(A_1 \bigcup A_2 \bigcup A_3) = 1 - P(\overline{A_1}\overline{A_2}\overline{A_3}) =$$
$$1 - P(\overline{A_1})P(\overline{A_2})P(\overline{A_3})$$

而

$$P(\overline{A_i}) = P(X_i < 2) = \sum_{k=0}^{1} C_{20}^{k} (0.02)^k (0.98)^{20-k} \approx$$

$$\sum_{k=0}^{1} \frac{(0.4)^k}{k!} e^{-0.4} = 0.938\ 45$$

其中 $i = 1,2,3.$ 因此 $P(A) = 1 - (0.938\ 45)^3 \approx 0.173\ 5.$

(2) 此时意味着 60 台机床在同一时刻发生故障的台数 $X \geqslant 4$，而 $X \sim B(60,0.02)$，故有

$$P(X \geqslant 4) = 1 - \sum_{k=0}^{3} P(X=k) = 1 - \sum_{k=0}^{3} C_{60}^{k} (0.02)^k (0.98)^{60-k} \approx$$

$$1 - \sum_{k=0}^{3} \frac{(1.2)^k}{k!} e^{-1.2} = 0.033\ 8$$

根据(1)，(2)计算的结果发现，尽管任务和人员不变，但是后一种维修方法效果更佳．

(3) 设应至少配备 N 名维修工人．由于 60 台机床在同一时刻发生故障的台数 $X \sim B(60,0.02)$，于是问题转化为确定 N，使 $P(X > N) < 0.01.$ 由

$$P(X > N) = 1 - \sum_{k=0}^{N} C_{60}^{k} (0.02)^k (0.98)^{60-k} \approx$$

$$1 - \sum_{k=0}^{N} \frac{(1.2)^k}{k!} e^{-1.2} < 0.01$$

查表知，最小的 N 应为 4．因此，应至少配备 4 名工人共同维修 60 台机床，才能使机床发生故障时不能及时维修的概率小于 0.01.

例 8 （寿命保险问题）设某保险公司的某人寿保险险种有 25 000 人投保，在一年内，每个人死亡的概率为 0.002，且每个人是否死亡是相互独立的，每个参加保险的人在 1 月 1 日须交 12 元保险费，而在死亡时家属可从保险公司里领取 2 000 元赔偿金．试求：(1) 保险公司亏本的概率；(2) 保险公司获利分别不少于 10 000 元、20 000 元的概率．

分析 因为参加人寿保险险种的人数很大，而每个人死亡的概率又很小，并且是否死亡相互独立，所以可以认为参保人中每年死亡人数近似服从泊松分布．

解 (1) 以"年"为单位来考虑．在一年的 1 月 1 日，保险公司总收入为

$$2\ 500 \times 12 = 30\ 000\ \text{元}$$

设 X 为 2 500 个投保人中在未来一年内死亡的人数,对每个人而言,在未来一年是否死亡相当于做一次伯努利试验,2 500 人就是做 2 500 重伯努利试验,因此 $X \sim B(2\,500, 0.002)$,则保险公司在这一年中应付出 $2\,000X$(元). 要使保险公司亏本,则必须 $2\,000X > 30\,000$,即 $X > 15$ 人,因此

$$P(\text{保险公司亏本}) = P(X > 15) = 1 - \sum_{k=0}^{15} C_{2500}^k (0.002)^k (0.998)^{2500-k} \approx$$

$$1 - \sum_{k=0}^{15} \frac{5^k}{k!} e^{-5} \approx 0.000\,069$$

因此可见,在一年里,保险公司亏本的概率是很小的.

(2) $P(\text{保险公司获利不少于 10 000 元}) = P(30\,000 - 2\,000X \geqslant 10\,000) =$

$$P(X \leqslant 10) = \sum_{k=0}^{10} C_{2\,500}^k (0.002)^k (0.998)^{2500-k} \approx$$

$$\sum_{k=0}^{10} \frac{5^k}{k!} e^{-5} \approx 0.986\,305$$

即保险公司获利不少于 10 000 元的概率在 98% 以上.

$$P(\text{保险公司获利不少于 20 000 元}) = P(30\,000 - 2\,000X \geqslant 20\,000) =$$

$$P(X \leqslant 5) = \sum_{k=0}^{5} C_{2\,500}^k (0.002)^k (0.998)^{2\,500-k} \approx$$

$$\sum_{k=0}^{5} \frac{5^k}{k!} e^{-5} \approx 0.615\,961$$

以上的结果说明"保险公司为什么那样乐于开展保险业务"的道理.

例 9 已知离散型随机变量 X 的分布函数为

$$F(x) = \begin{cases} 0, & x < -1 \\ 0.4, & -1 \leqslant x < 1 \\ 0.8, & 1 \leqslant x < 3 \\ 1, & x \geqslant 3 \end{cases}$$

写出随机变量 X 的分布律.

分析 利用分布函数求离散型随机变量的分布律时,学会使用公式 $P(X=a) = F(a) - F(a-0)$ 是解决问题的关键.

解 由分布函数可看到随机变量 X 的取值为 $-1, 1, 3$. 再根据分布函数的性质可得

$$P(X = -1) = P(X \leqslant -1) - P(X < -1) =$$
$$F(-1) - F(-1-0) = 0.4 - 0 = 0.4$$
$$P(X = 1) = P(X \leqslant 1) - P(X < 1) = F(1) - F(1-0) =$$

$$0.8 - 0.4 = 0.4$$

$$P(X=3) = P(X \leqslant 3) - P(X < 3) = F(3) - F(3-0) =$$
$$1 - 0.8 = 0.2$$

即 X 的分布律为

X	-1	1	3
概率	0.4	0.4	0.2

例 10　设 D 是由曲线 $y = x^2$ 和直线 $y = x$ 所围成的区域. 现向 D 内随机投一质点，试求质点到 y 轴的距离 X 的分布函数.

解　设 X 的分布函数为 $F(x)$，即 $F(x) = P(X \leqslant x)$. 由已知条件可得：

当 $x < 0$ 时，$(X \leqslant x)$ 是不可能事件，从而 $F(x) = 0$；

当 $x > 1$ 时，$(X \leqslant x)$ 是必然事件，那么 $F(x) = 1$；

当 $0 \leqslant x \leqslant 1$ 时，因为

$$|\Omega| = S_D = \int_0^1 (x - x^2)\mathrm{d}x = \frac{1}{6}$$

$$|D_x| = \int_0^x (t - t^2)\mathrm{d}t = \frac{x^2}{2} - \frac{x^3}{3}$$

所以

$$F(x) = P(X \leqslant x) = \frac{|S_D|}{|\Omega|} = 3x^2 - 2x^3$$

综上所述，所求随机变量 X 的分布函数为

$$F(x) = \begin{cases} 0, & x < 0 \\ 3x^2 - 2x^3, & 0 \leqslant x \leqslant 1 \\ 1, & x > 1 \end{cases}$$

例 11　设连续型随机变量 X 的分布函数为

$$F(x) = \begin{cases} A + Be^{-\frac{x^2}{2}}, & x > 0 \\ 0, & x \leqslant 0 \end{cases}$$

试求：(1) 常数 A 和 B；(2) $P(-1 < X < 1)$；(3) X 的密度函数.

解　(1) 由分布函数的性质得

$$\lim_{x \to +\infty} F(x) = \lim_{x \to +\infty} (A + Be^{-\frac{x^2}{2}}) = A = 1$$

又根据连续型随机变量分布函数的连续性得

$$\lim_{x \to 0+} F(x) = \lim_{x \to 0+} (A + Be^{-\frac{x^2}{2}}) = A + B = \lim_{x \to 0-} F(x) = 0$$

故所求 $A=1, B=-1$.

（2）根据已知条件有

$$P(-1 < X < 1) = P(X < 1) - P(X \leqslant -1) = F(1) - F(-1-0)$$

又 X 是连续型随机变量，所以 $F(x)$ 是连续函数，故 $F(-1-0)=F(-1)$，从而

$$P(-1 < X < 1) = F(1) - F(-1) = (1 - e^{-\frac{1}{2}}) - 0 = 1 - \frac{1}{\sqrt{e}}$$

（3）所求密度函数为

$$f(x) = F'(x) = \begin{cases} x e^{-\frac{x^2}{2}}, & x > 0 \\ 0, & x \leqslant 0 \end{cases}$$

【注】① 当分布函数连续时，随机变量的取值落在某个区间的概率等于分布函数在区间右端点的函数值与左端点函数值之差. ② 由于连续型随机变量在任意一点的概率等于零，因此 $F(x)$ 在其分界点无论是否可导，都可以重新定义密度函数在此点处的函数值.

例 12　某人上班，从自己家里去办公楼要经过一交通指示灯，这一指示灯有 80% 的时间亮红灯，此时他在指示灯旁等待直至绿灯亮. 等待时间在区间 $[0,30]$（以 s 计），服从均匀分布. 以 X 表示他的等待时间，求 X 的分布函数 $F(x)$，并说明 X 是否为连续型随机变量，是否为离散型随机变量.

解　当他到达指示灯处时，若是亮绿灯，则等待时间为零；亮红灯，则等待时间服从区间 $[0,30]$ 上均匀分布. 记 A 表示"指示灯亮绿灯"，由全概率公式有

$$P(X \leqslant x) = P(A)P(X \leqslant x \mid A) + P(\overline{A})P(X \leqslant x \mid \overline{A})$$

其中

$$P(X \leqslant x \mid A) = \begin{cases} 1, & x \geqslant 0 \\ 0, & x < 0 \end{cases}$$

$$P(X \leqslant x \mid \overline{A}) = \begin{cases} \dfrac{x}{30}, & 0 \leqslant x \leqslant 30 \\ 0, & \text{其他} \end{cases}$$

从而由已知条件得

$$F(x) = P(X \leqslant x) = \begin{cases} 0.2 \times 0 + 0.8 \times 0, & x < 0 \\ 0.2 \times 1 + 0.8 \times \dfrac{x}{30}, & 0 \leqslant x \leqslant 30 = \\ 0.2 \times 1 + 0.8 \times 1, & x > 30 \end{cases}$$

$$\begin{cases} 0, & x < 0 \\ 0.2 + \dfrac{2x}{75}, & 0 \leqslant x \leqslant 30 \\ 1, & x > 30 \end{cases}$$

因为 $F(x)$ 在 $x=0$ 处不连续，所以 X 不是连续型随机变量. 又因为不存在一个可列点集，使得 X 在这个点集上取值的概率之和等于 1，所以随机变量 X 也不是离散型的，即 X 是混合型的随机变量.

例 13   设连续型随机变量 X 的密度函数为

$$f(x) = \begin{cases} c + x, & -1 \leqslant x < 0 \\ c - x, & 0 \leqslant x \leqslant 1 \\ 0, & |x| > 1 \end{cases}$$

求：(1) 常数 c；(2) 概率 $P(|X| \leqslant 0.5)$；(3) 分布函数 $F(x)$.

解   (1) 由于

$$\int_{-\infty}^{+\infty} f(x)\mathrm{d}x = \int_{-\infty}^{-1} 0\mathrm{d}x + \int_{-1}^{0} (c+x)\mathrm{d}x + $$

$$\int_{0}^{1} (c-x)\mathrm{d}x + \int_{1}^{+\infty} 0\mathrm{d}x = 2c - 1$$

那么由密度函数的性质 $\displaystyle\int_{-\infty}^{+\infty} f(x)\mathrm{d}x = 1$，得 $2c - 1 = 1$，即 $c = 1$.

(2) 所求概率为

$$P(|X| \leqslant 0.5) = \int_{-0.5}^{0.5} f(x)\mathrm{d}x = \int_{-0.5}^{0} (1+x)\mathrm{d}x + $$

$$\int_{0}^{0.5} (1-x)\mathrm{d}x = 0.75$$

(3) 当 $x < -1$ 时，有

$$F(x) = \int_{-\infty}^{x} f(t)\mathrm{d}t = \int_{-\infty}^{x} 0\mathrm{d}t = 0$$

当 $-1 \leqslant x < 0$ 时，有

$$F(x) = \int_{-\infty}^{x} f(t)\mathrm{d}t = \int_{-\infty}^{-1} 0\mathrm{d}t + \int_{-1}^{x} (1+t)\mathrm{d}t = \frac{1}{2}(1+x)^2$$

当 $0 \leqslant x < 1$ 时，有

$$F(x) = \int_{-\infty}^{x} f(t)\mathrm{d}t = \int_{-\infty}^{-1} 0\mathrm{d}t + \int_{-1}^{0} (1+t)\mathrm{d}t + \int_{0}^{x} (1-t)\mathrm{d}t = $$

$$1 - \frac{1}{2}(1-x)^2$$

当 $x \geqslant 1$ 时，有

$$F(x) = \int_{-\infty}^{x} f(t)\mathrm{d}t = \int_{-\infty}^{-1} 0\mathrm{d}t + \int_{-1}^{0}(1+t)\mathrm{d}t + \int_{0}^{1}(1-t)\mathrm{d}t + \int_{1}^{x} 0\mathrm{d}t = 1$$

因此,所求分布函数为

$$F(x) = \begin{cases} 0, & x < -1 \\ \dfrac{1}{2}(1+x)^2, & -1 \leqslant x < 0 \\ 1 - \dfrac{1}{2}(1-x)^2, & 0 \leqslant x < 1 \\ 1, & x \geqslant 1 \end{cases}$$

例 14　设随机变量 X 在区间 $(1,6)$ 上服从均匀分布,则方程 $x^2 + Xx + 1 = 0$ 有实根的概率为多少?

分析　利用方程有实根的条件,先找出随机变量的取值范围,再算概率.

解　由方程 $x^2 + Xx + 1 = 0$ 有实根,可知 $X^2 - 4 \geqslant 0$,即 $|X| \geqslant 2$. 由 X 在区间 $(1,6)$ 上服从均匀分布,可知其概率密度为

$$f(x) = \begin{cases} \dfrac{1}{5}, & 1 \leqslant x \leqslant 6 \\ 0, & \text{其他} \end{cases}$$

所以

$$P(|X| \geqslant 2) = 1 - P(|X| < 2) = 1 - \int_{-2}^{2} f(x)\mathrm{d}x =$$

$$1 - \int_{-2}^{1} f(x)\mathrm{d}x - \int_{1}^{2} f(x)\mathrm{d}x =$$

$$1 - \int_{-2}^{1} 0\mathrm{d}x - \int_{1}^{2} \dfrac{1}{5}\mathrm{d}x = 1 - \dfrac{1}{5} = \dfrac{4}{5}$$

例 15　某仪器装有三只独立工作的同型号电器元件,其寿命都服从同一指数分布,密度函数为

$$f(x) = \begin{cases} \dfrac{1}{600}\mathrm{e}^{-\frac{x}{600}}, & x > 0 \\ 0, & \text{其他} \end{cases}$$

试求在仪器使用的最初 200 h 内,至少有一个电子元件损坏的概率.

解　设 A_i 表示事件"在仪器使用的最初 200 h 内,第 i 个电子元件损坏"$(i = 1, 2, 3)$,以 X_i 表示其寿命,则

$$P(A_i) = P(X_i \leqslant 200) = \int_{0}^{200} \dfrac{1}{600}\mathrm{e}^{-\frac{x}{600}}\mathrm{d}x = 1 - \mathrm{e}^{-\frac{1}{3}}$$

因此,所求概率为

$$P(A_1 + A_2 + A_3) = 1 - P(\overline{A_1}\overline{A_2}\overline{A_3}) = 1 - (e^{-\frac{1}{3}})^3 = 1 - \frac{1}{e}$$

例 16　一台大型设备在任何长为 t 的时间内,发生故障的次数 $N(t)$ 服从参数为 λt 的泊松分布.求:(1) 相继两次故障之间的时间间隔 T 的概率分布;(2) 在设备已经无故障工作 8 h 的情况下,再无故障工作 8 h 的概率.

分析　注意到是连续型随机变量,要求其概率分布,先求分布函数 $F_T(t) = P(T \leqslant t)$.为了利用已知条件,应找出它们之间的联系.

解　由题意可知

$$P[N(t) = k] = \frac{(\lambda t)^k e^{-\lambda t}}{k!} \qquad (k = 0,1,2,\cdots)$$

(1) 由于随机变量 T 表示相继两次故障之间的时间间隔,因此,当给定时间 t 比相继两次故障之间的时间间隔 T 小时,在长为 t 的时间内无故障,即 $N(t) = 0$;反之,当 $N(t) = 0$ 时,所给定的时间长 t 应小于相继两次故障之间的时间间隔,从而有 $(T > t) = (N(t) = 0)$.

当 $t < 0$ 时,有

$$F_T(t) = P(T \leqslant t) = P(\varnothing) = 0$$

当 $t \geqslant 0$ 时,有

$$F_T(t) = P(T \leqslant t) = 1 - P(T > t) = 1 - P\{N(t) = 0\} = 1 - e^{-\lambda t}$$

所以

$$F_T(t) = \begin{cases} 1 - e^{-\lambda t}, & t \geqslant 0 \\ 0, & t < 0 \end{cases}$$

即 T 服从参数为 λ 的指数分布.

(2) 所求概率为

$$P(T \geqslant 16 \mid T \geqslant 8) = \frac{P(T \geqslant 16)}{P(T \geqslant 8)} = \frac{1 - F_T(16)}{1 - F_T(8)} = e^{-8t}$$

例 17　设 $X \sim N(2,\sigma^2)$,且 $P(2 < X < 4) = 0.3$,求 $P(X < 0)$.

分析　正态随机变量 X 的线性变换 $\dfrac{X - \mu}{\sigma}$ 服从标准正态分布,熟悉这一性质,对于解题非常有帮助.

解　由题设知

$$P(2 < X < 4) = P\left(\frac{2-2}{\sigma} < \frac{X-2}{\sigma} < \frac{4-2}{\sigma}\right) = \Phi\left(\frac{2}{\sigma}\right) - \Phi(0) = 0.3$$

于是有

$$\Phi\left(\frac{2}{\sigma}\right) = \Phi(0) + 0.3 = 0.5 + 0.3 = 0.8$$

所以

$$P(X < 0) = P(\frac{X-2}{\sigma} < \frac{0-2}{\sigma}) = \Phi(-\frac{2}{\sigma}) = 1 - \Phi(\frac{2}{\sigma}) = 0.2$$

例 18　某校抽样调查结果表明,考生的数学成绩(百分制)近似服从正态分布,平均成绩为 72 分,96 分以上的考生占 3.2%,试求考生成绩在 60 分至 84 分之间的概率.

分析　利用正态分布计算概率时,首先要知道两个参数 μ, σ.

解　由题意知,考生的数学成绩

$$X \sim N(\mu, \sigma^2), \quad \mu = 72$$

又知 $P(X > 96) = 0.023, 1 - P(X \leqslant 96) = 0.023$,即

$$1 - \Phi(\frac{96-72}{\sigma}) = 0.023 \Rightarrow \Phi(\frac{24}{\sigma}) = 0.977$$

查表得 $\frac{24}{\sigma} = 2$,所以 $\sigma = 12$. 由此可知 $X \sim N(72, 12^2)$,所以

$$P(60 \leqslant X \leqslant 84) = \Phi(\frac{84-72}{12}) - \Phi(\frac{60-72}{12}) =$$
$$2\Phi(1) - 1 = 2 \times 0.841 - 1 = 0.682$$

即考生成绩在 60 分至 84 分之间的概率为 0.682.

例 19　某人从南郊前往北郊火车站乘火车,有两条路可走. 第一条路穿过市中心,路程较短,但交通拥挤,所需时间(单位:min)服从正态分布 $N(35, 80)$;第二条路沿环城公路走,路程较长,但意外阻塞较少,所需时间服从正态分布 $N(40, 20)$. 试问:(1)假如有 50 min 时间可用,应走哪条路? (2)若只有 40 min 时间可用,又应该走哪条路线?

分析　决策的原则应该是选择在允许的时间内有较大概率赶到火车站的路线.

解　设 $X = \{$该人沿第一条路从南郊到北郊火车站所需的时间$\}$,$Y = \{$该人沿第二条路从南郊到北郊火车站所需的时间$\}$. 依题意知

$$X \sim N(35, 80), Y \sim N(40, 20)$$

(1) 若有 50 min 可用,由于

$$P(X \leqslant 50) = \Phi(\frac{50-35}{\sqrt{80}}) = \Phi(1.677) \approx 0.953\ 5$$

$$P(Y \leqslant 50) = \Phi(\frac{50-40}{\sqrt{20}}) = \Phi(2.236) \approx 0.987\ 4$$

因此,该人从南郊到北郊火车站沿第二条路走,在 50 min 内到达的概率比沿

第一条路的概率大,故此时应选择第二条路走.

(2) 若有 40 min 可用,由于

$$P(X \leqslant 40) = \Phi(\frac{40-35}{\sqrt{80}}) = \Phi(0.559) \approx 0.712\,3$$

$$P(Y \leqslant 40) = \Phi(\frac{40-40}{\sqrt{20}}) = \Phi(0) = 0.5$$

因此,该人从南郊到北郊火车站沿第一条路走,在 40 min 内到达的概率比沿第二条路的概率大,故此时应选择第一条路走.

例 20 某单位招聘 2 500 人,按考试成绩从高分到低分依次录用,共有 10 000 人报名. 假设报名者的成绩服从 $N(\mu, \sigma^2)$,已知 90 分以上的有 359 人,60 分以下的有 1 151 人,试问录用者最低分为多少?

分析 根据已知条件确定参数 μ, σ,而后再计算录用的最低分数.

解 设报名者的成绩为 X,由题意知 $X \sim N(\mu, \sigma^2)$. 因为

$$P(X > 90) = 1 - P(X \leqslant 90) = 1 - \Phi(\frac{90-\mu}{\sigma}) = \frac{359}{10\,000}$$

$$P(X < 60) = \Phi(\frac{60-\mu}{\sigma}) = \frac{1\,151}{10\,000}$$

所以

$$\Phi(\frac{90-\mu}{\sigma}) = 1 - 0.035\,9 = 0.964\,1, \quad \Phi(\frac{60-\mu}{\sigma}) = 0.115\,1$$

查表得

$$\frac{90-\mu}{\sigma} = 1.8, \quad \frac{60-\mu}{\sigma} = -1.2$$

解之得

$$\mu = 72, \quad \sigma = 10$$

再设录用者的最低分数为 x,由题意可得

$$P(X > x) = 1 - P(X \leqslant x) = 1 - \Phi(\frac{x-\mu}{\sigma}) = \frac{2\,500}{10\,000}$$

即

$$\Phi(\frac{x-\mu}{\sigma}) = 1 - 0.25 = 0.75$$

查表得

$$\frac{x-\mu}{\sigma} = 0.675$$

故所录用者的最低分数为 $x = \mu + 0.675\sigma = 72 + 0.675 \times 10 \approx 79$.

例 21 如图 4-1 所示在 $\triangle ABC$ 中,任取一点 P,P 到 AB 的距离为 X,试求 X 的分布函数及密度函数.

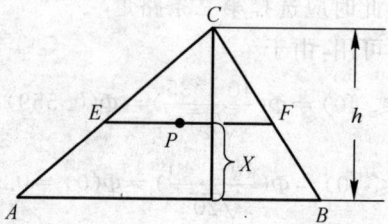

图 4-1

解 如图 4-1 所示，AB 边上的高为 h，即 C 到 AB 的距离为 h，那么有：

当 $x < 0$ 时，$F(x) = P(X \leqslant x) = P(\varnothing) = 0$；

当 $0 \leqslant x < h$ 时，有

$$F(x) = P(X \leqslant x) = \frac{S_{\triangle ABC} - S_{\triangle EFC}}{S_{\triangle ABC}} = 1 - \frac{S_{\triangle EFC}}{S_{\triangle ABC}} = 1 - \left(\frac{h-x}{h}\right)^2$$

当 $x \geqslant h$ 时，$F(x) = P(X \leqslant x) = P(\Omega) = 1$.

因此，所求 X 的分布函数及密度函数分别为

$$F(x) = \begin{cases} 0, & x < 0 \\ 1 - \left(\dfrac{h-x}{h}\right)^2, & 0 \leqslant x < h \\ 1, & x \geqslant h \end{cases}$$

$$f(x) = \begin{cases} \dfrac{2(h-x)}{h}, & 0 \leqslant x < h \\ 0, & 其他 \end{cases}$$

4.3 考点及考研真题辅导与精析

例1 一篮球运动员的投篮命中率为 45%，以 X 表示他首次投中时累计已投篮的次数，写出 X 的分布律，并计算 X 取偶数的概率.

(2005 年西安电子科技大学)

解 随机变量 X 所有可能的取值为 $1, 2, \cdots, n, \cdots$，$(X = k)$ 表示他在前 $k-1$ 次未投中，而第 k 次投中. 又每次投篮独立，所以 X 的分布律为

$$P(X = k) = (1 - 0.45)^{k-1} \times 0.45 \quad (k = 1, 2, \cdots, n, \cdots)$$

X 取偶数的概率为

$$P = P\left[\bigcup_{k=1}^{+\infty}(X = 2k)\right] = \sum_{i=1}^{+\infty} P(X = 2k) = \sum_{i=1}^{+\infty} 0.55^{2k-1} \times 0.45 = \frac{11}{31}$$

例 2 设随机变量 X 的分布函数为

$$F(x) = \begin{cases} 0, & x < 0 \\ \dfrac{1}{2}, & 0 \leqslant x < 1 \\ 1 - e^{-x}, & x \leqslant 1 \end{cases}$$

则 $P(X = 1) = ($ 　 $)$.

(A) 0 　　　(B) $\dfrac{1}{2}$ 　　　(C) $\dfrac{1}{2} - e^{-1}$ 　　　(D) $1 - e^{-1}$

(2010 年硕士研究生入学考试试题)

解 根据分布函数的性质得

$$P(X = 1) = P(X \leqslant 1) - P(X < 1) = F(1) - F(1 - 0) = (1 - e^{-1}) - \dfrac{1}{2} =$$

$$\dfrac{1}{2} - e^{-1}$$

因此,选(C).

例 3 设 $f_1(x)$ 为标准正态分布的概率密度,$f_2(x)$ 为区间 $[-1, 3]$ 上的均匀分布的概率密度. 若 $f(x) = \begin{cases} af_1(x), & x \leqslant 0 \\ bf_2(x), & x > 0 \end{cases}$ $(a > 0\ b > 0)$ 为概率密度,则 a, b 应满足(　). 　　　(2010 年硕士研究生入学考试试题)

(A) $2a + 3b = 4$ 　　　　　　(B) $3a + 2b = 4$

(C) $a + b = 1$ 　　　　　　(D) $a + b = 2$

解 根据已知条件,得

$$\int_{-\infty}^{+\infty} f(x)\,\mathrm{d}x = \int_{-\infty}^{0} af_1(x)\,\mathrm{d}x + \int_{0}^{+\infty} bf_1(x)\,\mathrm{d}x =$$

$$\dfrac{a}{2}\int_{-\infty}^{+\infty} f_1(x)\,\mathrm{d}x + b\int_{0}^{3}\dfrac{1}{4}\,\mathrm{d}x = \dfrac{a}{2} + \dfrac{3b}{4}$$

其中 $\quad f_1(x) = \dfrac{1}{\sqrt{2\pi}}e^{-\frac{x^2}{2}}, \quad f_2(x) = \begin{cases} \dfrac{1}{4}, & -1 \leqslant x \leqslant 3 \\ 0, & \text{其他} \end{cases}$

再由密度函数的性质 $\int_{-\infty}^{+\infty} f(x)\,\mathrm{d}x = 1$,得 $\dfrac{a}{2} + \dfrac{3b}{4} = 1$,即 $2a + 3b = 1$. 因此选(A).

例 4 设随机变量 X 的密度函数 $f(x) = \begin{cases} ax + b, & 0 < x < 1 \\ 0, & \text{其他} \end{cases}$,且

$P(X < \dfrac{1}{3}) = P(X > \dfrac{1}{3})$,求常数 a 和 b. 　　　(2007 年上海交通大学)

解   由于随机变量 X 是连续型随机变量,因此

$$P(X < \frac{1}{3}) = 1 - P(X \geqslant \frac{1}{3}) = 1 - P(X > \frac{1}{3})$$

由已知条件可得 $P(X < \frac{1}{3}) = \frac{1}{2}$. 又

$$P(X < \frac{1}{3}) = \int_{-\infty}^{\frac{1}{3}} f(x)\mathrm{d}x = \int_0^{\frac{1}{3}} (ax + b)\mathrm{d}x = \frac{1}{18}a + \frac{1}{3}b$$

从而

$$\frac{1}{18}a + \frac{1}{3}b = \frac{1}{2}$$

又因为

$$\int_{-\infty}^{+\infty} f(x)\mathrm{d}x = \int_0^1 (ax + b)\mathrm{d}x = \frac{1}{2}a + b$$

所以根据密度函数的性质 $\int_{-\infty}^{+\infty} f(x)\mathrm{d}x = 1$,得 $\frac{1}{2}a + b = 1$.   于是可解得 $a = -\frac{3}{2}, b = \frac{7}{4}$.

例 5   设连续型随机变量 X 的密度函数满足 $f(-x) = f(x)$,$F(x)$ 是 X 的分布函数,则 $P(|X| > 2005) = ($ $)$.

(A) $2 - F(2005)$ (B) $2F(2005) - 1$

(C) $1 - 2F(2005)$ (D) $2[1 - f(2005)]$

(2005 年上海交通大学)

分析   本题是计算服从对称分布的随机变量落在对称区间上的概率,类似于标准正态分布概率计算,可得其结果.

解   由于

$$P(|X| > 2005) = 1 - P(|X| < 2005) =$$
$$1 - P(-2005 < X < 2005) =$$
$$1 - [F(2005) - F(-2005)] =$$
$$1 - [F(2005) - 1 + F(2005)] = 2[1 - F(2005)]$$

所以,选(D).

例 6   设随机变量 X 服从正态分布 $N(\mu, \sigma^2)(\sigma^2 > 0)$,且二次方程 $y^2 + 4y + X = 0$ 无实根的概率为 $\frac{1}{2}$,则 $\mu = \underline{\qquad}$.

(2002 年硕士研究生入学考试试题)

解   二次方程 $y^2 + 4y + X = 0$ 无实根的充分必要条件是 $\Delta = 4^2 - 4X < 0$,即 $X > 4$,从而无实根的概率为

$$P = P(X > 4) = P(\frac{X - \mu}{\sigma} > \frac{4 - \mu}{\sigma}) = 1 - \Phi(\frac{4 - \mu}{\sigma})$$

再由已知条件得

$$1 - \Phi(\frac{4 - \mu}{\sigma}) = \frac{1}{2}$$

即

$$\Phi(\frac{4 - \mu}{\sigma}) = \frac{1}{2}$$

得 $\frac{4 - \mu}{\sigma} = 0$,亦即 $\mu = 4$. 因此应填 4.

例 7 设随机变量 X 服从标准正态分布 $N(0,1)$,对给定的 $\alpha \in (0,1)$,数 u_α 满足 $P(X > u_\alpha) = \alpha$. 若 $P(|X| < x) = \alpha$,则 x 等于( ).

(A) $u_{\alpha/2}$ (B) $u_{1 - \frac{\alpha}{2}}$ (C) $u_{(1-\alpha)/2}$ (D) $u_{1-\alpha}$

(2004 年硕士研究生入学考试试题)

解 根据标准正态分布密度函数的性质及对称性,可得

$$P(|X| < x) = 2\Phi(x) - 1 = 2P(X \leqslant x) - 1 =$$
$$2[1 - P(X > x)] - 1 = 1 - 2P(X > x)$$

再由已知条件可得

$$P(X > x) = \frac{1 - \alpha}{2}$$

又 $0 < \alpha < 1$,故 $x = u_{(1-\alpha)/2}$. 所以,选 (C).

例 8 设随机变量 X 服从正态分布 $N(\mu_1, \sigma_1^2)$,随机变量 Y 服从正态分布 $N(\mu_2, \sigma_2^2)$,且 $P(|X - \mu_1| < 1) > P(|Y - \mu_2| < 1)$,则必有( ).

(A) $\sigma_1 < \sigma_2$ (B) $\sigma_1 > \sigma_2$ (C) $\mu_1 < \mu_2$ (D) $\mu_1 > \mu_2$

(2008 年硕士研究生入学考试试题)

解 根据已知条件,有

$$\frac{X - \mu_1}{\sigma_1} \sim N(0,1), \quad \frac{X - \mu_2}{\sigma_2} \sim N(0,1)$$

又

$$P(|X - \mu_1| < 1) = P(|\frac{X - \mu_1}{\sigma_1}| < \frac{1}{\sigma_1})$$

$$P(|X - \mu_2| < 1) = P(|\frac{X - \mu_1}{\sigma_2}| < \frac{1}{\sigma_2})$$

注意到 $P(|X - \mu_1| < 1) > P(|Y - \mu_2| < 1)$

即

$$P(|\frac{X - \mu_1}{\sigma_1}| < \frac{1}{\sigma_1}) > P(|\frac{X - \mu_2}{\sigma_2}| < \frac{1}{\sigma_2})$$

得 $\frac{1}{\sigma_1} > \frac{1}{\sigma_2}$,即 $\sigma_1 < \sigma_2$. 因此,选 (A).

例 9 设随机变量 X 满足 $|X| \leqslant 1$，$P(X=-1)=\dfrac{1}{8}$，$P(X=1)=\dfrac{1}{4}$，而且 X 在 $(-1,1)$ 内任一子区间上取值的概率与该子区间的长度成正比. 试求：(1)X 的概率分布函数 $F(x)=P(X \leqslant x)$；(2)X 取负值的概率.

(2007 年中国科学技术大学)

解 (1) 由已知条件可得

$$P(|X|>1)=P(\varnothing)=0$$

$$P(|X|<1)=1-P(X=-1)-P(X=1)-P(|X|>1)=$$

$$1-\frac{1}{8}-\frac{1}{4}-0=\frac{5}{8}$$

又 X 在 $(-1,1)$ 内任一子区间上取值的概率与该子区间的长度成正比，所以不妨设其比例系数为 k，那么 $2k=\dfrac{5}{8}$，即 $k=\dfrac{5}{16}$.

当 $x<-1$ 时，$F(x)=P(X \leqslant x)=P(\varnothing)=0$；

当 $x=-1$ 时，$F(x)=P(X \leqslant x)=P(X<-1)+P(X=-1)=\dfrac{1}{8}$；

当 $-1<x<1$ 时，有

$$F(x)=P(X \leqslant x)=P(X<-1)+P(X=-1)+P(-1<X \leqslant x)=$$

$$\frac{1}{8}+\frac{5}{16}(x+1)$$

当 $x=1$ 时，有

$$F(x)=P(X \leqslant x)=P(X \leqslant -1)+P(-1<X<1)+P(X=1)=$$

$$\frac{1}{8}+\frac{5}{16} \times 2+\frac{1}{4}=1$$

当 $x>1$ 时，有

$$F(x)=P(X \leqslant x)=P(X \leqslant 1)+P(1<X \leqslant x)=$$

$$P(X \leqslant 1)+P(\varnothing)=1$$

综上所述，所求随机变量概率分布函数为

$$F(x)=\begin{cases} 0, & x<-1 \\ \dfrac{1}{8}, & x=-1 \\ \dfrac{1}{8}+\dfrac{5(x+1)}{16}, & -1<x<1 \\ 1, & x \geqslant 1 \end{cases}$$

(2) 所求概率为

$$P(X < 0) = \lim_{x \to 0+} F(x) = \lim_{x \to 0+} \left[\frac{1}{8} + \frac{5(x+1)}{16} \right] = \frac{7}{16}$$

例 10 设顾客在某银行窗口等待服务的时间(单位:min)X 服从指数分布,其概率密度函数为

$$f(x) = \begin{cases} \dfrac{1}{5} e^{-\frac{x}{5}}, & x > 0 \\ 0, & 其他 \end{cases}$$

某顾客在窗口等待服务,若超过 10 min,他就离开. 他一个月到银行5次.以 Y 表示一个月内他未等到服务而离开窗口的次数,写出 Y 的分布律,并求 $P(Y \geqslant 1)$.   (2006 年西安电子科技大学)

解 顾客在窗口等待服务,一次不超过 10 min 的概率

$$p = \int_0^{10} f_X(x) \mathrm{d}x = \int_0^{10} \frac{1}{5} e^{-\frac{x}{5}} \mathrm{d}x = 1 - e^{-2}$$

因此,顾客去银行一次因未等到服务而离开的概率为 $1 - p = e^2$. 注意到顾客每月到银行5次也就是进行了5重的伯努利试验,所以 $Y \sim B(5, e^{-2})$. Y 的分布律为

$$P(Y = k) = C_5^k (e^{-2})^k (1 - e^{-2})^{5-k} \quad (k = 0, 1, \cdots, 5)$$
$$P(Y \geqslant 1) = 1 - P(Y = 0) = 1 - (1 - e^{-2})^5 \approx 0.516\ 7$$

例 11 设随机变量 X 的概率密度为 $f(x) = \begin{cases} Ax^2, & x > 0 \\ 0, & x \leqslant 0 \end{cases}$,其中 $k > 0$. 求:(1) 常数 A;(2) 分布函数 $F(x)$.   (2007 年北京石油大学)

解 (1) 由于

$$\int_{-\infty}^{+\infty} f(x) \mathrm{d}x = \int_0^{+\infty} Ax^2 e^{-kx} \mathrm{d}x = -\frac{A}{k^3}(2 + 2kx + k^2 x^2) e^{-kx} \mid_0^{+\infty} = \frac{2A}{k^3}$$

由密度函数的性质得 $\dfrac{2A}{k^3} = 1$,即 $A = \dfrac{k^3}{2}$.

(2) 当 $x < 0$ 时,$F(x) = \displaystyle\int_{-\infty}^x f(t) \mathrm{d}t = 0$;

当 $x \geqslant 0$ 时,有

$$F(x) = \int_{-\infty}^x f(t) \mathrm{d}t = \int_{-\infty}^0 f(t) \mathrm{d}t + \int_0^x f(t) \mathrm{d}t = \int_0^x \frac{k^3}{2} x^2 e^{-kx} \mathrm{d}t =$$

$$-\frac{1}{2}(2 + 2kt + k^2 t^2) e^{-kt} \mid_0^x = 1 - \frac{1}{2}(2 + 2kx + k^2 x^2) e^{-kx}$$

故所求分布函数为

$$F(x) = \begin{cases} 1 - \dfrac{1}{2}(2 + 2kx + k^2 x^2)e^{-kx}, & x \geqslant 0 \\ 0, & x < 0 \end{cases}$$

例 12　已知连续型随机变量 X 的分布函数

$$F(x) = \begin{cases} 0, & x \leqslant -a \\ A + B\arcsin \dfrac{x}{a}, & -a \leqslant x < a \\ 1, & x \geqslant a \end{cases}$$

试求：(1) 常数 A 和 B 的值；(2) $P\left(-\dfrac{a}{2} < X < \dfrac{a}{2}\right)$；(3) 随机变量 X 的密度函数.

（2008 年北京化工大学）

分析　由于 X 是连续型随机变量，所以其分布函数 $F(x)$ 在 $(-\infty, +\infty)$ 内连续，利用其连续性可求得 A 和 B.

解　(1) 由于 $F(x)$ 在 $x = -a$ 和 $x = a$ 处连续，所以

$$\begin{cases} \lim\limits_{x \to -a+0} F(x) = F(-a) \\ \lim\limits_{x \to a+0} F(x) = F(a) \end{cases}$$

即

$$\begin{cases} A - \dfrac{\pi}{2}B = 0 \\ A + \dfrac{\pi}{2}B = 1 \end{cases}$$

解之得 $A = \dfrac{1}{2}$, $B = \dfrac{1}{\pi}$. 则其分布函数为

$$F(x) = \begin{cases} 0, & x \leqslant -a \\ \dfrac{1}{2} + \dfrac{1}{\pi}\arcsin \dfrac{x}{a}, & -a \leqslant x < a \\ 1 & x \geqslant a \end{cases}$$

(2) 所求概率

$$P\left(-\frac{a}{2} < X < \frac{a}{2}\right) = F\left(\frac{a}{2}\right) - F\left(-\frac{a}{2}\right) = \left(\frac{1}{2} + \frac{1}{\pi}\arcsin\frac{1}{2}\right) -$$

$$\left(\frac{1}{2} + \frac{1}{\pi}\arcsin\frac{-1}{2}\right) = \frac{1}{3}$$

(3) 随机变量 X 的密度函数

$$f(x) = F'(x) = \begin{cases} \dfrac{1}{\pi\sqrt{a^2 - x^2}}, & |x| < a \\ 0, & |x| \geqslant a \end{cases}$$

例 13 设 $F_1(x)$ 与 $F_2(x)$ 都是分布函数，又 $a>0,b>0$ 是两个常数，且 $a+b=1$，证明 $F(x)=aF_1(x)+bF_2(x)$ 也是某个随机变量的分布函数.

（2007 年上海交通大学）

证 因为 $F_1(x)$ 与 $F_2(x)$ 都是分布函数，所以当 $x_1<x_2$ 时，$F_1(x_1)\leqslant F_1(x_2)$，$F_2(x_1)\leqslant F_2(x_2)$，于是有

$$F(x_1)=aF_1(x_1)+bF_2(x_1)\leqslant aF_1(x_2)+bF_2(x_2)=F(x_2)$$

即 $F(x)$ 单调不减. 又因为

$$\lim_{x\to-\infty}F(x)=\lim_{x\to-\infty}[aF_1(x)+bF_2(x)]=a\lim_{x\to-\infty}F_1(x)+b\lim_{x\to-\infty}F_2(x)=0$$

$$\lim_{x\to+\infty}F(x)=\lim_{x\to+\infty}[aF_1(x)+bF_2(x)]=a\lim_{x\to+\infty}F_1(x)+b\lim_{x\to-\infty}F_2(x)=$$
$$a+b=1$$

且

$$F(x_1)=aF_1(x_1)+bF_2(x_1)\leqslant a+b=1$$
$$F(x_1)=aF_1(x_1)+bF_2(x_1)\geqslant 0$$
$$F(x+0)=aF_1(x+0)+bF_2(x+0)=aF_1(x)+bF_2(x)=F(x)$$

故 $F(x)=aF_1(x)+bF_2(x)$ 也是某个随机变量的分布函数.

4.4 课后习题解答

1.下列给出的数列,哪些是随机变量的分布律? 并说明理由.

(1) $p_i=\dfrac{i}{15}$, $i=0,1,2,3,4,5$；

(2) $p_i=\dfrac{5-i^2}{6}$, $i=0,1,2,3$；

(3) $p_i=\dfrac{1}{4}$, $i=1,2,3,4,5$；

(4) $p_i=\dfrac{i+1}{25}$, $i=1,2,3,4,5$.

解 要说明题中给出的数列,是否是随机变量的分布律,只要验证 p 是否满足下列两个条件:其一条件为 $p_i\geqslant 0(i=1,2,\cdots)$,其二条件为 $\sum_i p_i=1$.

依据上面的说明,可得:(1) 中的数列为随机变量的分布律;(2) 中的数列不是随机变量的分布律,因为 $p_3=\dfrac{5-9}{6}=-\dfrac{4}{6}<0$;(3) 中的数列为随机变量的分布律;(4) 中的数列不是随机变量的分布律,这是因为 $\sum_{i=1}^{5}p_i=\dfrac{20}{25}\neq 1$.

2.试确定常数 c,使 $P(X=i)=\dfrac{c}{2^i}(i=0,1,2,3,4,)$ 成为某个随机变量 X 的分布律,并求 $P(X\leqslant 2),P(\dfrac{1}{2}<x<\dfrac{5}{2})$.

解 要使 $\dfrac{c}{2^i}$ 成为某个随机变量的分布律,必须有 $\sum\limits_{i=0}^{4}\dfrac{c}{2^i}=1$,由此解得 $c=\dfrac{16}{31}$.

(1) $P(X\leqslant 2)=P(X=0)+P(X=1)+P(X=2)=$
$$\dfrac{16}{31}\left(1+\dfrac{1}{2}+\dfrac{1}{4}\right)=\dfrac{28}{31}$$

(2) $P(\dfrac{1}{2}<X<\dfrac{5}{2})=P(X=1)+P(X=2)=\dfrac{16}{31}\left(\dfrac{1}{2}+\dfrac{1}{4}\right)=\dfrac{12}{31}$

3.一口袋中有 6 个球,在这 6 个球上分别标有 $-3,-3,1,1,1,2$ 这样的数字.从这袋中任取一球,设各个球被取到的可能性相同,求取得的球上标明的数字 X 的分布律与分布函数.

解 X 可能取的值为 $-3,1,2$,且
$$P(X=-3)=\dfrac{1}{3},\quad P(X=1)=\dfrac{1}{2},\quad P(X=2)=\dfrac{1}{6}$$

即 X 的分布律为

X	-3	1	2
概率	$\dfrac{1}{3}$	$\dfrac{1}{2}$	$\dfrac{1}{6}$

X 的分布函数为
$$F(x)=\begin{cases}0, & x<-3\\ \dfrac{1}{3}, & -3\leqslant x<1\\ \dfrac{5}{6}, & 1\leqslant x<2\\ 1, & x\geqslant 2\end{cases}$$

4. 一袋中有 5 个乒乓球,编号分别为 $1,2,3,4,5$,从中随机地取 3 个,以 X 表示取出的 3 个球中最大号码,写出 X 的分布律和分布函数.

解 依题意知 X 可能取到的值为 $3,4,5$,事件 $(X=3)$ 表示随机取出的 3 个球的最大号码为 3,则另外两个球只能为 1 号、2 号,即

$$P(X=3)=\frac{1}{C_5^3}=\frac{1}{10}$$

事件$\{X=4\}$表示随机取出的3个球最大号码为4,因此另外2个球可在1,2,3号球中任选,此时

$$P(X=4)=\frac{1\times C_3^2}{C_5^3}=\frac{3}{10}$$

同理可得

$$P(X=5)=\frac{1\times C_4^2}{C_5^3}=\frac{6}{10}$$

故X的分布律为

X	3	4	5
概率	$\frac{1}{10}$	$\frac{3}{10}$	$\frac{6}{10}$

X的分布函数为

$$F(x)=\begin{cases}0, & x<3\\ \dfrac{1}{10}, & 3\leqslant x<4\\ \dfrac{4}{10}, & 4\leqslant x<5\\ 1, & x\geqslant 5\end{cases}$$

5.在相同条件下独立地进行5次射击,每次射击时击中目标的概率为0.6,求击中目标的次数X的分布律.

解 依题意X服从参数$n=5,p=0.6$的二项分布,因此,其分布律

$$P(X=k)=C_5^k \cdot 0.6^k \cdot 0.4^{5-k} \qquad (k=0,1,\cdots,5)$$

具体计算后可得

X	0	1	2	3	4	5
概率	$\frac{32}{3125}$	$\frac{48}{625}$	$\frac{144}{625}$	$\frac{216}{625}$	$\frac{162}{625}$	$\frac{243}{625}$

6.从含有10件正品及3件次品的产品中一件一件地抽取,设每次抽取时,各件产品被抽到的可能性相等.在下列三种情形下,分别求出直到取得正品为止所需次数X的分布律.(1)每次取出的产品立即放回这批产品中再取下一件产品;(2)每次取出的产品都不放回这批产品中;(3)每次取出一件产品后总是放回一件正品.

解 解答方法参考4.2中例4.

（1）X 服从参数 $p = \dfrac{10}{13}$ 的几何分布.

（2）X 的分布律为

X	1	2	3	4
概率	$\dfrac{10}{13}$	$\dfrac{5}{26}$	$\dfrac{5}{143}$	$\dfrac{1}{286}$

（3）X 的分布律为

X	1	2	3	4
概率	$\dfrac{10}{13}$	$\dfrac{33}{169}$	$\dfrac{72}{2\,197}$	$\dfrac{6}{2\,197}$

7.设随机变量 $X \sim B(6, p)$，已知 $P(X=1) = P(X=5)$，求 p 与 $P(X=2)$ 的值.

解　由于 $X \sim B(6, p)$，因此
$$P(X=1) = 6p\,(1-p)^5$$
$$P(X=5) = 6p^5(1-p)$$
即
$$6p\,(1-p)^5 = 6p^5(1-p)$$

解得 $p = \dfrac{1}{2}$. 此时

$$P(X=2) = C_6^2 \left(\frac{1}{2}\right)^2 \left(\frac{1}{2}\right)^{6-2} = \frac{6 \times 5}{2!} \times \left(\frac{1}{2}\right)^6 = \frac{15}{64}$$

8.掷一枚均匀的硬币 4 次，设随机变量 X 表示出现国徽的次数，求 X 的分布函数.

解　一枚均匀硬币在每次抛掷中出现国徽的概率为 $\dfrac{1}{2}$，因此 X 服从 $n=4$，$p = \dfrac{1}{2}$ 的二项分布，即

$$P(X=k) = C_4^k \left(\frac{1}{2}\right)^k \left(\frac{1}{2}\right)^{4-k} \qquad (k=0,1,2,3,4)$$

由此可得 X 的分布函数为

$$F(x) = \begin{cases} 0, & x < 0 \\ \dfrac{1}{16}, & 0 \leqslant x < 1 \\ \dfrac{5}{16}, & 1 \leqslant x < 2 \\ \dfrac{11}{16}, & 2 \leqslant x < 3 \\ \dfrac{15}{16}, & 3 \leqslant x < 4 \\ 1, & x \geqslant 4 \end{cases}$$

9.某商店出售某种物品,根据以往的经验,每月销售量 X 服从参数为 4 的泊松分布.问在月初进货时,要进多少才能以 99% 的概率充分满足顾客的需要?

解　设至少要进 n 件物品.由题意知 n 应满足

$$P(X \leqslant n-1) < 0.99, \quad P(X \leqslant n) \geqslant 0.99$$

即

$$P(X \leqslant n-1) = \sum_{k=0}^{n-1} \frac{4^k}{k!} e^{-4} < 0.99$$

$$P(X \leqslant n) = \sum_{k=0}^{n} \frac{4^k}{k!} e^{-4} \geqslant 0.99$$

查泊松分布表,可求得 $n=9$.

10.有一汽车站有大量汽车通过,每辆汽车在一天某段时间出事故的概率为 0.000 1,在某天该段时间内有 1 000 辆汽车通过,求事故数不少于 2 的概率.

解　设 X 为 1 000 辆汽车中出事故的次数.依题意,X 服从 $n=1\,000$,$p=0.000\,1$ 的二项分布,即 $X \sim B(1\,000, 0.000\,1)$.由于 n 较大,p 较小,因此也可以近似地认为 X 服从泊松分布,即 $X \sim P(0.1)$,所求概率为

$$P(X \geqslant 2) = 1 - P(X=0) - P(X=1) = 1 - \frac{0.1^0}{0!} e^{-0.1} - \frac{0.1^1}{1!} e^{-0.1} \approx$$

$$0.004\,679$$

11.某试验的成功概率为 0.75,失败概率为 0.25,若以 X 表示试验者获得首次成功所进行的试验次数,写出 X 的分布律.

解　设事件 A_i 表示第 i 次试验成功,则 $P(A_i) = 0.75$,且 $A_1, A_2, \cdots$ 相互独立.随机变量 X 取 k 意味着前 $k-1$ 次试验未成功,但第 k 次试验成功,因此有

$$P(X=k) = P(\overline{A}_1 \cdots \overline{A}_{k-1} A_k) = P(\overline{A}_1) \cdots P(\overline{A}_{k-1}) P(A_k) = 0.25^{k-1} \times 0.75$$

所求的分布律为

X	1	2	$\cdots$	k	$\cdots$
概率	0.75	0.25×0.75	$\cdots$	$0.25^{k-1} \times 0.75$	$\cdots$

12. 设随机变量 X 的密度函数为

$$f(x) = \begin{cases} 2x, & 0 < x < A \\ 0, & \text{其他} \end{cases}$$

试求:(1) 常数 A;(2) X 的分布函数.

解 (1) $f(x)$ 成为某个随机变量的密度函数必须满足两个条件:其一为 $f(x) \geqslant 0$;其二为 $\int_{-\infty}^{+\infty} f(x) \mathrm{d}x = 1$. 因此,有 $\int_0^A 2x \mathrm{d}x = 1$. 解得 $A = \pm 1$,其中 $A = -1$ 舍去,即取 $A = 1$.

(2) 分布函数为

$$F(x) = P(X \leqslant x) = \int_{-\infty}^{x} f(x) \mathrm{d}x =$$

$$\begin{cases} \int_{-\infty}^{x} 0 \mathrm{d}x, & x < 0 \\ \int_{-\infty}^{0} 0 \mathrm{d}x + \int_0^x 2x \mathrm{d}x, & 0 \leqslant x < 1 \\ \int_{-\infty}^{0} 0 \mathrm{d}x + \int_0^x 2x \mathrm{d}x + \int_{-1}^{x} 0 \mathrm{d}x, & x \geqslant 1 \end{cases} =$$

$$\begin{cases} 0, & x < 0 \\ x^2, & 0 \leqslant x < 1 \\ 1, & x \geqslant 1 \end{cases}$$

13. 设随机变量 X 的密度函数为 $f(x) = A e^{-|x|}, -\infty < x < +\infty$. 求:
(1) 系数 A;(2) $P(0 < X < 1)$;(3) X 的分布函数.

解 (1) 系数 A 必须满足 $\int_{-\infty}^{+\infty} f(x) \mathrm{d}x = 1$. 由于 $f(x) = A e^{-|x|}$ 为偶函数,所以

$$\int_{-\infty}^{+\infty} A e^{-|x|} \mathrm{d}x = 2 \int_{-\infty}^{+\infty} A e^{-|x|} \mathrm{d}x = 2 \int_0^{+\infty} A e^{-x} \mathrm{d}x = 1$$

解之得

$$A = \frac{1}{2}$$

$$(2) P(0 < X < 1) = \int_0^1 \frac{1}{2} e^{-|x|} \mathrm{d}x = \int_0^1 \frac{1}{2} e^{-x} \mathrm{d}x = \frac{1}{2}(1 - e^{-1})$$

(3)$F(x) = \int_{-\infty}^{x} f(x)\mathrm{d}x =$

$$\begin{cases} \int_{-\infty}^{x} \frac{1}{2}\mathrm{e}^{-|x|}\mathrm{d}x, & x < 0 \\ \int_{-\infty}^{0} \frac{1}{2}\mathrm{e}^{-|x|}\mathrm{d}x + \int_{0}^{x} \frac{1}{2}\mathrm{e}^{-|x|}\mathrm{d}x, & x \geqslant 0 \end{cases} =$$

$$\begin{cases} \int_{-\infty}^{x} \frac{1}{2}\mathrm{e}^{x}\mathrm{d}x, & x < 0 \\ \int_{-\infty}^{0} \frac{1}{2}\mathrm{e}^{x}\mathrm{d}x + \int_{0}^{x} \frac{1}{2}\mathrm{e}^{-x}\mathrm{d}x, & x \geqslant 0 \end{cases} =$$

$$\begin{cases} \frac{1}{2}\mathrm{e}^{x}, & x < 0 \\ 1 - \frac{1}{2}\mathrm{e}^{-x}, & x \geqslant 0 \end{cases}$$

14. 证明:函数

$$f(x) = \begin{cases} \frac{x}{c}\mathrm{e}^{-\frac{x^2}{2c}}, & x \geqslant 0 \\ 0, & x < 0 \end{cases} \quad \text{(其中 } c \text{ 为正的常数)}$$

为某个随机变量 X 的密度函数.

证 由于 $f(x) \geqslant 0$,且

$$\int_{-\infty}^{+\infty} f(x)\mathrm{d}x = \int_{0}^{+\infty} \frac{x}{c}\mathrm{e}^{-\frac{x^2}{2c}}\mathrm{d}x = \int_{0}^{+\infty} \frac{x}{c}\mathrm{e}^{-\frac{x^2}{2c}}\mathrm{d}(-\frac{x^2}{2c}) = -\mathrm{e}^{-\frac{x^2}{2c}} \big|_{0}^{+\infty} = 1$$

因此 $f(x)$ 满足密度函数的两个条件,由此可得 $f(x)$ 为某个随机变量的密度函数.

15. 求出与密度函数

$$f(x) = \begin{cases} 0.5\mathrm{e}^{x}, & x \leqslant 0 \\ 0.25, & 0 < x \leqslant 2 \\ 0, & x > 2 \end{cases}$$

对应的分布函数 $F(x)$ 的表达式.

解 当 $x \leqslant 0$ 时,$F(x) = \int_{-\infty}^{x} f(x)\mathrm{d}x = \int_{-\infty}^{x} 0.5\mathrm{e}^{x}\mathrm{d}x = 0.5\mathrm{e}^{x}$;

当 $0 < x \leqslant 2$ 时,有

$$F(x) = \int_{-\infty}^{x} f(x)\mathrm{d}x = \int_{-\infty}^{0} 0.5\mathrm{e}^{x}\mathrm{d}x + \int_{0}^{x} 0.25\mathrm{d}x = 0.5 + 0.25x$$

当 $x > 2$ 时,$F(x) = \int_{-\infty}^{0} 0.5\mathrm{e}^{x}\mathrm{d}x + \int_{0}^{2} 0.25\mathrm{d}x + \int_{2}^{x} 0\mathrm{d}x = 0.5 + 0.5 = 1.$

综上所述,有

$$F(x) = \begin{cases} 0.5\mathrm{e}^x, & x \leqslant 0 \\ 0.5 + 0.25x, & 0 < x \leqslant 2 \\ 1, & x > 2 \end{cases}$$

16.设随机变量 X 在 $(1,6)$ 上服从均匀分布,求方程 $t^2 + Xt + 1 = 0$ 有实根的概率.

解　参阅 4.2 节例 13.

17.设某药品的有限期 X 以天计,其概率密度为

$$f(x) = \begin{cases} \dfrac{2\,000}{(x+100)^3}, & x > 0 \\ 0, & \text{其他} \end{cases}$$

求:(1) X 的分布函数;(2) 至少有 200 天有效期的概率.

解　(1) $f(x) = \displaystyle\int_{-\infty}^{x} f(x)\mathrm{d}x = \begin{cases} \displaystyle\int_0^x \dfrac{2\,000}{(x+100)^3}\mathrm{d}x, & x \geqslant 0 \\ 0, & x < 0 \end{cases} =$

$$\begin{cases} 1 - \dfrac{1\,000}{(x+100)^2}, & x \geqslant 0 \\ 0, & x < 0 \end{cases}$$

(2) $P(X > 200) = 1 - P(X \leqslant 200) = 1 - F(200) =$

$$1 - F(200) = 1 - \left[1 - \dfrac{1\,000}{(200+100)^2} \right] = \dfrac{1}{9}$$

18.设随机变量 X 的分布函数为

$$F(x) = \begin{cases} 0, & x \leqslant 0 \\ 1 - (1+x)\mathrm{e}^{-x}, & x > 0 \end{cases}$$

求 X 的密度函数,并计算 $P(X \leqslant 1)$ 和 $P(X > 2)$.

解　由分布函数 $F(x)$ 与密度函数 $f(x)$ 的关系,可得在 $f(x)$ 的一切连续点处有 $f(x) = F'(x)$,因此

$$F'(x) = \begin{cases} x\mathrm{e}^{-x}, & x > 0 \\ 0, & \text{其他} \end{cases}$$

所求概率为

$$P(X \leqslant 1) = F(1) = 1 - (1+1)\mathrm{e}^{-1} = 1 - 2\mathrm{e}^{-1}$$

$$P(X > 2) = 1 - P(X \leqslant 2) = 1 - [1 - (1+2)\mathrm{e}^{-2}] = 3\mathrm{e}^{-2}$$

19.设随机变量 X 的分布函数为 $F(x) = A + B\arctan x$, $-\infty < x < +\infty$. 求:(1) 常数 A, B;(2) $P(|X| < 1)$;(3) 随机变量 X 的密度函数.

解　(1) 要使 $F(x)$ 成为随机变量 X 的分布函数,必须满足

$$\lim_{x\to-\infty} F(x)=0, \quad \lim_{x\to+\infty} F(x)=1$$

$$\begin{cases} \lim_{x\to-\infty}(A+B\arctan x)=0 \\ \lim_{x\to+\infty}(A+B\arctan x)=1 \end{cases}$$

即

$$\begin{cases} A-\dfrac{\pi}{2}B=0 \\ A+\dfrac{\pi}{2}B=1 \end{cases}$$

解得

$$A=\frac{1}{2}, \quad B=\frac{1}{\pi}$$

另外,可验证当 $A=\dfrac{1}{2}$,$B=\dfrac{1}{\pi}$ 时,$F(x)=\dfrac{1}{2}+\dfrac{1}{\pi}\arctan x$ 也满足分布函数其

余的几条性质.

(2) $P(|X|<1)=P(-1<X<1)=F(1)-F(-1)=$

$$\frac{1}{2}+\frac{1}{\pi}\arctan 1-\left[\frac{1}{2}+\frac{1}{\pi}\arctan(-1)\right]=$$

$$\frac{1}{\pi}\times\frac{1}{4}-\frac{1}{\pi}\times\left(-\frac{\pi}{4}\right)=\frac{1}{2}$$

(3) X 的密度函数为

$$f(x)=F'(x)=\frac{1}{\pi(1+x^2)}, \quad -\infty<x<+\infty$$

20. 设顾客在银行的窗口等待服务的时间(单位:min) 服从 $\lambda=\dfrac{1}{5}$ 的指数

分布,其密度函数为

$$f(x)=\begin{cases} \dfrac{1}{5}e^{-\frac{x}{5}}, & x>0 \\ 0, & \text{其他} \end{cases}$$

某顾客在窗口等待服务,若超过 10 min,他就离开. (1) 设某顾客某天去银

行,求他未等到服务就离开的概率;(2) 设某顾客一个月要去银行 5 次,求他 5

次中至多有 1 次未到服务就离开的概率.

解　(1) 设随机变量 X 表示某顾客在银行窗口等待服务的时间,依题意

X 服从 $\lambda=\dfrac{1}{5}$ 的指数分布,且顾客等待时间超过 10 min 就离开,因此,顾客未

等到服务就离开的概率为

$$P(X \geqslant 10) = \int_{10}^{+\infty} \frac{1}{5} e^{-\frac{x}{5}} dx = e^{-2}$$

（2）设 Y 表示某顾客 5 次去银行未等到服务的次数，则 Y 服从 $n=5$，$p=$ e^{-2} 的二项分布，所求概率为

$$P(Y \leqslant 1) = P(Y=0) + P(Y=1) =$$
$$C_5^0 (e^{-2})^0 (1-e^{-2})^5 + C_5^1 e^{-2} (1-e^{-2})^4 =$$
$$(1+4e^{-2})(1-e^{-2})^4$$

21. 设 X 服从 $N(0,1)$，借助于正态分布的分布函数表计算：（1）$P(X < 2.2)$；（2）$P(X > 1.76)$；（3）$P(X < -0.78)$；（4）$P(|X| < 1.55)$；（5）$P(|X| > 2.5)$.

解　查正态分布表，可得

（1）$P(X < 2.2) = \Phi(2.2) = 0.986\ 1$

（2）$P(X > 1.76) = 1 - P(X \leqslant 1.76) = 1 - \Phi(1.76) =$
$$1 - 0.960\ 8 = 0.039\ 2$$

（3）$P(X < -0.78) = \Phi(-0.78) = 1 - \Phi(-0.78) =$
$$1 - 0.782\ 3 = 0.217\ 7$$

（4）$P(|X| < 1.55) = P(-1.55 < X < 1.55) =$
$$\Phi(1.55) - \Phi(-1.55) =$$
$$\Phi(1.55) - (1 - \Phi(1.55)) =$$
$$2\Phi(1.55) - 1 \approx 0.878\ 8$$

（5）$P(|X| > 2.5) = 1 - P(|X| \leqslant 2.5) = 1 - [2\Phi(2.5) - 1] =$
$$2 - 2\Phi(2.5) \approx 0.012\ 4$$

22. 设 X 服从 $N(-1,16)$，借助于标准正态分布的分布函数表计算：
（1）$P(X < 2.44)$；（2）$P(X > 1.5)$；（3）$P(X < -2.8)$；（4）$P(|X| < 4)$；（5）$P(-5 < X < 2)$；（6）$P(|X-1| > 1)$.

解　当 $X \sim N(-1,16)$ 时，同 $P(a \leqslant X \leqslant b) = \Phi(\frac{b-\mu}{\sigma}) - \Phi(\frac{a-\mu}{\sigma})$.
借助于该性质，再查标准正态分布函数表可求得.

（1）$P(X < 2.44) = \Phi(\frac{2.44+1}{4}) = \Phi(0.86) \approx 0.805\ 1$

（2）$P(X > 1.5) = 1 - \Phi(\frac{-1.5+1}{4}) = 1 - \Phi(-0.125) =$
$$1 - [1 - \Phi(0.125)] \approx \Phi(0.125) = 0.549\ 8$$

(3) $P(X < -2.8) = \Phi(\frac{2.8+1}{4}) = \Phi(-0.45) = 1 - \Phi(0.45) \approx$

$1 - 0.6736 = 0.3264$

(4) $P(|X| < 4) = \Phi(\frac{4+1}{4}) - \Phi(\frac{-4+1}{4}) =$

$\Phi(1.25) - \Phi(-0.75) =$

$\Phi(1.25) - 1 + \Phi(0.75) \approx$

$0.8944 - 1 + 0.7734 = 0.6678$

(5) $P(-5 < X < 2) = \Phi(\frac{2+1}{4}) - \Phi(\frac{-5+1}{4}) =$

$\Phi(0.75) - \Phi(-1) = \Phi(0.75) - \Phi(1) + 1 =$

$0.7734 - 0.8413 + 1 = 0.9321$

(6) $P(|X-1| > 1) = 1 - P(|X-1| \leqslant 1) =$

$1 - P(0 \leqslant X - 1 \leqslant 2) =$

$1 - \Phi(0.75) - \Phi(0.25) \approx$

$1 - 0.7734 + 0.5987 = 0.8253$

23. 某厂生产的滚珠直径服从正态分布 $N(2.05, 0.01)$，合格品的规格规定为 2 ± 0.2，求该厂滚珠的合格率.

解   所求得概率为

$P(2 - 0.2 \leqslant X \leqslant 2 + 0.2) = \Phi(\frac{2.2-2.05}{0.1}) - \Phi(\frac{1.8-2.05}{0.1}) =$

$\Phi(1.5) - \Phi(-2.5) =$

$\Phi(1.5) - 1 + \Phi(2.5) \approx$

$0.9332 - 1 + 0.9938 = 0.927$

24. 某人上班所需的时间 $X \sim N(30, 100)$（单位：min），已知上班时间为 8:30，他每天 7:50 出门. 求：(1) 某天迟到的概率；(2) 一周（以 5 天计）最多迟到 1 次的概率.

解   (1) 由题意知，某人路上所花时间超过 40 min，他就迟到了，因此所求概率为

$P(X > 40) = 1 - \Phi(\frac{40-30}{10}) = 1 - \Phi(1) \approx 1 - 0.8413 = 0.1587$

(2) 记 Y 为 5 天中某人迟到的次数，则 Y 服从 $n=5$，$p=0.1587$ 的二项分布，5 天中最多迟到 1 次的概率为

$P(Y \leqslant 1) = C_5^0 (0.1587)^0 \times (0.8413)^5 +$

$C_5^1 \times 0.1587 \times (0.8413)^4 \approx 0.8190$

第5章

二维随机变量及其分布

5.1 重点及知识点辅导与精析

5.1.1 二维随机变量的概念

在随机试验中,如果存在二维变量(X,Y),它依试验结果的改变而取不同的向量值,那么称(X,Y)为二维随机变量. 类似地,有n维随机变量$(X_1,X_2,\cdots,X_n)$.本章主要讨论二维随机变量的概率分布规律,即二维随机变量的分布.

5.1.2 联合分布函数与边缘分布函数

1.联合分布函数的概念

给定二维随机变量,称二元函数
$$F(x,y)=P(X \leqslant x,Y \leqslant y) \qquad (-\infty < x, \quad y < +\infty)$$
为随机变量(X,Y)的联合分布函数.

2. 联合分布函数的性质

(1) $0 \leqslant F(x,y) \leqslant 1$;

(2) $\lim\limits_{\substack{x \to -\infty \\ y \to -\infty}} F(x,y) = 0$, $\lim\limits_{x \to -\infty} F(x,y) = \lim\limits_{y \to -\infty} F(x,y) = 0$, $\lim\limits_{\substack{x \to +\infty \\ y \to +\infty}} F(x,y) = 1$;

(3) 对 $F(x,y)$ 固定一个自变量时,关于另一个自变量单调非减;

(4) 固定一个自变量时,对应于另一个自变量 $F(x,y)$ 为右连续函数;

(5) $P(x_1 < X \leqslant x_2,y_1 < Y \leqslant y_2) = F(x_2,y_2) - F(x_1,y_2) -$

$F(x_2, y_1) + F(x_1, y_1)$.

3. 边缘分布函数

设 (X, Y) 的联合分布函数为 $F(x, y)$，分别称

$$F_X(x) = P(X \leqslant x) = F(x, +\infty) \qquad (-\infty < x < +\infty)$$

$$F_Y(y) = P(Y \leqslant y) = F(+\infty, y) \qquad (-\infty < y < +\infty)$$

为 X, Y 的边缘分布函数.

5.1.3　二维离散型随机变量及其分布律、边缘分布律

1. 联合分布律

如果随机变量 (X, Y) 仅可能取有限个或可列无限个值，那么称 (X, Y) 为二维离散型随机变量. 二维离散型随机变量 (X, Y) 的分布可以用表格表示：

X＼Y	y_1	y_2	$\cdots$	y_j	$\cdots$
x_1	p_{11}	p_{12}	$\cdots$	p_{1j}	$\cdots$
x_2	p_{21}	p_{22}	$\cdots$	p_{2j}	$\cdots$
$\vdots$	$\vdots$	$\vdots$		$\vdots$	
x_i	p_{i1}	p_{i2}	$\cdots$	p_{ij}	$\cdots$
$\vdots$	$\vdots$	$\vdots$		$\vdots$	

其中，$p_{ij} = P(X = x_i, Y = y_j)$，$i, j = 1, 2, \cdots$，且 $\displaystyle\sum_{i=1}^{\infty} \sum_{j=1}^{\infty} p_{ij} = 1$，称这个表格为 (X, Y) 的联合分布律.

2. 边缘分布律

关于 X 的边缘分布律是

X	x_1	x_2	$\cdots$	x_i	$\cdots$
概率	$p_1.$	$p_2.$	$\cdots$	$p_i.$	$\cdots$

其中，$p_{i\cdot} = P(X = x_i) = \displaystyle\sum_{j=1}^{\infty} p_{ij}$，$j = 1, 2, \cdots$.

关于 Y 的边缘分布律是

X	y_1	y_2	$\cdots$	y_j	$\cdots$
概率	$p._1$	$p._2$	$\cdots$	$p._j$	$\cdots$

其中,$p._j = P(Y = y_j) = \sum\limits_{i=1}^{\infty} p_{ij}, i = 1, 2, \cdots$.

5.1.4 二维连续型随机变量及密度函数、边缘密度函数

1. 二维连续型随机变量

如果二维随机变量 (X, Y) 的分布函数 $F(x, y)$ 可以表示为

$$F(x, y) = \int_{-\infty}^{x} \int_{-\infty}^{y} f(u, v) \mathrm{d}u\mathrm{d}v \qquad (-\infty < x, y < +\infty)$$

那么称 (X, Y) 为二维连续型随机变量,其中二元函数 $f(x, y)$ 称为 (X, Y) 的联合密度函数.

2. 联合密度函数的性质

(1) $f(x, y) \geqslant 0, -\infty < x, y < +\infty$;

(2) $\int_{-\infty}^{+\infty} \int_{-\infty}^{+\infty} f(x, y) \mathrm{d}x\mathrm{d}y = 1$.

3. 性质

(1) 对任意一条平面曲线 $l, P[(X, Y) \in l] = 0$;

(2) 在 $f(x, y)$ 的连续点处,$\dfrac{\partial^2 F(x, y)}{\partial x \partial y} = f(x, y)$.

4. 边缘密度函数

关于 X 的边缘密度函数为 $f_X(x) = \int_{-\infty}^{+\infty} f(x, y)\mathrm{d}y, \quad -\infty < x < +\infty$;

关于 Y 的边缘密度函数为 $f_Y(y) = \int_{-\infty}^{+\infty} f(x, y)\mathrm{d}x, \quad -\infty < y < +\infty$.

5. 两个常用的二维连续型随机变量

(1) 均匀分布. 若 (X, Y) 的密度函数为

$$f(x,y)=\begin{cases}\dfrac{1}{G\,的面积}, & (x,y)\in G \\ 0, & 其他\end{cases}$$

则称(X,Y)服从区域G上的均匀分布.

(2) 二维正态分布$N(\mu_1,\mu_2,\sigma_1^2,\sigma_2^2,\rho)$. 如果$(X,Y)$密度函数为

$$f(x,y)=\frac{1}{2\pi\sigma_1\sigma_2\sqrt{1-\rho^2}}e^{-\frac{1}{2(1-\rho^2)}\left[\frac{(x-\mu_1)^2}{\sigma_1^2}-2\rho\frac{(x-\mu_1)(y-\mu_2)}{\sigma_1\sigma_2}+\frac{(y-\mu_2)^2}{\sigma_2^2}\right]}$$

$$(-\infty<x,y<+\infty)$$

其中,$-\infty<\mu_1,\mu_2<+\infty,\sigma_1^2>0,\sigma_2^2>0,|\rho|<1.$ 则称(X,Y)服从二维正态分布.

二维正态分布的边缘分布还是正态分布,即如果$(X,Y)\sim N(\mu_1,\mu_2,\sigma_1^2,\sigma_2^2,\rho)$,则$X\sim N(\mu_1,\sigma_1^2),Y\sim N(\mu_2,\sigma_2^2)$.

5.1.5　随机变量的相互独立性

如果X与Y的联合分布函数等于X,Y的边缘分布函数之积,即

$$F(x,y)=F_X(x)F_Y(y)$$

对一切$-\infty<x,y<+\infty$均成立,那么称随机变量X与Y相互独立.

如果(X,Y)为二维离散型随机变量,那么X与Y独立的充分必要条件为对所有的i,j,有$p_{ij}=p_i.p_{\cdot j}$成立.

如果(X,Y)为二维连续型随机变量,那么X与Y相互独立的充分必要条件为$f(x,y)=f_X(x)f_Y(y)$在$f(x,y)$的一切连续点处成立.

如果$(X,Y)\sim N(\mu_1,\mu_2,\sigma_1^2,\sigma_2^2,\rho)$,那么$X$与$Y$相互独立的充分必要条件为$\rho=0$.

5.1.6　条件分布*

1. 离散型

设离散型随机变量(X,Y)的联合分布律为

$$P(X=x_i,Y=y_i)=p_{ij} \qquad (i,j=1,2,\cdots)$$

那么X在给定$Y=y_j,j=1,2,\cdots$的条件下的条件分布律为

$X\mid Y=y_j$	x_1	x_2	$\cdots$	x_i	$\cdots$
概率	$\dfrac{p_{1j}}{p_{\cdot j}}$	$\dfrac{p_{2j}}{p_{\cdot j}}$	$\cdots$	$\dfrac{p_{ij}}{p_{\cdot j}}$	$\cdots$

Y 在给定 $X=x_i,i=1,2,\cdots$ 条件下的条件分布律为

$Y\mid X=x_i$	y_1	y_2	$\cdots$	y_i	$\cdots$
概率	$\dfrac{p_{i1}}{p_{i\cdot}}$	$\dfrac{p_{i2}}{p_{i\cdot}}$	$\cdots$	$\dfrac{p_{ij}}{p_{i\cdot}}$	$\cdots$

2. 连续型

设二维连续型随机变量 (X,Y) 的密度函数为 $f(x,y)$，那么 X 在给定 $Y=y$ 的条件下密度函数为

$$f(x\mid y)=\frac{f(x,y)}{f_Y(y)}\qquad(-\infty<x<+\infty)$$

其中，$f_Y(y)>0$；

Y 在给定 $X=x$ 的条件下密度函数为

$$f(y\mid x)=\frac{f(x,y)}{f_X(x)}\qquad(-\infty<y<+\infty)$$

其中，$f_X(x)>0$.

5.2　难点及典型例题辅导与精析

例1　盒子里装有 3 只黑球，2 只红球，2 只白球，从中任取 4 只，X,Y 分别表示取到的黑球和红球数，求 (X,Y) 的联合分布律.

解　X,Y 可能的取值分别为 $0,1,2,3$ 和 $0,1,2$. 本题属于古典概型问题，从 7 只球中取出 4 只的取法共有 $C_7^4=35$ 种.

$$P(X=0,Y=0)=P(\varnothing)=0$$
$$P(X=0,Y=1)=P(\varnothing)=0$$
$$P(X=0,Y=2)=\frac{C_3^0\times C_2^2\times C_2^2}{35}=\frac{1}{35}$$
$$P(X=1,Y=0)=P(\varnothing)=0$$
$$P(X=1,Y=1)=\frac{C_3^1\times C_2^1\times C_2^2}{35}=\frac{6}{35}$$

$$P(X=1,Y=2)=\frac{C_3^1\times C_2^1\times C_2^2}{35}=\frac{6}{35}$$

$$P(X=2,Y=0)=\frac{C_3^2\times C_2^2}{35}=\frac{3}{35}$$

$$P(X=2,Y=1)=\frac{C_3^2\times C_2^1\times C_2^1}{35}=\frac{12}{35}$$

$$P(X=2,Y=2)=\frac{C_3^2\times C_2^2}{35}=\frac{3}{35}$$

$$P(X=3,Y=0)=\frac{C_3^3\times C_2^2\times C_2^0}{35}=\frac{2}{35}$$

$$P(X=3,Y=1)=\frac{C_3^3\times C_2^0\times C_2^1}{35}=\frac{2}{35}$$

$$P(X=3,Y=2)=P(\varnothing)=0$$

所以 (X,Y) 的联合分布律为

X \ Y	0	1	2
0	0	0	1/35
1	0	6/35	6/35
2	3/35	12/35	3/35
3	2/35	2/35	0

例 2　两名水平相当的棋手弈棋 3 盘,以 X 表示某名棋手输赢盘数之差的绝对值,以 Y 表示他获胜的盘数. 假定没有和棋,试写出 X 和 Y 的联合分布律及它们的边缘分布律.

分析　搞清楚 (X,Y) 的所有可能取值的数对是解题的关键.

解　获胜盘数 Y 服从参数为 $\frac{1}{2}$ 的二项分布,即 $Y\sim B(3,\frac{1}{2})$. 3 盘中失败出现的次数为 $3-Y$,从而 $X=|Y-(3-Y)|$,且 X 的取值为 $1,3$. 因此

$$P(X=1,Y=0)=P(\varnothing)=0$$

$$P(X=3,Y=0)=P(Y=0)P(X=3\mid Y=0)=$$

$$C_3^0\times(\frac{1}{2})^3\times 1=\frac{1}{8}$$

$$P(X=1,Y=1)=P(Y=1)P(X=1\mid Y=1)=$$

$$C_3^1 \times \left(\frac{1}{2}\right)^3 \times 1 = \frac{3}{8}$$

$$P(X=3,Y=1) = P(\varnothing) = 0$$

$$P(X=1,Y=2) = P(Y=2)P(X=1 \mid Y=2) =$$

$$C_3^2 \times \left(\frac{1}{2}\right)^3 \times 1 = \frac{3}{8}$$

$$P(X=3,Y=2) = P(\varnothing) = 0$$

$$P(X=3,Y=1) = P(\varnothing) = 0$$

$$P(X=3,Y=3) = P(Y=3) \times P(X=3 \mid Y=3) =$$

$$C_3^3 \times \left(\frac{1}{2}\right)^3 \times 1 = \frac{1}{8}$$

于是 (X,Y) 的分布律为

X＼Y	0	1	2	3
1	0	$\frac{3}{8}$	$\frac{3}{8}$	0
3	$\frac{1}{8}$	0	0	$\frac{1}{8}$

关于随机变量 X 的边缘分布律为

X	1	3
概率	3/4	1/4

关于随机变量 Y 的边缘分布律为

Y	0	1	2	3
概率	1/8	3/8	3/8	1/8

例 3　设随机变量在 $1,2,3,4$ 四个整数中等可能地取值,另一个随机变量在 $1 \sim X$ 中等可能地取值. 求 (X,Y) 的分布律以及它们的边缘分布律.

分析　由题意知,Y 的取值大于 X 的取值时,概率为 0,所以本题主要计算 Y 的取值小于或等于 X 的取值时的概率.

解 随机变量 X, Y 的取值均为 $1, 2, 3, 4$, 由条件概率公式得

$$P(X=1, Y=1) = P(X=1)P(Y=1 \mid X=1) = \frac{1}{4} \times 1 = \frac{1}{4}$$

$$P(X=1, Y=2) = P(X=1)P(Y=2 \mid X=1) = \frac{1}{4} \times 0 = 0$$

类似可求得当 $j \leqslant i$ 时, 有

$$P(X=i, Y=j) = P(X=i)P(Y=j \mid X=i) = \frac{1}{4} \times \frac{1}{i}$$

当 $j > i$ 时, 有

$$P(X=i, Y=j) = P(X=i)P(Y=j \mid X=i) = 0$$

于是 (X, Y) 的联合分布律及边缘分布律为

Y \ X	1	2	3	4	$p_{i.}$
1	1/4	0	0	0	1/4
2	1/8	1/8	0	0	1/4
3	1/12	1/12	1/12	0	1/4
4	1/16	1/16	1/16	1/16	1/4
$p_{.j}$	25/48	13/48	7/48	3/48	

例 4 设随机变量 (X, Y) 的密度函数为

$$f(x, y) = \begin{cases} ce^{-(3x+4y)}, & x > 0, y > 0 \\ 0, & \text{其他} \end{cases}$$

试求: (1) 常数 c; (2) 联合分布函数 $F(x, y)$; (3) $P(0 < X \leqslant 1, 0 < Y \leqslant 2)$.

解 (1) 由于

$$\int_{-\infty}^{+\infty} \int_{-\infty}^{+\infty} f(x, y) \mathrm{d}x \mathrm{d}y = \int_{0}^{+\infty} \int_{0}^{+\infty} ce^{-(3x+4y)} \mathrm{d}x \mathrm{d}y =$$

$$c \int_{0}^{+\infty} e^{-3x} \mathrm{d}x \int_{0}^{+\infty} e^{-4y} \mathrm{d}y = \frac{c}{12}$$

再根据密度函数的性质, 有

$$\int_{-\infty}^{+\infty} \int_{-\infty}^{+\infty} f(x, y) \mathrm{d}x \mathrm{d}y = 1$$

得 $c = 12$.

(2) 当 $x > 0, y > 0$ 时, $f(x, y) = ce^{-(3x+4y)}$, 那么

$$F(x,y) = P(X \leqslant x, Y \leqslant y) = \int_{-\infty}^{x} \int_{-\infty}^{x} f(u,v) \mathrm{d}u \mathrm{d}v =$$

$$\int_{0}^{x} \int_{0}^{y} \frac{1}{12} e^{-(3u+4v)} \mathrm{d}u \mathrm{d}v =$$

$$\frac{1}{12} \int_{0}^{x} e^{-3x} \mathrm{d}u \int_{0}^{y} e^{-4v} \mathrm{d}v = (1-e^{-3x})(1-e^{-4y})$$

当 x, y 为其他情形时, $f(x,y) = 0$,则有

$$F(x,y) = P(X \leqslant x, Y \leqslant y) = \int_{-\infty}^{x} \int_{-\infty}^{y} f(u,v) \mathrm{d}u \mathrm{d}v = \int_{-\infty}^{x} \int_{-\infty}^{y} 0 \mathrm{d}u \mathrm{d}v = 0$$

因此,所求分布函数为

$$F(x,y) = \begin{cases} (1-e^{-3x})(1-e^{-4y}), & x > 0, y > 0 \\ 0, & \text{其他} \end{cases}$$

(3) 所求概率为

$$P(0 < X \leqslant 1, 0 < Y \leqslant 2) = F(1,2) - F(1,0) - F(0,2) + F(0,0) =$$
$$(1-e^{-3})(1-e^{-8})$$

例 5 设二维随机变量 (X,Y) 的概率密度为

$$f(x,y) = \begin{cases} 4xy, & 0 < x < 1, 0 < y < 1 \\ 0, & \text{其他} \end{cases}$$

求 (X,Y) 的联合分布函数及其边缘分布函数.

解 根据分布函数的定义,有

$$F(x,y) = P\{X \leqslant x, Y \leqslant y\} = \int_{-\infty}^{y} \mathrm{d}v \int_{-\infty}^{x} f(u,v) \mathrm{d}u$$

当 $x < 0$ 或者 $x \geqslant 0, y < 0$ 时, $F(x,y) = 0$;

当 $0 \leqslant x < 1, 0 \leqslant y < 1$ 时,有

$$F(x,y) = \int_{-\infty}^{y} \mathrm{d}v \int_{-\infty}^{x} f(u,v) \mathrm{d}u = \int_{0}^{x} \mathrm{d}u \int_{0}^{y} 4uv \mathrm{d}v =$$

$$\int_{0}^{x} 2u \mathrm{d}u \int_{0}^{y} 2v \mathrm{d}v = x^2 y^2$$

当 $x > 1, 0 \leqslant y < 1$ 时,有

$$F(x,y) = \int_{-\infty}^{y} \mathrm{d}v \int_{-\infty}^{x} f(u,v) \mathrm{d}u = \int_{0}^{1} 2u \mathrm{d}x \int_{0}^{y} 2v \mathrm{d}v = y^2$$

当 $0 \leqslant x < 1, y > 1$ 时,有

$$F(x,y) = \int_{-\infty}^{y} \mathrm{d}v \int_{-\infty}^{x} f(u,v) \mathrm{d}u = \int_{0}^{x} 2u \mathrm{d}u \int_{0}^{1} 2v \mathrm{d}v = x^2$$

当 $x, y \geqslant 1$ 时, $F(x,y) = 1$.

于是,所求联合分布函数为

$$F(x,y)=\begin{cases}0, & x<0\\0, & x\geqslant 0,y<0\\x^2y^2, & 0\leqslant x,y<1\\y^2, & x\geqslant 1,0\leqslant y<1\\x^2, & 0\leqslant x<1,1\leqslant y\\1, & x,y>1\end{cases}$$

关于随机变量 X 的边缘分布函数为

$$F_X(x)=\lim_{y\to+\infty}F(x,y)=\begin{cases}0, & x<0\\x^2, & 0\leqslant x<1\\1, & x\geqslant 1\end{cases}$$

关于随机变量 Y 的边缘分布函数为

$$F_Y(y)=\lim_{x\to+\infty}F(x,y)=\begin{cases}0, & y<0\\y^2, & 0\leqslant y<1\\1, & y\geqslant 1\end{cases}$$

例 6　设二维随机变量 (X,Y) 的分布函数为

$$F(x,y)=A\left(B+\arctan\frac{x}{2}\right)\left(C+\arctan\frac{y}{3}\right)$$

试求:(1) 系数 A,B,C;(2) (X,Y) 的联合密度函数;(3) X,Y 的边缘分布函数及边缘密度函数;(4) 随机变量 X 与 Y 是否独立?

分析　本题主要考察二维随机变量的分布函数的性质,求系数时可利用分布函数在无穷点的函数值计算.而密度函数等于分布函数的二阶混合偏导数.

解　(1) 由联合密度函数的性质,对于任意的 x,y,有

$$F(+\infty,+\infty)=1,即 A\left(B+\frac{\pi}{2}\right)\left(C+\frac{\pi}{2}\right)=1;$$

$$F(x,-\infty)=0,即 A\left(B+\arctan\frac{x}{2}\right)\left(C-\frac{\pi}{2}\right)=0;$$

$$F(-\infty,y)=0,即 A\left(B-\frac{\pi}{2}\right)\left(C+\arctan\frac{y}{3}\right)=0.$$

解之,得　　　　　$$A=\frac{1}{\pi^2},\quad B=C=\frac{\pi}{2}$$

(2) 所求密度函数为

$$f(x,y) = \frac{\partial^2 F}{\partial x \partial y} = A \frac{\mathrm{d}}{\mathrm{d}x}\left(B + \arctan \frac{x}{2}\right) \times \frac{\mathrm{d}}{\mathrm{d}y}\left(C + \arctan \frac{y}{3}\right) =$$

$$A \frac{\mathrm{d}}{\mathrm{d}x}\left(\arctan \frac{x}{2}\right) \times \frac{\mathrm{d}}{\mathrm{d}y}\left(\arctan \frac{y}{3}\right) = \frac{6}{\pi^2(4 + x^2)(9 + y^2)}$$

(3) X, Y 的边缘分布函数为

$$F_X(x) = F(x, +\infty) = \frac{1}{\pi^2}\left(\frac{\pi}{2} + \arctan \frac{x}{2}\right)\left(\frac{\pi}{2} + \frac{\pi}{2}\right) =$$

$$\frac{1}{\pi}\left(\frac{\pi}{2} + \arctan \frac{x}{2}\right)$$

$$F_Y(y) = F(+\infty, y) = \frac{1}{\pi^2}\left(\frac{\pi}{2} + \frac{\pi}{2}\right)\left(\frac{\pi}{2} + \arctan \frac{y}{3}\right) =$$

$$\frac{1}{\pi}\left(\frac{\pi}{2} + \arctan \frac{y}{3}\right)$$

从而 X, Y 的边缘密度函数为

$$f_X(x) = F'(x) = \frac{2}{\pi(4 + x^2)}$$

$$f_Y(y) = F'(y) = \frac{3}{\pi(9 + y^2)}$$

(4) 因为

$$f_X(x)f_Y(y) = \frac{2}{\pi(4 + x^2)} \times \frac{3}{\pi(9 + y^2)} = f(x,y)$$

所以随机变量 X 与 Y 独立.

例 7　设随机变量 (X, Y) 服从区域 $D = \{(x,y) \mid 0 \leqslant x \leqslant 1, x^2 \leqslant y \leqslant x\}$ 上的均匀分布,试求 (X, Y) 的联合概率密度及边缘概率密度.

分析　求边缘概率密度时要先确定所求变量的取值范围,再确定积分变量的取值范围,然后再计算.

解　区域 D 的面积为

$$A = \iint\limits_D \mathrm{d}x\mathrm{d}y = \int_0^1 \mathrm{d}x \int_{x^2}^x \mathrm{d}y = \int_0^1 (x - x^2)\mathrm{d}x = \frac{1}{6}$$

于是,(X, Y) 的联合概率密度为

$$f(x,y) = \begin{cases} 6, & 0 \leqslant x \leqslant 1, x^2 \leqslant y \leqslant x \\ 0, & \text{其他} \end{cases}$$

关于 X 的边缘密度函数为

$$f_X(x) = \int_{-\infty}^{+\infty} f(x,y)\mathrm{d}y =$$

$$\begin{cases} \int_{x^2}^{x} 6\mathrm{d}y, & 0 \leqslant x \leqslant 1 \\ 0, & \text{其他} \end{cases} = \begin{cases} 6(x-x^2), & 0 \leqslant x \leqslant 1 \\ 0, & \text{其他} \end{cases}$$

关于 Y 的边缘密度函数为

$$f_Y(y) = \int_{-\infty}^{+\infty} f(x,y)\mathrm{d}x =$$

$$\begin{cases} \int_{y}^{\sqrt{y}} 6\mathrm{d}x, & 0 \leqslant y \leqslant 1 \\ 0, & \text{其他} \end{cases} = \begin{cases} 6(\sqrt{y}-y), & 0 \leqslant y \leqslant 1 \\ 0, & \text{其他} \end{cases}$$

例 8　设随机变量 (X,Y) 的概率密度为

$$f(x,y) = \frac{1}{2\pi} \mathrm{e}^{-\frac{1}{2}(x^2+y^2)}(1 + \sin x \sin y) \qquad (-\infty < x, y < +\infty)$$

求随机变量 X 与 Y 的边缘概率密度.

解　由已知条件得

$$f_X(x) = \int_{-\infty}^{+\infty} f(x,y)\mathrm{d}y = \int_{-\infty}^{+\infty} \frac{1}{2\pi} \mathrm{e}^{-\frac{1}{2}(x^2+y^2)}(1 + \sin x \sin y)\mathrm{d}y =$$

$$\frac{1}{\sqrt{2\pi}} \mathrm{e}^{-\frac{1}{2}x^2} \int_{-\infty}^{+\infty} \frac{1}{\sqrt{2\pi}} \mathrm{e}^{-\frac{1}{2}y^2} \mathrm{d}y + \frac{1}{2\pi} \mathrm{e}^{-\frac{1}{2}x^2} \sin x \int_{-\infty}^{+\infty} \mathrm{e}^{-\frac{1}{2}y^2} \sin y \mathrm{d}y$$

因为 $\dfrac{1}{\sqrt{2\pi}} \mathrm{e}^{-\frac{1}{2}y^2}$ 是标准正态分布的概率密度, $\displaystyle\int_{-\infty}^{+\infty} \mathrm{e}^{-\frac{1}{2}y^2} \sin y \mathrm{d}y$ 收敛, 且被积函数为奇函数, 所以

$$\int_{-\infty}^{+\infty} \frac{1}{\sqrt{2\pi}} \mathrm{e}^{-\frac{1}{2}y^2} \mathrm{d}y = 1, \qquad \int_{-\infty}^{+\infty} \mathrm{e}^{-\frac{1}{2}y^2} \sin y \mathrm{d}y = 0$$

进而 $f_X(x) = \dfrac{1}{\sqrt{2\pi}} \mathrm{e}^{-\frac{1}{2}x^2}$. 类似地, 可求 $f_Y(y) = \dfrac{1}{\sqrt{2\pi}} \mathrm{e}^{-\frac{1}{2}y^2}$.

【注】例 8 表明, 边缘分布为正态分布的二维随机变量不一定服从二维正态分布.

例 9　已知随机变量 X_1 和 X_2 的分布律为

X_1	-1	0	1	X_2	0	1
概率	$\frac{1}{4}$	$\frac{1}{2}$	$\frac{1}{4}$	概率	$\frac{1}{2}$	$\frac{1}{2}$

且 $P(X_1 X_2 = 0) = 1$. (1) 求 X_1 和 X_2 的联合分布律; (2) X_1 和 X_2 是否独立?

为什么?

解 因为
$$P(X_1X_2=0)=1$$
所以
$$P(X_1X_2\neq0)=1-P(X_1X_2=0)=0$$
即
$$P(X_1=-1,X_2=1)=P(X_1=1,X_2=1)=0$$

(1) 设 X_1 和 X_2 的联合分布律为

X_1 \ X_2	0	1	$p_i.$
−1	p_{11}	0	1/4
0	p_{21}	p_{22}	1/2
1	p_{31}	0	1/4
$p._j$	1/2	1/2	

则 $p_{11}=\frac{1}{4},p_{31}=\frac{1}{4},p_{22}=\frac{1}{2}$. 又 $p_{21}+p_{22}=\frac{1}{2}$,故 $p_{21}=\frac{1}{2}-\frac{1}{2}=0$. 因此,$X_1$ 和 X_2 的联合分布律为

X_1 \ X_2	0	1	$p_i.$
−1	1/4	0	1/4
0	0	1/2	1/2
1	1/4	0	1/4
$p._j$	1/2	1/2	

(2) 因为 $p_{21}=0\neq\frac{1}{2}\times\frac{1}{2}$,所以 X_1 和 X_2 不独立.

例 10 设二维随机变量 (X,Y) 的概率密度为
$$f(x,y)=\begin{cases}3x, & 0<x<1,0<y<x\\0, & \text{其他}\end{cases}$$
判断 X,Y 的独立性.

分析 对于连续型随机变量,相互独立的充要条件是在连续点处联合密度函数等于边缘密度函数的乘积,因此先求其边缘概率密度.

证　关于随机变量 X 的边缘概率密度

$$f_X(x) = \int_{-\infty}^{+\infty} f(x,y)\mathrm{d}y = \int_0^x f(x,y)\mathrm{d}y =$$

$$\begin{cases} \int_0^x 3x\mathrm{d}y, & 0 < x < 1 \\ 0, & \text{其他} \end{cases} =$$

$$\begin{cases} 3x^2, & 0 < x < 1 \\ 0, & \text{其他} \end{cases}$$

关于随机变量 Y 的边缘概率密度为

$$f_Y(y) = \int_{-\infty}^{+\infty} f(x,y)\mathrm{d}x =$$

$$\begin{cases} \int_y^1 3x\mathrm{d}x, & 0 < y < 1 \\ 0, & \text{其他} \end{cases} =$$

$$\begin{cases} \dfrac{3}{2}(1-y^2), & 0 < y < 1 \\ 0, & \text{其他} \end{cases}$$

易验证 $f(x,y) \neq f_X(x)f_Y(y)$，即 X 与 Y 不独立．

5.3　考点及考研真题辅导与精析

例 1　二维随机变量 (X,Y) 的概率分布为

X＼Y	0	1
0	0.4	a
1	b	0.1

已知随机事件 $(X=0)$ 与 $(X+Y=1)$ 独立，则（　　）．

(A) $a=0.2, b=0.3$ 　　　　　　(B) $a=0.4, b=0.1$

(C) $a=0.3, b=0.2$ 　　　　　　(D) $a=0.1, b=0.4$

（2005 年硕士研究生入学考试试题）

解　由于

$$P(X=0) = 0.4 + a$$

$$P(X+Y=1) = P(X=0, Y=1) + P(X=1, Y=0) = a + b$$

$$P(X=0, X+Y=1) = P(X=0, Y=1) = a$$

欲使随机事件$(X=0)$与$(X+Y=1)$独立,则

$$P(X=0,X+Y=1)=P(X=0)P(X+Y=1)$$

即

$$a=(0.4+a)(a+b)$$

又根据分布律的性质得

$$0.4+a+b+0.1=1$$

即

$$a+b=0.5$$

从而$a=0.4,b=0.1$,故选(B).

例2 设X,Y是独立的两个随机变量,联合分布律为

X＼Y	1	2	3
1	$\frac{1}{8}$	a	$\frac{1}{24}$
2	b	$\frac{1}{4}$	$\frac{1}{8}$

则$a=$＿＿＿＿＿＿,$b=$＿＿＿＿＿＿. (2005年国防科技大学)

解 由于X,Y相互独立,所以

$$\begin{cases} (\frac{1}{8}+a+\frac{1}{24})(\frac{1}{8}+b)=\frac{1}{8} \\ (\frac{1}{8}+a+\frac{1}{24})(a+\frac{1}{4})=a \\ (b+\frac{1}{4}+\frac{1}{8})(\frac{1}{8}+b)=\frac{1}{24} \\ (b+\frac{1}{4}+\frac{1}{8})(a+\frac{1}{4})=\frac{1}{4} \\ \frac{1}{8}+a+\frac{1}{24}+b+\frac{1}{4}+\frac{1}{8}=1 \end{cases}$$

解之,得$a=\frac{1}{12},b=\frac{3}{8}$.

例3 设随机变量X和Y相互独立,下表列出了二维随机变量(X,Y)的联合分布律及关于X和关于Y的边缘分布律中的部分数值,试将其余数值填入表中空白处.

X＼Y	y_1	y_2	y_3	$p_{i\cdot}$
x_1		$\frac{1}{8}$		

		$\frac{1}{8}$	
x_2			
$p_{\cdot j}$		$\frac{1}{6}$	1

（1999 年硕士研究生入学考试试题）

分析　充分利用离散型随机变量的联合分布律与边缘分布律的关系及随机变量的相互独立性.

解　由已知条件得

$$p_{11}=p_{\cdot 1}-p_{21}=\frac{1}{6}-\frac{1}{8}=\frac{1}{24}$$

$$p_{2\cdot}=\frac{p_{21}}{p_{\cdot 1}}=\frac{1/8}{1/6}=\frac{3}{4}$$

$$p_{1\cdot}=1-p_{2\cdot}=1-\frac{3}{4}=\frac{1}{4}$$

$$p_{13}=p_{1\cdot}-p_{11}-p_{12}=\frac{1}{4}-\frac{1}{24}-\frac{1}{8}=\frac{1}{12}$$

$$p_{\cdot 2}=\frac{p_{12}}{p_{1\cdot}}=\frac{1/8}{1/4}=\frac{1}{2}$$

$$p_{\cdot 3}=\frac{p_{13}}{p_{1\cdot}}=\frac{1/12}{1/4}=\frac{1}{3}$$

$$p_{22}=p_{2\cdot}\cdot p_{\cdot 2}=\frac{3}{4}\times\frac{1}{2}=\frac{3}{8}$$

$$p_{23}=p_{2\cdot}\cdot p_{\cdot 3}=\frac{3}{4}\times\frac{1}{3}=\frac{1}{4}$$

因此，应填写

X＼Y	y_1	y_2	y_3	$p_{i\cdot}$
x_1	$\frac{1}{24}$	$\frac{1}{8}$	$\frac{1}{12}$	$\frac{1}{4}$
x_2	$\frac{1}{8}$	$\frac{3}{8}$	$\frac{1}{4}$	$\frac{3}{4}$
$p_{\cdot j}$	$\frac{1}{6}$	$\frac{1}{2}$	$\frac{1}{3}$	1

例 4　袋中有 1 个红球、2 个黑球与 3 个白球，现在有放回地从袋中取两

球. 以 X,Y,Z 分别表示两次取球所取得的红球、黑球与白球的个数. (1) 求 $P(X=1 \mid Z=0)$; (2) 求二维随机变量 (X,Y) 的概率分布.

（2009 年硕士研究生入学考试试题）

解 (1) 由已知条件,得

$$P(Z=0)=\frac{3^2}{6^2}=\frac{1}{4}, \ P(X=1,Z=0)=\frac{C_1^1 C_2^1 P_2^2}{6^2}=\frac{1}{9}$$

于是

$$P(X=1 \mid Z=0)=\frac{P(X=1,Z=0)}{P(Z=0)}=\frac{4}{9}$$

(2) 由题意, X 和 Y 所有可能取值为 $0,1,2$.

$$P(X=0,Y=0)=\frac{3^2}{6^2}=\frac{1}{4}$$

$$P(X=0,Y=1)=\frac{C_2^1 C_3^1 P_2^2}{6^2}=\frac{1}{3}$$

$$P(X=0,Y=2)=\frac{2^2}{6^2}=\frac{1}{9}$$

$$P(X=1,Y=0)=\frac{C_1^1 C_3^1 P_2^2}{6^2}=\frac{1}{6}$$

$$P(X=1,Y=1)=\frac{C_1^1 C_2^1 P_2^2}{6^2}=\frac{1}{9}$$

$$P(X=1,Y=2)=P(\varnothing)=0$$

$$P(X=2,Y=0)=\frac{1}{6^2}=\frac{1}{36}$$

$$P(X=2,Y=1)=P(X=2,Y=2)=P(\varnothing)=0$$

故二维随机变量 (X,Y) 的概率分布为

X \ Y	0	1	2
0	$\frac{1}{4}$	$\frac{1}{3}$	$\frac{1}{9}$
1	$\frac{1}{6}$	$\frac{1}{9}$	0
2	$\frac{1}{36}$	0	0

例 5 设二维随机变量 (X,Y) 在矩形 $G=\{(x,y) \mid 0 \leqslant x \leqslant 2, 0 \leqslant y \leqslant$

1）上服从均匀分布. 记

$$U = \begin{cases} 0, & X \leqslant Y \\ 1, & X > Y \end{cases}, \qquad V = \begin{cases} 0, & X \leqslant 2Y \\ 1, & X > 2Y \end{cases}$$

试求 U 和 V 的联合分布. （2005 年上海交通大学）

解　由已知条件可知 (X,Y) 的联合密度函数为

$$f(x,y) = \begin{cases} \dfrac{1}{2}, & (x,y) \in G \\ 0, & \text{其他} \end{cases}$$

二维随机变量 (U,V) 可能取值的数对为 $(0,0),(0,1),(1,0),(1,1)$，取这些数对的概率分别为

$$P(U=0,V=0) = P(X \leqslant Y, X \leqslant 2Y) = P(X \leqslant Y) =$$
$$\iint\limits_{x<y} f(x,y)\,\mathrm{d}x\mathrm{d}y = \int_0^1 \mathrm{d}x \int_x^1 \frac{1}{2}\mathrm{d}y = \frac{1}{4}$$

$$P(U=0,V=1) = P(X \leqslant Y, X > 2Y) = P(\varnothing) = 0$$

$$P(U=1,V=0) = P(X > Y, X \leqslant 2Y) = P(Y < X \leqslant 2Y) =$$
$$\iint\limits_{y<x<2y} f(x,y)\,\mathrm{d}x\mathrm{d}y = \int_0^1 \mathrm{d}y \int_y^{2y} \frac{1}{2}\mathrm{d}y = \frac{1}{4}$$

$$P(U=1,V=1) = P(X > Y, X > 2Y) = P(X > 2Y) =$$
$$\iint\limits_{x>2y} f(x,y)\,\mathrm{d}x\mathrm{d}y = \int_0^2 \mathrm{d}x \int_0^{\frac{x}{2}} \frac{1}{2}\mathrm{d}y = \frac{1}{2}$$

从而 U 和 V 的联合分布为

X＼Y	0	1
0	$\dfrac{1}{4}$	0
1	$\dfrac{1}{4}$	$\dfrac{1}{2}$

例 6　设平面区域 D 由曲线 $y = \dfrac{1}{x}$ 及直线 $y=0, x=1, x=\mathrm{e}^2$ 所围成，二维随机变量 (X,Y) 在区域 D 上服从均匀分布，则 (X,Y) 关于 X 的边缘密度在 $x=2$ 处的值是_____. （1998 年硕士研究生入学考试试题）

解　区域 D 的面积为 $A = \displaystyle\int_1^{\mathrm{e}^2} \frac{1}{x}\mathrm{d}x = \ln x \mid_1^{\mathrm{e}^2} = 2.$ 由题意，(X,Y) 的密度

函数为

$$f(x,y) = \begin{cases} \dfrac{1}{2}, & (x,y) \in D \\ 0, & 其他 \end{cases}$$

则关于 X 的边缘密度为

$$f_X(x) = \int_{-\infty}^{+\infty} f(x,y)\,\mathrm{d}y = \begin{cases} \int_0^{\frac{1}{x}} \dfrac{1}{2}\,\mathrm{d}x, & 1 < x < \mathrm{e}^2 \\ 0, & 其他 \end{cases} = \begin{cases} \dfrac{1}{2x}, & 1 < x < \mathrm{e}^2 \\ 0, & 其他 \end{cases}$$

所以 $f_X(2) = \dfrac{1}{4}$,即应填写 $\dfrac{1}{4}$.

例 7　设随机变量 X 在 $(0,\alpha)$ 随机地取值,服从均匀分布,当观察到 $X = x(0 < x < \alpha)$ 时,Y 在区间 (x,α) 内任一子区间上取值的概率与子区间的长度成正比. 求:(1) (X,Y) 的联合密度函数 $f(x,y)$;(2) Y 的密度函数 $f_Y(y)$.

（2003 年上海交通大学）

分析　利用公式 $f(x,y) = f_X(x)f_{Y|X}(y \mid x)$ 是解决此问题的关键.

解　(1) 根据题意,X 的密度函数为

$$f_X(x) = \begin{cases} \dfrac{1}{\alpha}, & 0 < x < \alpha \\ 0, & 其他 \end{cases}$$

当 $X = x(0 < x < \alpha)$ 时,Y 在区间 (x,α) 内任一子区间上取值的概率与子区间的长度成正比,所以 Y 的条件分布函数为

$$F_{Y|X}(y \mid x) = \begin{cases} 0, & y \leqslant x \\ \dfrac{y - \alpha}{\alpha - x}, & x < y < \alpha \\ 1, & y \geqslant \alpha \end{cases}$$

于是当 $X = x(0 < x < \alpha)$ 时,Y 的条件密度函数为

$$f_{Y|X}(y \mid x) = \begin{cases} \dfrac{1}{\alpha - x}, & x < y < \alpha \\ 0, & 其他 \end{cases}$$

从而 (X,Y) 的联合密度函数为

$$f(x,y) = f_X(x)f_{Y|X}(y \mid x) = \begin{cases} \dfrac{1}{\alpha(\alpha - x)}, & 0 < x < \alpha, x < y < \alpha \\ 0, & 其他 \end{cases}$$

（2）Y 的密度函数为

$$f_Y(y) = \int_{-\infty}^{+\infty} f(x,y)\mathrm{d}x =$$

$$\begin{cases} \int_0^y \dfrac{1}{\alpha(\alpha-x)}\mathrm{d}x, & 0 < y < \alpha \\ 0, & \text{其他} \end{cases} =$$

$$\begin{cases} \dfrac{1}{\alpha}\ln\dfrac{\alpha}{\alpha-y}, & 0 < y < \alpha \\ 0, & \text{其他} \end{cases}$$

例 8　设二维随机变量 (X,Y) 的概率密度为

$$f(x,y) = \begin{cases} \mathrm{e}^{-y}, & x > 0, y > x \\ 0, & \text{其他} \end{cases}$$

试求：（1）关于 X,Y 的边缘密度函数；X,Y 是否独立？（2）条件概率密度函数 $f_{X|Y}(x\mid y)$.（3）$P(X > 2 \mid Y < 4)$.　　　　　　　　　　　　　（2005 年国防科技大学）

解　（1）关于 X 的边缘密度函数为

$$f_X(x) = \int_{-\infty}^{+\infty} f(x,y)\mathrm{d}y = \begin{cases} \int_x^{+\infty} \mathrm{e}^{-y}\mathrm{d}y, & x > 0 \\ 0, & x \leqslant 0 \end{cases} = \begin{cases} \mathrm{e}^{-x}, & x > 0 \\ 0, & x \leqslant 0 \end{cases}$$

关于 Y 的边缘密度函数为

$$f_Y(y) = \int_{-\infty}^{+\infty} f(x,y)\mathrm{d}x = \begin{cases} \int_0^y \mathrm{e}^{-y}\mathrm{d}x, & y > 0 \\ 0, & y \leqslant 0 \end{cases} = \begin{cases} y\mathrm{e}^{-y}, & y > 0 \\ 0, & y \leqslant 0 \end{cases}$$

又 $f(x,y) \neq f_X(x)f_Y(y)$，所以 X 与 Y 不独立.

（2）对于任意给定的值 $y(y > 0)$，在 $Y = y$ 的条件下 X 的条件概率密度为

$$f_{X|Y}(x\mid y) = \frac{f(x,y)}{f_Y(y)} = \begin{cases} \dfrac{1}{y}, & y > x > 0 \\ 0, & \text{其他} \end{cases}$$

（3）所求概率为

$$P(X > 2 \mid Y < 4) = \frac{P(X > 2, Y < 4)}{P(Y < 4)} = \frac{\displaystyle\int_2^{+\infty}\mathrm{d}x\int_{-\infty}^4 f(x,y)\mathrm{d}y}{\displaystyle\int_{-\infty}^4 f_Y(y)\mathrm{d}y} =$$

$$\frac{\displaystyle\int_2^4\mathrm{d}x\int_x^4 \mathrm{e}^{-y}\mathrm{d}y}{\displaystyle\int_0^4 y\mathrm{e}^{-y}\mathrm{d}y} = \frac{\mathrm{e}^3 - 3}{\mathrm{e}^4 - 5}$$

例9 设随机变量(X,Y)的联合密度函数

$$f(x,y) = \begin{cases} cx^2y, & y^2 < x < 1 \\ 0, & \text{其他} \end{cases}$$

求:(1) 常数c;(2)X与Y是否相互独立? 说明理由. (2005年上海交通大学)

分析 本题考查连续型随机变量相互独立性的定义. X与Y是否相互独立,只要考查等式$f(x,y) = f_X(x)f_Y(y)$是否成立.

解 (1) 由于

$$\int_{-\infty}^{+\infty}\int_{-\infty}^{+\infty} f(x,y)\mathrm{d}x\mathrm{d}y = \int_{-1}^{1}\mathrm{d}y\int_{y^2}^{1} cxy^2\mathrm{d}x = \frac{4}{21}c$$

由密度函数的性质,有

$$\int_{-\infty}^{+\infty}\int_{-\infty}^{+\infty} f(x,y)\mathrm{d}x\mathrm{d}y = 1$$

得$\frac{4}{21}c = 1$,即$c = \frac{21}{4}$.

(2) 因为

$$f_X(x) = \int_{-\infty}^{+\infty} f(x,y)\mathrm{d}y = \begin{cases} \frac{21}{4}\int_{-\sqrt{x}}^{\sqrt{x}} xy^2\mathrm{d}y, & 0 < x < 1 \\ 0, & \text{其他} \end{cases} =$$

$$\begin{cases} \frac{7}{2}x^{\frac{5}{2}}, & 0 < x < 1 \\ 0, & \text{其他} \end{cases}$$

$$f_Y(y) = \int_{-\infty}^{+\infty} f(x,y)\mathrm{d}x = \begin{cases} \frac{21}{4}\int_{y^2}^{1} xy^2\mathrm{d}x, & -1 < y < 1 \\ 0, & \text{其他} \end{cases} =$$

$$\begin{cases} \frac{21}{8}y^2(1-y^4), & -1 < y < 1 \\ 0, & \text{其他} \end{cases}$$

显然,$f(x,y) \neq f_X(x)f_Y(y)$,所以X与Y不独立.

例10 设二维随机变量(X,Y)在边长为a的正方形内服从均匀分布,该正方形的对角线为坐标轴. 求:(1) 求随机变量X,Y的边缘概率密度;(2) 求条件概率密度$f_{X|Y}(x \mid y)$. (2006年西安电子科技大学)

解 由已知条件得随机变量(X,Y)的联合密度函数为

$$f(x,y) = \begin{cases} \dfrac{1}{a^2}, & |x+y| < \dfrac{\sqrt{a}}{2} \\ 0, & \text{其他} \end{cases}$$

(1) 关于随机变量 X 的边缘概率密度为

$$f_X(x) = \int_{-\infty}^{+\infty} f(x,y)\mathrm{d}y = \begin{cases} \int_{-\frac{a}{\sqrt{2}}+|x|}^{\frac{a}{\sqrt{2}}-|x|} \dfrac{1}{a^2}\mathrm{d}y, & |x| \leqslant \dfrac{a}{\sqrt{2}} \\ 0, & \text{其他} \end{cases} =$$

$$\begin{cases} \dfrac{2}{a^2}\left(\dfrac{a}{\sqrt{2}} - |x|\right), & |x| \leqslant \dfrac{a}{\sqrt{2}} \\ 0, & \text{其他} \end{cases}$$

类似地,可求得关于随机变量 Y 的边缘概率密度为

$$f_Y(y) = \int_{-\infty}^{+\infty} f(x,y)\mathrm{d}x = \begin{cases} \dfrac{2}{a^2}\left(\dfrac{a}{\sqrt{2}} - |y|\right), & |y| \leqslant \dfrac{a}{\sqrt{2}} \\ 0, & \text{其他} \end{cases}$$

(2) 当 $|y| < \dfrac{a}{\sqrt{2}}$ 时,有

$$f_{X|Y}(x \mid y) = \frac{f(x,y)}{f_Y(y)} = \begin{cases} \dfrac{1}{\sqrt{2}\,a - 2\,|y|}, & |x| \leqslant \dfrac{a}{\sqrt{2}} - y \\ 0, & \text{其他} \end{cases}$$

例 11 设二维随机变量 (X,Y) 的概率密度为 $f(x,y) = A\mathrm{e}^{-2x^2-2xy-y^2}$,$-\infty < x < +\infty$,$-\infty < y < +\infty$,求常数 A 及条件概率密度 $f_{Y|X}(y \mid x)$.

(2010 年硕士研究生入学考试试题)

解 $\displaystyle\int_{-\infty}^{+\infty}\int_{-\infty}^{+\infty} f(x,y)\mathrm{d}x\mathrm{d}y = \int_{-\infty}^{+\infty}\int_{-\infty}^{+\infty} A\mathrm{e}^{-2x^2-2xy-y^2}\mathrm{d}x\mathrm{d}y =$

$\displaystyle\int_{-\infty}^{+\infty}\int_{-\infty}^{+\infty} A\mathrm{e}^{-x^2-(y+x)^2}\mathrm{d}x\mathrm{d}y = A\int_{-\infty}^{+\infty}\mathrm{e}^{-x^2}\mathrm{d}x\int_{-\infty}^{+\infty}\mathrm{e}^{-(y+x)^2}\mathrm{d}y =$

$\displaystyle A\pi\int_{-\infty}^{+\infty}\frac{1}{\sqrt{2\pi}\,(1/\sqrt{2})}\cdot\mathrm{e}^{-\frac{x^2}{2(1/\sqrt{2})^2}}\mathrm{d}x\int_{-\infty}^{+\infty}\frac{1}{\sqrt{2\pi}\,(1/\sqrt{2})}\cdot\mathrm{e}^{-\frac{(y+x)^2}{2(1/\sqrt{2})^2}}\mathrm{d}y = A\pi$

再由密度函数的性质得 $A\pi = 1$,$A = \dfrac{1}{\pi}$. 所以,二维随机变量 (X,Y) 的联合概率密度为

$$f(x,y) = \frac{1}{\sqrt{2\pi}\,(1/\sqrt{2})}\cdot\mathrm{e}^{-\frac{x^2}{2(1/\sqrt{2})^2}}\cdot\frac{1}{\sqrt{2\pi}\,(1/\sqrt{2})}\cdot\mathrm{e}^{-\frac{(y+x)^2}{2(1/\sqrt{2})^2}}$$

而

$$f_X(x) = \int_{-\infty}^{+\infty} f(x,y)\mathrm{d}y = \frac{1}{\sqrt{2\pi}\,(1/\sqrt{2})}\cdot\mathrm{e}^{-\frac{x^2}{2(1/\sqrt{2})^2}}\times$$

$$\int_{-\infty}^{+\infty} \frac{1}{\sqrt{2\pi}(1/\sqrt{2})} \cdot e^{-\frac{(y+x)^2}{2(1/\sqrt{2})^2}} dy =$$

$$\frac{1}{\sqrt{2\pi}(1/\sqrt{2})} \cdot e^{-\frac{x^2}{2(1/\sqrt{2})^2}} = \frac{1}{\sqrt{\pi}} e^{-x^2}$$

故所求条件概率密度函数为

$$f_{Y|X}(y \mid x) = \frac{f(x,y)}{f_X(x)} = f(x,y) = \frac{1}{\sqrt{\pi}} e^{-x^2 - 2xy - y^2}$$

$$-\infty < x < +\infty, \ -\infty < y < +\infty$$

5.4　课后习题解答

1. 二维随机变量 (X,Y) 只能取下列数组中的值：$(0,0),(-1,1),(-1,\frac{1}{3}),(2,0)$，且取这些组值的概率依次为 $\frac{1}{6}, \frac{1}{3}, \frac{1}{12}, \frac{5}{12}$，求这二维随机变量的分布律.

解　由题意可得 (X,Y) 的联合分布律为

X＼Y	0	$\frac{1}{3}$	1
-1	0	$\frac{1}{12}$	$\frac{1}{3}$
0	$\frac{1}{6}$	0	0
2	$\frac{5}{12}$	0	0

2. 一口袋中有 4 个球，它们依次标有数字 1,2,2,3. 从这袋中任取一球后，不放回袋中，再从袋中任取一球. 设每次取球时，袋中每个球被取到的可能性相同. 以 X,Y 分别记第一、二次取到的球上标有数字，求 (X,Y) 的分布律及 $P(X=Y)$.

解　X 可能的取值为 1,2,3，Y 可能的取值为 1,2,3. 相应地，其概率为

$$P(X=1,Y=1) = P(\varnothing) = 0, \quad P(X=1,Y=2) = \frac{1 \times 2}{4 \times 3} = \frac{1}{6}$$

$$P(X=1,Y=3) = \frac{1 \times 1}{4 \times 3} = \frac{1}{12}, \quad P(X=2,Y=1) = \frac{2 \times 1}{4 \times 3} = \frac{1}{6}$$

$$P(X=2,Y=2)=\frac{2\times 1}{4\times 3}=\frac{1}{6}, \quad P(X=2,Y=3)=\frac{2\times 1}{4\times 3}=\frac{1}{6}$$

$$P(X=3,Y=2)=\frac{1}{12}, \qquad P(X=3,Y=2)=\frac{1\times 2}{4\times 3}=\frac{1}{6}$$

$$P(X=3,Y=3)=P(\varnothing)=0$$

或写成

X＼Y	1	2	3
1	0	$\frac{1}{6}$	$\frac{1}{12}$
2	$\frac{1}{6}$	$\frac{1}{6}$	$\frac{1}{6}$
3	$\frac{1}{12}$	$\frac{1}{6}$	0

$$P(X=Y)=P(X=1,Y=1)+P(X=2,Y=2)+P(X=3,Y=3)=\frac{1}{6}$$

3. 箱子中装有 10 件产品,其中 2 件是次品,每次从箱子中任取一产品,共取 2 次,定义随机变量 X,Y 如下:

$$X=\begin{cases}0, & 若第一次取出正品 \\ 1, & 若第一次取出次品\end{cases}, \quad Y=\begin{cases}0, & 若第二次取出正品 \\ 1, & 若第二次取出次品\end{cases}$$

分别就下面两种情况求出二维随机变量 (X,Y) 的联合分布律:(1) 放回抽样;(2) 无放回抽样.

解 (1) 在放回抽样时,X 可能取的值为 $0,1$,Y 可能取的值也为 $0,1$,且

$$P(X=0,Y=0)=\frac{8\times 8}{10\times 10}=\frac{16}{25}, \quad P(X=0,Y=1)=\frac{8\times 8}{10\times 10}=\frac{4}{25}$$

$$P(X=1,Y=0)=\frac{2\times 8}{10\times 10}=\frac{4}{25}, \quad P(X=1,Y=1)=\frac{2\times 2}{10\times 10}=\frac{1}{25}$$

或写成

X＼Y	0	1
0	$\frac{16}{25}$	$\frac{4}{25}$
1	$\frac{4}{25}$	$\frac{1}{25}$

（2）在无放回情形下，X,Y 可能取的值也为 $0,1$，但取相应值的概率与有放回情形下不一样，具体为

$$P(X=0,Y=0)=\frac{8\times 7}{10\times 9}=\frac{28}{45}, \quad P(X=0,Y=1)=\frac{8\times 2}{10\times 9}=\frac{8}{45}$$

$$P(X=1,Y=0)=\frac{2\times 8}{10\times 9}=\frac{8}{45}, \quad P(X=1,Y=1)=\frac{2\times 1}{10\times 9}=\frac{1}{45}$$

或写成

X \ Y	0	1
0	$\frac{28}{45}$	$\frac{8}{45}$
1	$\frac{8}{45}$	$\frac{1}{45}$

4. 对于第 1 题中的二维随机变量 (X,Y) 的分布，写出关于 X 及关于 Y 的边缘分布律.

解 把第 1 题中联合分布律按行相加，得 X 的边缘分布律为

X \ Y	-1	0	2
概率	$\frac{5}{12}$	$\frac{1}{6}$	$\frac{5}{12}$

按列相加，得 Y 的边缘分布律为

Y	0	$\frac{1}{3}$	2
概率	$\frac{7}{12}$	$\frac{1}{12}$	$\frac{1}{3}$

5. 对于第 3 题中的二维随机变量 (X,Y) 的分布律，分别在有放回和无放回两种情况下，写出关于 X 及关于 Y 的边缘分布律.

解 在有放回情况下，X 的边缘分布律为

$$P(X=k)=\left(\frac{4}{5}\right)^{1-k}\left(\frac{1}{5}\right)^{k}$$

其中 $k=0,1$；Y 的边缘分布律为

$$P(Y=k)=\left(\frac{4}{5}\right)^{1-k}\left(\frac{1}{5}\right)^{k}$$

其中 $k=0,1$.

在无放回情况下，X 的边缘分布律为

$$P(X=k)=\left(\frac{4}{5}\right)^{1-k}\left(\frac{1}{5}\right)^{k}$$

其中 $k=0,1$；Y 的边缘分布律为

$$P(Y=k)=\left(\frac{4}{5}\right)^{1-k}\left(\frac{1}{5}\right)^{k}$$

其中 $k=0,1$.

6. 求在 D 上服从均匀分布的随机变量 (X,Y) 的密度函数及分布函数，其中 D 为 x 轴、y 轴及直线 $y=2x+1$ 围成的三角形区域.

解 易算得区域 D 的面积为

$$S=\frac{1}{2}\times 1\times\frac{1}{2}=\frac{1}{4}$$

所以 (X,Y) 的密度函数为

$$f(x,y)=\begin{cases}4,&(x,y)\in D\\0,&\text{其他}\end{cases}$$

由定义得 (X,Y) 的分布函数为

$$F(x,y)=\int_{-\infty}^{y}\int_{-\infty}^{x}f(u,v)\mathrm{d}u\mathrm{d}v$$

当 $x<-\frac{1}{2}$ 或 $y<0$ 时，有

$$F(x,y)=\int_{-\infty}^{y}\int_{-\infty}^{x}f(u,v)\mathrm{d}u\mathrm{d}v=0$$

当 $-\frac{1}{2}\leqslant x<0,0\leqslant y<2x+1$ 时，有

$$F(x,y)=\int_{0}^{y}\mathrm{d}y\int_{\frac{y-1}{2}}^{x}4\mathrm{d}x=4xy+2y-y^2$$

当 $-\frac{1}{2}\leqslant x<0,y\geqslant 2x+1$ 时，有

$$F(x,y)=\int_{-\frac{1}{2}}^{y}\mathrm{d}x\int_{0}^{2x+1}4\mathrm{d}y=4x^2+4x+1$$

当 $x\geqslant 0,0\leqslant y<1$ 时，有

$$F(x,y)=\int_{0}^{y}\mathrm{d}y\int_{\frac{y-1}{2}}^{0}4\mathrm{d}x=2y-y^2$$

当 $x \geqslant 0, y \geqslant 1$ 时,有

$$F(x,y) = \int_{-\frac{1}{2}}^{0} dx \int_{0}^{2x+1} 4 dy = 1$$

所以

$$F(x,y) = \begin{cases} 0, & x < -\frac{1}{2} \text{ 或 } y < 0 \\ 4xy - y^2 + 2y, & -\frac{1}{2} \leqslant x < 0 \text{ 且 } 0 \leqslant y < 2x+1 \\ 4x^2 + 4x + 1, & -\frac{1}{2} \leqslant x < 0 \text{ 且 } y \geqslant 2x+1 \\ 2y - y^2, & x \geqslant 0 \text{ 且 } 0 \leqslant y < 1 \\ 1, & x \geqslant 0 \text{ 且 } y \geqslant 1 \end{cases}$$

7. 对于第 6 题中的二维随机变量 (X,Y) 的分布,写出关于 X 与关于 Y 的边缘密度函数.

解　X 的边缘密度函数为

$$f_X(x) = \int_{-\infty}^{+\infty} f(x,y) dy = \begin{cases} \int_0^{2x+1} 4 dy, & -\frac{1}{2} < x < 0 \\ 0, & \text{其他} \end{cases} =$$

$$\begin{cases} 4(2x+1), & -\frac{1}{2} < x < 0 \\ 0, & \text{其他} \end{cases}$$

Y 的边缘密度函数为

$$f_Y(y) = \int_{-\infty}^{+\infty} f(x,y) dx = \begin{cases} \int_{\frac{y-1}{2}}^{0} 4 dx, & 0 < y < 1 \\ 0, & \text{其他} \end{cases} =$$

$$\begin{cases} 2(1-y), & 0 < y < 1 \\ 0, & \text{其他} \end{cases}$$

8. 在第 3 题的两种情况下,X 与 Y 是否独立,为什么?

解　在有放回情况下,容易验证 $P(X=i, Y=j) = P(X=i)P(Y=j)$,其中 $i,j = 0,1$. 由独立性定义知 X 与 Y 相互独立.

在无放回情况下,因为

$$P(X=0, Y=0) = \frac{28}{45}$$

而

$$P(X=0)P(Y=0) = \frac{4}{5} \times \frac{4}{5} = \frac{16}{25}$$

易见 $$P(X=0,Y=0) \neq P(X=0)P(Y=0)$$

所以 X 与 Y 不相互独立.

9.在第 6 题中,X 与 Y 是否独立,为什么?

解　因为 $f(-\frac{1}{4},\frac{1}{3})=4$,而

$$f_X(-\frac{1}{4})=2, f_Y(\frac{1}{3})=\frac{4}{3}$$

易见 $$f(-\frac{1}{4},\frac{1}{3}) \neq f_X(-\frac{1}{4})f_Y(\frac{1}{3})$$

所以 X 与 Y 不相互独立.

10.设 X,Y 相互独立且分别具有下列的分布律:

X	-2	-1	0	0.5
概率	$\frac{1}{4}$	$\frac{1}{3}$	$\frac{1}{12}$	$\frac{1}{3}$

Y	-0.5	-1	3
概率	$\frac{1}{2}$	$\frac{1}{4}$	$\frac{1}{4}$

写出表示 (X,Y) 的分布律的表格.

解　由于 X 与 Y 相互独立,因此

$$P(X=x,Y=y)=P(X=x_i)P(Y=y_i) \quad (i=1,2,3,4;j=1,2,3)$$

例如

$$P(X=-2,Y=-0.5)=P(X=-2)P(Y=-0.5)=\frac{1}{4}\times\frac{1}{2}=\frac{1}{8}$$

其余的联合概率可同样算得,具体结果为

X \ Y	-0.5	1	3
-2	$\frac{1}{8}$	$\frac{1}{16}$	$\frac{1}{16}$
-1	$\frac{1}{6}$	$\frac{1}{12}$	$\frac{1}{12}$
0	$\frac{1}{24}$	$\frac{1}{48}$	$\frac{1}{48}$
0.5	$\frac{1}{6}$	$\frac{1}{12}$	$\frac{1}{12}$

11.设 X 与 Y 是相互独立的随机变量,X 服从 $[0,0.2]$ 上的均匀分布,Y 服

从参数为 5 的指数分布,求 (X,Y) 的联合密度函数及 $P(X \geqslant Y)$.

解 由均匀分布的定义知

$$f_X(x) = \begin{cases} 5, & 0 < x < 0.2 \\ 0, & \text{其他} \end{cases}$$

由指数分布的定义知

$$f_Y(y) = \begin{cases} 5\mathrm{e}^{-5y}, & y > 0 \\ 0 & \text{其他} \end{cases}$$

因为 X 与 Y 独立,易得 (X,Y) 的联合密度函数

$$f(x,y) = f_X(x)f_Y(y) = \begin{cases} 25\mathrm{e}^{-5y}, & 0 < x < 0.2, y > 0 \\ 0 & \text{其他} \end{cases}$$

所以所求概率为

$$P(X \geqslant Y) = \iint\limits_{x \geqslant y} f(x,y)\mathrm{d}x\mathrm{d}y = \int_0^{0.2}\mathrm{d}x\int_0^x 25\mathrm{e}^{-5y}\mathrm{d}y =$$
$$\int_0^{0.2} 5(1 - \mathrm{e}^{-5x})\mathrm{d}x = \mathrm{e}^{-1}$$

12.设二维随机变量 (X,Y) 的联合密度函数为

$$f(x,y) = \begin{cases} k\mathrm{e}^{-(3x+4y)}, & x > 0, y > 0 \\ 0, & \text{其他} \end{cases}$$

求:(1) 系数 k;(2)$P(0 \leqslant X \leqslant 1, 0 \leqslant Y \leqslant 2)$;(3) 证明 X 与 Y 相互独立.

解 (1) k 必须满足

$$\int_{-\infty}^{+\infty}\int_{-\infty}^{+\infty} f(x,y)\mathrm{d}x\mathrm{d}y = 1$$

即

$$\int_0^{+\infty}\mathrm{d}y\int_0^{+\infty} k\mathrm{e}^{-(3x+4y)}\mathrm{d}x = 1$$

经计算算得 $k = 12$.

(2) $P(0 \leqslant X \leqslant 1, 0 \leqslant Y \leqslant 2) = \int_0^2\mathrm{d}y\int_0^1 12\mathrm{e}^{-(3x+4y)}\mathrm{d}x = (1 - \mathrm{e}^{-3})(1 - \mathrm{e}^{-8})$

(3) 关于 X 的边缘密度函数为

$$f_x(x) = \int_{-\infty}^{+\infty} f(x,y)\mathrm{d}y = \begin{cases} \int_0^{+\infty} 12\mathrm{e}^{-(3x+4y)}\mathrm{d}y, & x > 0 \\ 0, & \text{其他} \end{cases} =$$
$$\begin{cases} 3\mathrm{e}^{-3x}, & x > 0 \\ 0, & \text{其他} \end{cases}$$

同理可求得 Y 的边缘密度函数为

$$f_Y(y) = \begin{cases} 4\mathrm{e}^{-3y}, & y > 0 \\ 0, & \text{其他} \end{cases}$$

易见　$f(x,y) = f_X(x)f_Y(y),\quad -\infty < x < +\infty, -\infty < y < +\infty$

因此 X 与 Y 相互独立.

13.已知二维随机变量 (X,Y) 的联合密度函数为

$$f_x(y) = \begin{cases} k(1-x)y, & 0 < x < 1, 0 < y < x \\ 0, & \text{其他} \end{cases}$$

(1) 求常数 k;(2) 分别求关于 X 及关于 Y 的边缘密度函数;(3) X 与 Y 是否独立?

解　(1) k 满足

$$\int_{-\infty}^{+\infty}\int_{-\infty}^{+\infty} f(x,y)\mathrm{d}x\mathrm{d}y = 1$$

即

$$\int_0^1 \mathrm{d}x \int_0^x k(1-x)y\mathrm{d}y = 1$$

解得 $k = 24$.

(2) X 的边缘密度函数为

$$f_X(x) = \int_{-\infty}^{+\infty} f(x,y)\mathrm{d}y = \begin{cases} \int_0^x 24(1-x)y\mathrm{d}y, & 0 < x < 1 \\ 0, & \text{其他} \end{cases} =$$

$$\begin{cases} 12x^2(1-x), & 0 < x < 1 \\ 0, & \text{其他} \end{cases}$$

Y 的边缘密度函数为

$$f_Y(y) = \int_{-\infty}^{+\infty} f(x,y)\mathrm{d}x = \begin{cases} \int_y^1 24(1-x)y\mathrm{d}x, & 0 < y < 1 \\ 0, & \text{其他} \end{cases} =$$

$$\begin{cases} 12y(1-y)^2, & 0 < y < 1 \\ 0, & \text{其他} \end{cases}$$

(3) 因为

$$f\left(\frac{1}{2}, \frac{1}{4}\right) = 24 \times \frac{1}{2} \times \frac{1}{4} = \frac{1}{3}$$

$$f_X(x) = 12 \times \frac{1}{4} \times \frac{1}{2} = \frac{3}{2}, \qquad f_Y(y) = 12 \times \frac{1}{4} \times \frac{9}{16} = \frac{27}{16}$$

易见
$$f\left(\frac{1}{2},\frac{1}{4}\right) \neq f_X\left(\frac{1}{2}\right) f_Y\left(\frac{1}{4}\right)$$

所以 X 与 Y 不相互独立.

14.设随机变量 X 与 Y 的联合分布律为

X \ Y	0	1
0	$\frac{2}{25}$	b
1	a	$\frac{3}{25}$
2	$\frac{1}{25}$	$\frac{2}{25}$

且 $P(Y=1\mid X=0)=\frac{3}{5}$. (1) 求常数 a,b 的值;(2) 当 a,b 取(1)中的值时,X 与 Y 是否独立? 为什么?

解 (1) a,b 必须满足 $\sum\limits_{i=1}^{3}\sum\limits_{j=1}^{2}p_{ij}=1$,即

$$\frac{2}{25}+b+a+\frac{3}{25}+\frac{1}{25}+\frac{2}{25}=1$$

可推出 $a+b=\frac{17}{25}$. 另外由条件概率定义及已知的条件得

$$P(X=1\mid Y=0)=\frac{P(X=0,Y=1)}{P(X=0)}=\frac{b}{\frac{2}{25}+b}=\frac{3}{5}$$

由此解得 $b=\frac{3}{25}$. 结合 $a+b=\frac{17}{25}$,可求得 $a=\frac{14}{25}$.

(2) 当 $a=\frac{14}{25},b=\frac{3}{25}$ 时,可求得

$$P(X=0)=\frac{5}{25}, \quad P(Y=0)=\frac{17}{25}$$

易见 $P(X=0,Y=0)\neq P(X=0)P(Y=0)$,因此,$X$ 与 Y 不独立.

15.对于第 2 题中的二维随机变量 (X,Y) 的分布,求当 $Y=2$ 时 X 的条件分布律.

解 易知 $p_{\cdot 2}=P(Y=2)=\frac{1}{2}$,因此 $Y=2$ 时 X 的条件分布律为

$X \mid Y = 2$	1	2	3
概率	$\frac{1}{3}$	$\frac{1}{3}$	$\frac{1}{3}$

16. 对于第 6 题中的二维随机变量 (X,Y) 的分布,求当 $X = x(-\frac{1}{2} < x < 0)$ 时 Y 的条件密度函数.

解 X 的边缘密度函数为(由第 7 题所求得)

$$f_X(x) = \begin{cases} 4(2x+1), & -\frac{1}{2} < x < 0 \\ 0, & \text{其他} \end{cases}$$

由条件密度函数的定义知,当 $X = x(-\frac{1}{2} < x < 0)$ 时,Y 的条件密度函数为

$$f_{Y|X}(y \mid x) = \frac{f(x,y)}{f_X(x)} = \begin{cases} \dfrac{4}{4(2x+1)}, & 0 < y < 2x+1 \\ 0, & \text{其他} \end{cases} =$$

$$\begin{cases} \dfrac{1}{2x+1}, & 0 < y < 2x+1 \\ 0, & \text{其他} \end{cases}$$

第 6 章

随机变量的函数分布

6.1　重点及知识点辅导与精析

6.1.1　一维随机变量函数的分布

1. 一维随机变量的函数

设 X 是随机变量，$g(x)$ 是一个已知函数，那么 $Y = g(X)$ 是随机变量 X 的函数，它也是一个随机变量.

2. 离散型

若 X 的分布律为

X	x_1	x_2	$\cdots$	x_i	$\cdots$
概率	p_1	p_2	$\cdots$	p_i	$\cdots$

则 $Y = g(X)$ 的分布律为

$Y = g(X)$	$g(x_1)$	$g(x_2)$	$\cdots$	$g(x_i)$	$\cdots$
概率	p_1	p_2	$\cdots$	p_i	$\cdots$

但要注意，与 $g(x_i)$ 取相同值对应的那些概率应合并相加.

3. 连续型

设 X 的密度函数为 $f(x)$，且 $Y = g(X)$，则 Y 的分布函数为

$$F_Y(y) = P(Y \leqslant y) = P[g(X) \leqslant y] = P(X \in I_y) = \int_{I_y} f(x)\mathrm{d}x$$

其中,$I_y = \{x \mid g(x) \leqslant y\}$.

4. 连续型随机变量的函数的两个性质

(1) 如果 $y = g(x)$ 是单调函数,且具有一阶连续导数,$y = g(x)$ 的反函数为 $x = h(y)$,那么,当 X 的密度函数为 $f(x)$ 时,$Y = g(X)$ 密度函数为

$$f_Y(y) = f[h(y)] \mid h'(y) \mid$$

(2) 设 $X \sim N(\mu, \sigma^2)$,则当 $k \neq 0$ 时,$Y = kX + b \sim N(k\mu + b, k^2\sigma^2)$.

6.1.2　二维随机变量函数的分布

1. 一维随机变量的函数

设 (X,Y) 是二维随机变量,$g(x,y)$ 是一个已知函数,则 $Z = g(X,Y)$ 是随机变量 (X,Y) 的函数,它也是一个随机变量.

2. 离散型

如果随机变量 (X,Y) 有联合分布律为

$$P(X = x_i, Y = y_i) = p_{ij} \quad (i, j = 1, 2, \cdots)$$

则 $Z = g(X,Y)$ 的分布律为

$Z = g(X,Y)$	$g(x_1, y_1)$	$\cdots$	$g(x_i, y_j)$	$\cdots$
概率	p_{11}	$\cdots$	p_{ij}	$\cdots$

但要注意,取相同 $g(x_i, y_j)$ 值对应的那些概率应合并相加.

3. 连续型

设 (X,Y) 是二维连续型随机变量,其联合密度函数 $f(x,y)$,如果 $g(x,y)$ 为一个二元连续函数,则随机变量函数 $Z = g(X,Y)$ 的分布函数为

$$F_z(z) = P(Z \leqslant z) = P[g(X,Y) \leqslant z] = \iint\limits_{g(x,y) \leqslant z} f(x,y)\mathrm{d}x\mathrm{d}y$$

4. 二维随机变量和的分布的性质

(1) 设 X 与 Y 相互独立,且分别有密度函数 $f_X(x)$,$f_Y(y)$,则 $Z = X + Y$ 的密度函数为

$$f_z(z) = \int_{-\infty}^{+\infty} f_X(x) f_Y(z-x) \mathrm{d}x$$

或
$$f_z(z) = \int_{-\infty}^{+\infty} f_X(z-y) f_Y(y) \mathrm{d}y$$

(2) 设 X 服从二项分布 $B(m,p)$，Y 服从二项分布 $B(n,p)$，且 X 与 Y 相互独立，则 $X+Y \sim B(m+n,p)$；

(3) 设 X 服从泊松分布 $P(\lambda_1)$，Y 服从泊松分布 $P(\lambda_2)$，且 X 与 Y 相互独立，则 $X+Y \sim P(\lambda_1+\lambda_2)$；

(4) 设 X 服从正态分布 $N(\mu_1,\sigma_1^2)$，Y 服从正态分布 $N(\mu_2,\sigma_2^2)$，且 X 与 Y 相互独立，则 $X+Y \sim (\mu_1+\mu_2,\sigma_1^2+\sigma_2^2)$；更一般地，有
$$aX+bY+c \sim N(a\mu_1+b\mu_2+c, a^2\sigma_1^2+b^2\sigma_2^2)$$

6.2　难点及典型例题辅导与精析

例1　设随机变量 X 的分布律为

X	-1	0	1	2
概率	0.2	0.25	0.30	0.25

试求：(1) $Y=-3X+1$ 的分布律；(2) $Y=X^2+1$ 的分布律；(3) $Y=(X-1)^2$.

解　随机变量 X 的分布律可列表如下：

X	-1	0	1	2
$-3X+1$	4	1	-2	-5
X^2+1	2	1	2	5
$(X-1)^2$	4	1	0	1
概率	0.2	0.25	0.30	0.25

则有
$$P(-3X+1=4) = P(X=-1) = 0.2$$
$$P(X^2+1=2) = P(X=-1) + P(X=1) = 0.2 + 0.3 = 0.5$$
等等，于是由上表可得关于 $Y=-3X+1$ 的分布律为

Y	-5	-2	1	4
概率	0.25	0.30	0.25	0.20

关于 $Y = X^2 + 1$ 的分布律为

Y	1	2	5
概率	0.25	0.50	0.25

关于 $Y = (X-1)^2$ 的分布律为

Y	0	1	4
概率	0.30	0.50	0.20

例 2　设随机变量 X 的密度函数为

$$f(x) = \begin{cases} \dfrac{x}{8}, & 0 \leqslant x \leqslant 4 \\ 0, & \text{其他} \end{cases}$$

求随机变量 $Y = \mathrm{e}^X$ 的密度函数 $f_Y(y)$.

分析　求随机变量函数的密度函数时,可以先求出其分布函数,再对分布函数求导数得到其密度函数,也可以直接使用随机变量的密度函数与其函数的密度函数之间的关系 $f_Y(y) = \sum f_X[h(y)]\,|h'(y)|$ 进行计算,还可以通过积分转化法求得其密度函数.

解　**方法一**　分布函数法. 由于 $F_Y(y) = P(Y \leqslant y) = P(\mathrm{e}^X \leqslant y)$,所以有:

当 $y \leqslant 0$ 时,$F_Y(y) = P(\mathrm{e}^X \leqslant y) = P(\varnothing) = 0$;

当 $y > 0$ 时,$F_Y(y) = P(X \leqslant \ln y) = F_X(\ln y)$.

因此,所求随机变量 Y 的密度函数为

$$f_Y(y) = F_Y'(y) = \begin{cases} \dfrac{\mathrm{d}F_X(\ln y)}{\mathrm{d}y}, & y > 0 \\ 0, & y \leqslant 0 \end{cases} = \begin{cases} \dfrac{f_X(\ln y)}{y}, & y > 0 \\ 0, & y \leqslant 0 \end{cases} =$$

$$\begin{cases} \dfrac{\ln y}{8y}, & 0 < \ln y < 4 \\ 0, & \text{其他} \end{cases} = \begin{cases} \dfrac{\ln y}{8y}, & 1 < y < \mathrm{e}^4 \\ 0, & \text{其他} \end{cases}$$

方法二　公式法. $Y = e^X$ 对应的函数 $y = e^x$ 是单调函数, 其反函数 $x = \ln y$, 且 $\dfrac{\mathrm{d}x}{\mathrm{d}y} = \dfrac{1}{y}$. 当 $0 \leqslant x \leqslant 4$ 时, $1 \leqslant y \leqslant e^4$. 由性质得

$$f_Y(y) = \begin{cases} f_X(\ln y) \mid \dfrac{\mathrm{d}x}{\mathrm{d}y} \mid, & 1 \leqslant y \leqslant e^4 \\ 0, & \text{其他} \end{cases} = \begin{cases} \dfrac{\ln y}{8y}, & 1 \leqslant y \leqslant e^4 \\ 0, & \text{其他} \end{cases}$$

方法三　积分转化法. 由于

$$\int_{-\infty}^{+\infty} h(e^x) f(x) \mathrm{d}x = \int_{-\infty}^{0} h(e^x) f(x) \mathrm{d}x + \int_{0}^{4} h(e^x) f(x) \mathrm{d}x +$$

$$\int_{4}^{+\infty} h(e^x) f(x) \mathrm{d}x =$$

$$\int_{0}^{4} h(e^x) \frac{x}{8} \mathrm{d}x \xrightarrow{\text{令} y = e^x} \int_{1}^{e^4} h(y) \frac{\ln y}{8y} \mathrm{d}y$$

因此, 所求密度函数为

$$f_Y(y) = \begin{cases} \dfrac{\ln y}{8y}, & 1 \leqslant y \leqslant e^4 \\ 0, & \text{其他} \end{cases}$$

例3　设随机变量 X 的密度函数为

$$f_X(x) = \begin{cases} \dfrac{2x}{\pi^2}, & 0 < x < \pi \\ 0, & \text{其他} \end{cases}$$

求 $Y = \sin X$ 的概率密度.

解　**方法一**　分布函数法. 根据分布函数的定义, 有

$$F_Y(y) = P(Y \leqslant y) = P(\sin X \leqslant y)$$

当 $y < 0$ 时, $(\sin X \leqslant y)$ 是不可能事件, 则 $F(y) = 0$;

当 $0 \leqslant y \leqslant 1$ 时, 有

$$F_Y(y) = P(\sin X \leqslant y) =$$

$$P\{(0 < X \leqslant \arcsin y) \bigcup (\pi - \arcsin y < X < \pi\} =$$

$$\int_{0}^{\arcsin y} \frac{2x}{\pi^2} \mathrm{d}x + \int_{\pi - \arcsin y}^{\pi} \frac{2x}{\pi^2} \mathrm{d}x =$$

$$\frac{1}{\pi^2} (\arcsin y)^2 + 1 - \frac{1}{\pi^2} (\pi - \arcsin y)^2 = \frac{2}{\pi} \arcsin y$$

当 $y > 1$ 时, $(\sin X \leqslant y)$ 是必然事件, 则 $F(y) = 1$.

于是, 所求 $Y = \sin X$ 的概率密度为

$$f_Y(y)=F'(y)=\begin{cases}\dfrac{2}{\pi\sqrt{1-y^2}},&0\leqslant y<1\\[2mm]0,&\text{其他}\end{cases}$$

方法二　公式法. 因为函数 $y=\sin x$ 在 $\left(0,\dfrac{\pi}{2}\right)$ 的反函数为 $x=\arcsin y$,

而在 $\left(\dfrac{\pi}{2},\pi\right)$ 的反函数为 $x=\pi-\arcsin y$,于是可得所求密度函数为:

当 $0\leqslant y<1$ 时,

$$f_Y(y)=f(\arcsin y)\,|\,(\arcsin y)'\,|+f(\pi-\arcsin y)\,|\,(\pi-\arcsin y)'\,|=$$

$$\dfrac{2\arcsin x}{\pi^2}\cdot|\,\dfrac{1}{\sqrt{1-y^2}}\,|+\dfrac{2(\pi-\arcsin x)}{\pi^2}\cdot|\,\dfrac{-1}{\sqrt{1-y^2}}\,|=$$

$$\dfrac{2}{\pi\sqrt{1-y^2}}$$

当 $y<0$ 或 $y\geqslant 1$ 时,$f_Y(y)=0$.

因此,所求密度函数为

$$f_Y(y)=F'(y)=\begin{cases}\dfrac{2}{\pi\sqrt{1-y^2}},&0\leqslant y<1\\[2mm]0,&\text{其他}\end{cases}$$

方法三　积分转化法. 由于

$$\int_{-\infty}^{+\infty}h(\sin x)f_X(x)\mathrm{d}x=\int_0^\pi h(\sin x)\dfrac{2x}{\pi^2}\mathrm{d}x\xrightarrow{\text{令}\,y=\sin x}$$

$$\int_0^1 h(y)\cdot\dfrac{2\arcsin y}{\pi^2}\cdot\dfrac{1}{\sqrt{1-y^2}}\mathrm{d}y+$$

$$\int_1^0 h(y)\cdot\dfrac{2(\pi-\arcsin y)}{\pi^2}\cdot(-\dfrac{1}{\sqrt{1-y^2}})\mathrm{d}y=$$

$$\int_0^1 h(y)\cdot\dfrac{2}{\pi^2\sqrt{1-y^2}}\mathrm{d}y$$

因而

$$f_Y(y)=\begin{cases}\dfrac{2}{\pi\sqrt{1-y^2}},&0\leqslant y<1\\[2mm]0,&\text{其他}\end{cases}$$

例4　通过点 $A(0,1)$ 作任意直线与 x 轴相交成角 $\theta(0<\theta<\pi)$,试求这直线在 x 轴上的截距的概率密度.

分析　先利用题目中条件,结合几何知识,找出随机变量间的关系,再求随机变量函数的分布.

解　设此直线在 x 轴上的截距是随机变量 X,它与 x 轴的正向夹角为随机变量 Θ. 显然 $X = -\cot\Theta$,其中 Θ 服从 $(0,\pi)$ 上的均匀分布,即密度函数为

$$f_\Theta(\theta) = \begin{cases} \dfrac{1}{\pi}, & 0 < \theta < \pi \\ 0, & \text{其他} \end{cases}$$

先求 X 的分布函数.

$$F_X(x) = P(X \leqslant x) = P(-\cot\Theta \leqslant x) =$$

$$P\{\Theta \leqslant \operatorname{arccot}(-x)\} = \int_{-\infty}^{\operatorname{arccot}(-x)} f_\Theta(\theta)\,\mathrm{d}\theta =$$

$$-\frac{1}{\pi}\operatorname{arccot}(-x)$$

于是,X 的密度函数为

$$f_X(x) = F_X'(x) = \frac{1}{\pi(1+x^2)},\ y \in \mathbf{R}$$

例 5　已知随机变量 X 的概率密度为 $f(x) = \dfrac{2}{\pi}\dfrac{1}{\mathrm{e}^x + \mathrm{e}^{-x}}$,试求随机变量 $Y = g(X)$ 的概率分布,其中 $g(x) = \begin{cases} -1, & x < 0 \\ 1, & x \geqslant 0 \end{cases}$.

分析　随机变量 X 是连续型,而它的函数 $Y = g(X)$ 却是离散型随机变量,这一点在计算时要分清楚.

解　由题意,$Y = g(X)$ 只有 1 和 -1 这两个可能取值,并且

$$P(Y=1) = P(X \geqslant 0) = \int_0^{+\infty} \frac{2}{\pi}\frac{1}{\mathrm{e}^x + \mathrm{e}^{-x}}\mathrm{d}x = \frac{2}{\pi}\arctan \mathrm{e}^x \Big|_0^{+\infty} = \frac{1}{2}$$

$$P(Y=-1) = P(X < 0) = \int_{-\infty}^0 \frac{2}{\pi}\frac{1}{\mathrm{e}^x + \mathrm{e}^{-x}}\mathrm{d}x = \frac{2}{\pi}\arctan \mathrm{e}^x \Big|_{-\infty}^0 = \frac{1}{2}$$

故随机变量 $Y = g(X)$ 的概率分布为

Y	-1	1
P	0.5	0.5

【注】例 5 说明连续型随机变量的函数分布不一定还是连续型随机变量.

例 6　设随机变量 (X,Y) 的联合分布律为

X \ Y	-1	1	2
-1	0.25	0.1	0.3
1	0.15	0.15	0.05

试求随机变量 $X+Y, X-Y, XY^2, \dfrac{X}{Y}$ 的分布律.

解　由已知条件可得下表:

(X,Y)	$(-1,-1)$	$(-1,1)$	$(-1,2)$	$(1,-1)$	$(1,1)$	$(1,2)$
$X+Y$	-2	0	1	0	2	3
$X-Y$	0	-2	-3	2	0	-1
XY^2	-1	-1	-4	1	1	4
$\dfrac{X}{Y}$	1	-1	$-\dfrac{1}{2}$	-1	1	$\dfrac{1}{2}$
概率	0.25	0.1	0.3	0.15	0.15	0.05

则关于 $X+Y$ 的分布律为

$X+Y$	-2	0	1	2	3
概率	0.25	0.25	0.3	0.15	0.05

关于 $X-Y$ 的分布律为

$X-Y$	-3	-2	-1	0	2
概率	0.3	0.1	0.05	0.4	0.15

关于 XY^2 的分布律为

XY^2	-4	-1	1	4
概率	0.3	0.35	0.3	0.05

关于 $\dfrac{X}{Y}$ 的分布律为

$\dfrac{X}{Y}$	-1	$-\dfrac{1}{2}$	$\dfrac{1}{2}$	1
概率	0.25	0.3	0.05	0.4

例 7 设随机变量 X,Y 相互独立,其概率密度分别为

$$f_X(x)=\begin{cases}1, & 0\leqslant x\leqslant 1\\ 0, & \text{其他}\end{cases}, \quad f_Y(y)=\begin{cases}\mathrm{e}^{-y}, & y>0\\ 0, & y\leqslant 0\end{cases}$$

试求 $2X+Y$ 的概率密度.

分析 方法一:首先写出 X,Y 的联合密度函数,而后利用分布函数法求 $Z=2X+Y$ 的分布函数 $F_Z(z)$,则分布函数 $F_Z(z)$ 的导数即为所求的概率密度;方法二:先求 $W=2X$ 的概率密度,再利用两个独立随机变量和的卷积公式直接计算 $2X+Y$ 的概率密度;方法三:利用变量代换,详见参考文献[15]中定理 2.7.5;方法四:积分转化法.

解 方法一 分布函数法. 由已知条件得 X,Y 的联合密度函数为

$$f(x,y)=f_X(x)f_Y(y)=\begin{cases}\mathrm{e}^{-y}, & 0\leqslant x\leqslant 1,0<y\\ 0, & \text{其他}\end{cases}$$

令 $\quad D=\{(x,y)\mid f(x,y)>0\}$

由分布函数的定义知

$$F_Z(z)=P(Z\leqslant z)=P(2X+Y\leqslant z)=\iint\limits_{2x+y\leqslant z}f(x,y)\mathrm{d}x\mathrm{d}y$$

再令 $G_z=\{(x,y)\mid 2x+y\leqslant z\}$,于是有

$$F_Z(z)=\iint\limits_{D\cap G_z}\mathrm{e}^{-y}\mathrm{d}x\mathrm{d}y$$

当 $z\leqslant 0$ 时,$D\bigcap G_z=\varnothing$,那么 $F_Z(z)=0$;

当 $0<z\leqslant 2$ 时,$D\bigcap G_z=\{(x,y)\mid 0\leqslant x\leqslant\dfrac{z}{2},0\leqslant y\leqslant z-2x\}$,则

$$F_Z(z)=\int_0^{\frac{z}{2}}\mathrm{d}x\int_0^{z-2x}\mathrm{e}^{-y}\mathrm{d}y=\int_0^{\frac{z}{2}}(1-\mathrm{e}^{2x-z})\mathrm{d}x=\frac{1}{2}(z-1+\mathrm{e}^{-z})$$

当 $z>2$ 时,$D\bigcap G_z=\{(x,y)\mid 0\leqslant x\leqslant 1,0\leqslant y\leqslant z-2x\}$,则

$$F_Z(z)=\int_0^1\mathrm{d}x\int_0^{z-2x}\mathrm{e}^{-y}\mathrm{d}y=\int_0^1(1-\mathrm{e}^{2x-z})\mathrm{d}x=1-\frac{1}{2}\mathrm{e}^{-z}(\mathrm{e}^2-1)$$

因此,所求概率密度为

$$f_Z(z) = \begin{cases} 0, & z \leqslant 0 \\ \dfrac{1}{2}(1-\mathrm{e}^{-z}), & 0 < z \leqslant 2 \\ \dfrac{1}{2}(\mathrm{e}^2-1)\mathrm{e}^{-z}, & z > 2 \end{cases}$$

方法二　公式法. 令 $W=2X$,则 W 的分布函数

$$F_W(w) = P(W \leqslant w) = P(2X \leqslant w) = P\left(X \leqslant \frac{w}{2}\right) = F_X\left(\frac{w}{2}\right)$$

从而 W 的概率密度为

$$f_W(w) = F'_W(w) = F'_X\left(\frac{w}{2}\right) = \frac{1}{2}f_X\left(\frac{w}{2}\right) = \begin{cases} \dfrac{1}{2}, & 0 < w < 2 \\ 0, & \text{其他} \end{cases}$$

因为 X,Y 相互独立,所以 W 与 Y 也相互独立,从而 $Z=2X+Y=W+Y$ 的概率密度可用卷公式计算,即

$$f_Z(z) = \int_{-\infty}^{+\infty} f_W(w) f_Y(z-w)\,\mathrm{d}w$$

又　　$D = \{w \mid f_W(w)f_Y(z-w) \neq 0\} = \{0 < w < 2\} \bigcap \{w < z\}$

若 $z \leqslant 0$,则 $D = \varnothing$,于是 $f_Z(z) = 0$;

若 $0 \leqslant z < 2$,则 $D = \{w \mid 0 < w < z\}$,所以

$$f_Z(z) = \int_0^z \frac{1}{2}\mathrm{e}^{-(z-w)}\,\mathrm{d}w = \frac{1}{2}(1-\mathrm{e}^{-z})$$

若 $z > 2$,则 $D = \{w \mid 0 < w < 2\}$,于是

$$f_Z(z) = \int_0^2 \frac{1}{2}\mathrm{e}^{-(z-w)}\,\mathrm{d}w = \frac{1}{2}(\mathrm{e}^2-1)\mathrm{e}^{-z}$$

综上所述,得

$$f_Z(z) = \begin{cases} 0, & z \leqslant 0 \\ \dfrac{1}{2}(1-\mathrm{e}^{-z}), & 0 < z \leqslant 2 \\ \dfrac{1}{2}(\mathrm{e}^2-1)\mathrm{e}^{-z}, & z > 2 \end{cases}$$

方法三　变量代换法.

由已知条件得 (X,Y) 的密度函数为

$$f(x,y) = \begin{cases} \mathrm{e}^{-y}, & 0 \leqslant x \leqslant 1, y > 0 \\ 0, & \text{其他} \end{cases}$$

令 $Z = 2X + Y, T = 2X - Y$, 则

$$X = \frac{1}{4}(Z + T), \quad Y = \frac{1}{2}(Z - T)$$

而且

$$J = \frac{\partial(x, y)}{\partial(z, t)} = \begin{vmatrix} \dfrac{1}{4} & \dfrac{1}{4} \\ \dfrac{1}{2} & -\dfrac{1}{2} \end{vmatrix} = -\frac{1}{4}$$

当 $0 \leqslant x \leqslant 1, y > 0$ 时, 有 $0 \leqslant z + t \leqslant 4, z - t > 0$, 且 (Z, T) 的联合密度函数为

$$f_{Z,T}(z, t) = f\left(\frac{1}{4}(z + t), \frac{1}{2}(z - t)\right) |J| =$$

$$\begin{cases} \dfrac{1}{4} e^{-\frac{1}{2}(z-t)}, & 0 \leqslant z + t \leqslant 1, z - t > 0 \\ 0, & \text{其他} \end{cases}$$

当 $z \leqslant 0$ 时, $f_Z(z) = \displaystyle\int_{-\infty}^{+\infty} f_{Z,T}(z, t) \mathrm{d}t = 0$;

当 $0 < z \leqslant 2$ 时, $f_Z(z) = \displaystyle\int_{-\infty}^{+\infty} f_{Z,T}(z, t) \mathrm{d}t = \int_{-t}^{+t} e^{-\frac{1}{2}(z-t)} \mathrm{d}t = \frac{1}{2}(1 - e^{-z})$;

当 $z > 2$ 时, $f_Z(z) = \displaystyle\int_{-\infty}^{+\infty} f_{Z,T}(z, t) \mathrm{d}t = \int_{-t}^{4-t} e^{-\frac{1}{2}(z-t)} \mathrm{d}t = \frac{1}{2}(e^2 - 1)e^{-z}$.

于是所求的密度函数为

$$f_Z(z) = \begin{cases} 0, & z \leqslant 0 \\ \dfrac{1}{2}(1 - e^{-z}), & 0 < z \leqslant 2 \\ \dfrac{1}{2}(e^2 - 1)e^{-z}, & z > 2 \end{cases}$$

方法四 积分转化法. 因为

$$\int_{-\infty}^{+\infty} \int_{-\infty}^{+\infty} h(2x + y) f(x, y) \mathrm{d}x \mathrm{d}y = \int_0^1 \int_0^{+\infty} h(2x + y) e^{-y} \mathrm{d}x \mathrm{d}y \xrightarrow{\text{令} z = 2x + y}$$

$$\int_0^{+\infty} \left(\int_y^{2+y} h(z) \cdot \frac{1}{2} e^{-y} \mathrm{d}z\right) \mathrm{d}y \xrightarrow{\text{交换积分次序}}$$

$$\int_0^2 \left(h(z) \int_0^z \frac{1}{2} e^{-y} \mathrm{d}y\right) \mathrm{d}z + \int_2^{+\infty} h(z) \left(\int_{z-2}^z \cdot \frac{1}{2} e^{-y} \mathrm{d}y\right) \mathrm{d}z =$$

$$\int_0^2 h(z) \cdot \frac{1}{2}(1 - e^{-z}) \mathrm{d}z + \int_2^{+\infty} h(z) \cdot \frac{1}{2}(e^2 - 1)e^{-z} \mathrm{d}z$$

所以

$$f_Z(z) = \begin{cases} 0, & z \leqslant 0 \\ \dfrac{1}{2}(1 - e^{-z}), & 0 < z \leqslant 2 \\ \dfrac{1}{2}(e^2 - 1)e^{-z}, & z > 2 \end{cases}$$

例 8 设随机变量 X,Y 相互独立,且都服从参数为 1 的指数分布,试求 $Z = \dfrac{X}{Y}$ 的概率密度.

解 **方法一** 分布函数法. 由定义知 Z 的分布函数为

$$F_Z(z) = P(Z \leqslant z) = P\left(\frac{X}{Y} \leqslant z\right) = \iint\limits_{x/y \leqslant z} f(x,y)\mathrm{d}x\mathrm{d}y$$

其中

$$f(x,y) = \begin{cases} e^{-(x+y)}, & 0 < x, 0 < y \\ 0, & 其他 \end{cases}$$

当 $z < 0$ 时,显然 $F_Z(z) = 0$;

当 $z \geqslant 0$ 时,

$$F_Z(z) = \iint\limits_{\substack{x/y \leqslant z \\ x>0, y>0}} e^{-(x+y)}\mathrm{d}x\mathrm{d}y = \int_0^{+\infty} \mathrm{d}x \int_{\frac{x}{z}}^{+\infty} e^{-(x+y)}\mathrm{d}y = \frac{z}{1+z}$$

则 Z 的分布函数为

$$F_Z(z) = \begin{cases} \dfrac{z}{1+z} & z > 0 \\ 0, & 其他 \end{cases}$$

于是所求概率密度为

$$f_Z(z) = \begin{cases} \dfrac{1}{(1+z)^2} & z > 0 \\ 0, & 其他 \end{cases}$$

方法二 公式法.

$$f_Z(z) = \int_{-\infty}^{+\infty} f(yz, y) \cdot |y| \,\mathrm{d}y = \int_{-\infty}^{+\infty} f_X(yz) f_Y(y) \cdot |y| \,\mathrm{d}y =$$

$$\int_0^{+\infty} f(yz, y) y \,\mathrm{d}y = \begin{cases} \displaystyle\int_0^{+\infty} e^{-yz} \cdot e^{-y} y \,\mathrm{d}y, & z > 0 \\ 0, & 其他 \end{cases} =$$

$$\begin{cases} \dfrac{1}{(1+z)^2}, & z > 0 \\ 0, & 其他 \end{cases}$$

方法三 变量代换法. 令

$$\begin{cases} Z = \dfrac{X}{Y} \\ W = Y \end{cases}$$

对应于变换 $\begin{cases} z = \dfrac{x}{y} \\ w = y \end{cases}$ 的逆变换是 $\begin{cases} x = zw \\ y = w \end{cases}$,且

$$J = \frac{\partial(x,y)}{\partial(z,w)} = \begin{vmatrix} w & z \\ 0 & 1 \end{vmatrix} = w$$

则 (Z,W) 的联合密度函数为

$$g(z,w) = f(zw,w) \mid J \mid = \begin{cases} \mid w \mid e^{-(z+1)w}, & zw > 0, w > 0 \\ 0, & \text{其他} \end{cases} =$$

$$\begin{cases} w e^{-(z+1)w}, & z > 0, w > 0 \\ 0, & \text{其他} \end{cases}$$

所以,Z 的概率密度为

$$f_Z(z) = \int_{-\infty}^{+\infty} g(z,w)\mathrm{d}w = \int_0^{+\infty} g(z,w)\mathrm{d}w =$$

$$\begin{cases} \int_0^{+\infty} w e^{-(z+1)w}\mathrm{d}w, & z > 0 \\ 0, & \text{其他} \end{cases} = \begin{cases} \dfrac{1}{(1+z)^2}, & z > 0 \\ 0, & \text{其他} \end{cases}$$

方法四 积分转化法. 由于

$$\int_{-\infty}^{+\infty}\int_{-\infty}^{+\infty} h\left(\frac{x}{y}\right) f(x,y)\mathrm{d}x\mathrm{d}y = \int_0^{+\infty}\mathrm{d}x \int_0^{+\infty} h\left(\frac{x}{y}\right) e^{-(x+y)}\mathrm{d}y \xrightarrow{\text{令}\, z = x - y}$$

$$\int_0^{+\infty}\mathrm{d}y \int_0^{+\infty} h(z) \cdot y e^{-(1+z)y}\mathrm{d}z \xrightarrow{\text{交换积分次序}}$$

$$\int_0^{+\infty} h(z)\mathrm{d}z \int_z^{+\infty} y e^{-(1+z)y}\mathrm{d}x = \int_0^{+\infty} h(z) \cdot \frac{1}{(1+z)^2}\mathrm{d}z$$

于是所求概率密度为

$$f_Z(z) = \begin{cases} \dfrac{1}{(1+z)^2} & z > 0 \\ 0, & \text{其他} \end{cases}$$

【注】分布函数法是普遍适用的方法,便于掌握,但计算二重积分要讨论积分区域,比较繁琐;公式法虽然计算简洁,但只能适用于一些特殊情况;变量代换法虽使变换后的密度函数的积分区域易于确定、便于计算,但需要引入新的随机变量;积分转化法易于掌握,计算简便.

例 9　设二维随机变量 (X,Y) 服从区域 $D=\{(x,y)\mid 0\leqslant x\leqslant 2,0\leqslant y\leqslant 1\}$ 上的均匀分布,求以 X,Y 为边长的矩形面积 S 的密度函数 $f(s)$.

解　二维随机变量 (X,Y) 的联合密度函数为

$$f(x,y)=\begin{cases}\dfrac{1}{2},&0\leqslant x\leqslant 2,\quad 0\leqslant y\leqslant 1\\0,&\text{其他}\end{cases}$$

又矩形面积 $S=XY$.

方法一　分布函数法. 要求 S 的密度函数,先计算其分布函数. 由分布函数的定义可知:

当 $s\leqslant 0$ 时,事件 $(s\leqslant 0)$ 是一个不可能事件,所以 $F(s)=0$;

当 $0<s<2$ 时,$F(s)=P(S\leqslant s)=P(XY\leqslant s)=\iint\limits_{xy\leqslant s}f(x,y)\mathrm{d}x\mathrm{d}y$.

作出曲线 $xy=s$,它与矩形区域上边界的交点为 $(s,1)$,曲线分割矩形区域为两部分,求上述的概率就是计算在阴影区域(见图 6-1)上的积分. 于是

$$F(s)=\iint\limits_{xy\leqslant s}f(x,y)\mathrm{d}x\mathrm{d}y=\int_0^s\int_0^1\frac{1}{2}\mathrm{d}x\mathrm{d}y+\int_s^2\int_0^{\frac{s}{x}}\frac{1}{2}\mathrm{d}x\mathrm{d}y=$$
$$\frac{s}{2}(1+\ln 2-\ln s)$$

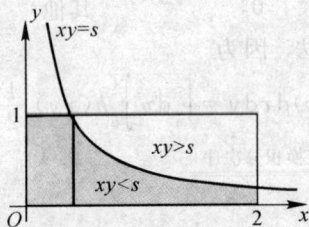

图　6-1

当 $s\geqslant 2$ 时,有

$$F(s)=\iint\limits_{xy\leqslant s}f(x,y)\mathrm{d}x\mathrm{d}y=\iint\limits_{\substack{0\leqslant x\leqslant 2\\0\leqslant y\leqslant 1}}\frac{1}{2}\mathrm{d}x\mathrm{d}y=1$$

综上所述,则

$$F(s)=\begin{cases}0,&s\leqslant 0\\\dfrac{s}{2}(1+\ln 2-\ln s),&0<s<2\\1,&s\geqslant 2\end{cases}$$

所以

$$f(s) = F'(s) = \begin{cases} \dfrac{1}{2}(\ln 2 - \ln s), & 0 < s < 2 \\ 0, & \text{其他} \end{cases}$$

方法二 变量代换法. 令 $T = X$,则 $X = T, Y = \dfrac{S}{T}$,则

$$J(x,y) = \frac{\partial(x,y)}{\partial(s,t)} = \begin{vmatrix} 0 & 1 \\ \dfrac{1}{t} & -\dfrac{s}{t^2} \end{vmatrix} = -\frac{1}{t}$$

于是有

$$f_{(S,T)}(s,t) = f(t, \frac{s}{t}) \mid J \mid = \begin{cases} \dfrac{1}{2t}, & 0 < t \leqslant 2, 0 \leqslant s \leqslant t \\ 0, & \text{其他} \end{cases}$$

所以

$$f_S(s) = \int_{-\infty}^{+\infty} f_{(S,T)}(s,t) \mathrm{d}t = \begin{cases} \displaystyle\int_s^2 \dfrac{1}{2t} \mathrm{d}t, & 0 < s < 2 \\ 0, & \text{其他} \end{cases} =$$

$$\begin{cases} \dfrac{1}{2}(\ln 2 - \ln s), & 0 < s < 2 \\ 0, & \text{其他} \end{cases}$$

方法三 积分转化法. 因为

$$\int_{-\infty}^{+\infty}\int_{-\infty}^{+\infty} h(xy)f(x,y)\mathrm{d}x\mathrm{d}y = \int_0^2 \mathrm{d}x \int_0^1 h(xy)\frac{1}{2}\mathrm{d}y \xrightarrow{\text{令 } s = xy}$$

$$\int_0^2 \mathrm{d}x \int_0^x h(s)\frac{1}{2x}\mathrm{d}s \xrightarrow{\text{交换积分次序}}$$

$$\int_0^2 h(s)\mathrm{d}s \int_s^2 \frac{1}{2x}\mathrm{d}x = \int_0^2 h(s) \cdot \frac{1}{2}(\ln 2 - \ln s)\mathrm{d}s$$

所以

$$f(s) = \begin{cases} \dfrac{1}{2}(\ln 2 - \ln s), & 0 < s < 2 \\ 0, & \text{其他} \end{cases}$$

例 10 设 X 与 Y 是独立同分布的随机变量,它们都服从标准正态分布 $N(0,1)$,试求 $Z = \sqrt{X^2 + Y^2}$ 的密度函数.

解 **方法一** 分布函数法. 根据已知条件得 (X,Y) 的联合密度函数

$$f(x,y) = f_X(x)f_Y(y) = \frac{1}{\sqrt{2\pi}}\mathrm{e}^{-\frac{x^2}{2}} \cdot \frac{1}{\sqrt{2\pi}}\mathrm{e}^{-\frac{y^2}{2}} = \frac{1}{2\pi}\mathrm{e}^{-\frac{x^2+y^2}{2}}$$

随机变量 $Z = \sqrt{X^2 + Y^2}$ 的分布函数

$$F_Z(z) = P(Z \leqslant z) = P(\sqrt{X^2 + Y^2} \leqslant z)$$

当 $z < 0$ 时，$F_Z(z) = P(\sqrt{X^2 + Y^2} \leqslant z) = P(\emptyset) = 0$；

当 $z \geqslant 0$ 时，有

$$F_Z(z) = P(\sqrt{X^2 + Y^2} \leqslant z) = \iint\limits_{x^2 + y^2 \leqslant z^2} f(x,y)\mathrm{d}x\mathrm{d}y =$$

$$\int_0^{2\pi} \mathrm{d}\theta \int_0^z \frac{1}{2\pi} \mathrm{e}^{-\frac{r^2}{2}} r\mathrm{d}r = \int_0^z \mathrm{e}^{-\frac{r^2}{2}} r\mathrm{d}r$$

于是所求密度函数为

$$f_Z(z) = F_Z'(z) = \begin{cases} z\mathrm{e}^{-\frac{z^2}{2}}, & z \geqslant 0 \\ 0, & z < 0 \end{cases}$$

方法二   积分转化法. 因为

$$\int_{-\infty}^{+\infty} \int_{-\infty}^{+\infty} h(\sqrt{x^2 + y^2}) f(x,y)\mathrm{d}x\mathrm{d}y =$$

$$\int_{-\infty}^{+\infty} \mathrm{d}x \int_{-\infty}^{+\infty} h(\sqrt{x^2 + y^2}) \frac{1}{2\pi} \mathrm{e}^{-\frac{x^2 + y^2}{2}} \mathrm{d}y \xlongequal{z = \sqrt{x^2 + y^2}}$$

$$\int_0^{+\infty} z\mathrm{d}z \int_0^{2\pi} h(z) \frac{1}{2\pi} \mathrm{e}^{-\frac{z^2}{2}} \mathrm{d}\theta = \int_0^{+\infty} h(z) z\mathrm{e}^{-\frac{z^2}{2}} \mathrm{d}z$$

所以

$$f_Z(z) = \begin{cases} z\mathrm{e}^{-\frac{z^2}{2}}, & z \geqslant 0 \\ 0, & z < 0 \end{cases}$$

例 11   设 X_1, X_2 相互独立，都服从 $(0,1)$ 内均匀分布. 记 $Y_1 = \min\{X_1, X_2\}$，$Y_2 = \max\{X_1, X_2\}$，试求 (Y_1, Y_2) 的密度函数.

解   由分布函数的定义知

$$F(x,y) = P\{Y_1 \leqslant x, Y_2 \leqslant y\} = P\{(Y_1 \leqslant x) \bigcap (Y_2 \leqslant y)\} =$$
$$P\{(S - (Y_1 > x)) \bigcap (Y_2 \leqslant y)\} =$$
$$P\{Y_2 \leqslant y\} - P\{Y_1 > x, Y_2 \leqslant y\}$$

当 $x \geqslant y$ 时，$(Y_1 > x, Y_2 \leqslant y)$ 是不可能事件，即 $P\{Y_1 > x, Y_2 \leqslant y\} = 0$；

而当 $x < y$ 时，有

$$P\{Y_1 > x, Y_2 \leqslant y\} = P\{\min\{X_1, X_2\} > x, \max\{X_1, X_2\} \leqslant y\} =$$
$$P\{x < X_1 \leqslant y, x < X_2 \leqslant y\} =$$
$$P\{x < X_1 \leqslant y\} \cdot P\{x < X_2 \leqslant y\} =$$

$$[F(y) - F(x)]^2$$

又因为

$$P\{Y_2 \leqslant y\} = P\{\max\{X_1, X_2\} \leqslant y\} = P\{X_1 \leqslant y, X_2 \leqslant y\} = F^2(y)$$

所以

$$F(x, y) = \begin{cases} F^2(y) - [F(y) - F(x)]^2, & x < y \\ F^2(y), & x \geqslant y \end{cases}$$

故

$$f(x, y) = \begin{cases} 2f(x)f(y), & x < y \\ 0, & x \geqslant y \end{cases}$$

从而所求密度函数为

$$f(x, y) = \begin{cases} 2, & 0 < x < y < 1 \\ 0, & \text{其他} \end{cases}$$

6.3 考点及考研真题辅导与精析

例 1　设随机变量 X 服从 $(0,2)$ 上的均匀分布,则随机变量 $Y = X^2$ 在 $(0,4)$ 内的概率分布密度 $f_Y(y) = \underline{\hspace{2cm}}$.　　　　（2005 年国防科技大学）

解　由已知条件得随机变量 X 的密度函数为

$$f_X(x) = \begin{cases} \dfrac{1}{2}, & 0 < x < 2 \\ 0, & \text{其他} \end{cases}$$

方法一　分布函数法.

当 $y < 0$ 时,有

$$F_Y(y) = P(Y \leqslant y) = P(X^2 \leqslant y) = P(\varnothing) = 0$$

当 $y \geqslant 0$ 时,有

$$F_Y(y) = P(Y \leqslant y) = P(-\sqrt{y} \leqslant X \leqslant \sqrt{y}) = F_X(\sqrt{y}) - F_X(-\sqrt{y})$$

因此,所求密度函数为

$$f_Y(y) = F_Y'(y) = \begin{cases} f_X(\sqrt{y}) \dfrac{1}{2\sqrt{y}} + f_X(-\sqrt{y})(-\dfrac{1}{2\sqrt{y}}), & y > 0 \\ 0, & y \leqslant 0 \end{cases} =$$

$$\begin{cases} \dfrac{1}{4\sqrt{y}}, & 0 < y < 4 \\ 0, & \text{其他} \end{cases}$$

方法二 公式法. 当 $x \geqslant 0$ 时, $y = x^2$ 的反函数为 $x = h_1(y) = \sqrt{y}$; 当 $x < 0$ 时, $y = x^2$ 的反函数为 $x = h_2(y) = -\sqrt{y}$. 因此, Y 的密度函数为

$$f_Y(y) = f_X[h_1(y)] \mid h_1'(y) \mid + f_X[h_2(y)] \mid h_2'(y) \mid =$$

$$f_X[\sqrt{y}] \mid \frac{1}{2\sqrt{y}} \mid + f_X[-\sqrt{y}] \mid -\frac{1}{2\sqrt{y}} \mid =$$

$$\frac{1}{2\sqrt{y}} f_X[\sqrt{y}] = \begin{cases} \dfrac{1}{4\sqrt{y}}, & 0 < \sqrt{y} < 2 \\ 0, & \text{其他} \end{cases} =$$

$$\begin{cases} \dfrac{1}{4\sqrt{y}}, & 0 < y < 4 \\ 0, & \text{其他} \end{cases}$$

方法三 积分转化法.

$$\int_{-\infty}^{+\infty} h(x^2) f(x)\mathrm{d}x = \int_0^2 h(x^2) \cdot \frac{1}{2}\mathrm{d}x \xrightarrow{\text{令 } y = x^2} \int_0^4 h(y) \cdot \frac{1}{2} \cdot \frac{1}{2\sqrt{y}}\mathrm{d}x =$$

$$\int_0^4 h(y) \frac{1}{4\sqrt{y}}\mathrm{d}x$$

所以

$$f_Y(y) = \begin{cases} \dfrac{1}{4\sqrt{y}}, & 0 < y < 4 \\ 0, & \text{其他} \end{cases}$$

因此填 $\dfrac{1}{4\sqrt{y}}$.

例 2 设随机变量 X 的概率密度为

$$f_X(x) = \begin{cases} \mathrm{e}^{-x}, & x \geqslant 0 \\ 0, & x < 0 \end{cases}$$

求随机变量 $Y = \mathrm{e}^X$ 的概率密度函数.

（1995 年硕士研究生入学考试试题, 2007 年哈尔滨工业大学）

解 由于 $y = \mathrm{e}^x$ 的反函数为 $x = h(y) = \ln y (y > 0)$, 所以所求密度函数为

$$f_Y(y) = f_X[h(y)] \cdot \mid h'(y) \mid = f_X(\ln y) \cdot \frac{1}{y} =$$

$$\begin{cases} \mathrm{e}^{-\ln y} \cdot \dfrac{1}{y}, & \ln y \geqslant 0 \\ 0, & \ln y < 0 \end{cases} = \begin{cases} \dfrac{1}{y^2}, & y \geqslant 1 \\ 0, & y < 1 \end{cases}$$

例3 设两个相互独立的随机变量 X 和 Y 分别服从正态分布 $N(0,1)$ 和 $N(1,1)$，则（　　）.

(A) $P(X+Y\leqslant 0)=\dfrac{1}{2}$

(B) $P(X+Y\leqslant 1)=\dfrac{1}{2}$

(C) $P(X-Y\leqslant 0)=\dfrac{1}{2}$

(D) $P(X-Y\leqslant 1)=\dfrac{1}{2}$

（1999 年硕士研究生入学考试试题）

解 随机变量 X 和 Y 相互独立，且分别服从 $N(0,1)$ 和 $N(1,1)$，那么由正态分布的性质得 $X+Y\sim N(1,2)$，即

$$\frac{X+Y-1}{\sqrt{2}}\sim N(0,1)$$

故
$$P(X+Y\leqslant 1)=P(\frac{X+Y-1}{\sqrt{2}}\leqslant 0)=\frac{1}{2}$$

因此选（B）.

例4 设随机变量 X 与 Y 相互独立，且服从区间 $[0,3]$ 上的均匀分布，则 $P(\max\{X,Y\}\leqslant 1)=$ _____.　（2006 年硕士研究生入学考试试题）

解 由于 X 与 Y 独立，且 $P(X\leqslant 1)=P(Y\leqslant 1)=\dfrac{1}{3}$，所以

$$P(\max\{X,Y\}\leqslant 1)=P(X\leqslant 1,Y\leqslant 1)=P(X\leqslant 1)P(Y\leqslant 1)=\frac{1}{9}$$

因此填 $\dfrac{1}{9}$.

例5 设随机变量 X,Y 独立同分布，且 X 的分布函数为 $F(x)$，则 $Z=\max\{X,Y\}$ 的分布函数为（　　）.

(A) $F^2(x)$

(B) $F(x)F(y)$

(C) $1-[1-F(z)]^2$

(D) $[1-F(x)][1-F(y)]$

（2008 年硕士研究生入学考试试题）

解 根据随机变量分布函数的定义，并注意到随机变量 X,Y 独立同分布，则 Z 的分布函数为

$$F_Z(z)=P(Z\leqslant z)=P(\max\{X,Y\}\leqslant z)=P(X\leqslant z,Y\leqslant z)=$$
$$P(X\leqslant z)P(Y\leqslant z)=F^2(z)$$

所以选择（A）.

例6 设随机变量 X 与 Y 相互独立，且 X 服从标准正态分布 $N(0,1)$，Y 的概率分布为 $P(Y=0)=P(Y=1)=\dfrac{1}{2}$. 记 $F_Z(z)$ 为随机变量 $Z=XY$ 的分

布函数,则函数 $F_Z(z)$ 的间断点个数为(　　).

(A) 0　　　　　　(B) 1　　　　　　(C) 2　　　　　　(D) 3

(2009 年硕士研究生入学考试试题)

解　$F_Z(z) = P(Z \leqslant z) = P(Y=0)P(XY \leqslant z \mid Y=0) +$

$\qquad P(Y=1)P(XY \leqslant z \mid Y=1) =$

$\qquad \dfrac{1}{2}P(0 \cdot X \leqslant z \mid Y=0) + \dfrac{1}{2}P(X \leqslant z \mid Y=1)$

而

$$P(0 \cdot X \leqslant z \mid Y=0) = P(0 \cdot X \leqslant z) = \begin{cases} P(\Omega), & z \geqslant 0 \\ P(\varnothing), & z < 0 \end{cases} = \begin{cases} 1, & z \geqslant 0 \\ 0, & z < 0 \end{cases}$$

$$P(X \leqslant z \mid Y=1) = P(X \leqslant z) = \int_{-\infty}^{z} \frac{1}{\sqrt{2\pi}} e^{-\frac{x^2}{2}} dx$$

所以

$$F_Z(z) = \begin{cases} \dfrac{1}{2} \displaystyle\int_{-\infty}^{z} \frac{1}{\sqrt{2\pi}} e^{-\frac{x^2}{2}} dx, & z < 0 \\[3mm] \dfrac{1}{2} + \dfrac{1}{2} \displaystyle\int_{-\infty}^{z} \frac{1}{\sqrt{2\pi}} e^{-\frac{x^2}{2}} dx, & z \geqslant 0 \end{cases}$$

显然 $z < 0$ 和 $z > 0$,$F_Z(z)$ 均连续. 又

$$\lim_{z \to 0-} F_Z(z) = \lim_{z \to 0-} \frac{1}{2} \int_{-\infty}^{z} \frac{1}{\sqrt{2\pi}} e^{-\frac{x^2}{2}} dx = \frac{1}{4}$$

$$\lim_{z \to 0+} F_Z(z) = \lim_{z \to 0+} \left(\frac{1}{2} + \frac{1}{2} \int_{-\infty}^{z} \frac{1}{\sqrt{2\pi}} e^{-\frac{x^2}{2}} dx \right) = \frac{3}{4} = F_Z(0)$$

可见 $F_Z(z)$ 仅在 $z=0$ 间断,故选(B).

例 7　设随机变量 (X,Y) 服从区域 $G = \{(x,y) \mid 1 \leqslant x \leqslant 3, 1 \leqslant x \leqslant 3\}$ 上的均匀分布,试求 $Z = |X-Y|$ 的密度函数.　　(2007 年合肥工业大学)

解　根据已知条件得 (X,Y) 的联合密度函数为

$$f(x,y) = \begin{cases} \dfrac{1}{4}, & 1 \leqslant x \leqslant 3, \quad 1 \leqslant y \leqslant 3 \\ 0, & \text{其他} \end{cases}$$

当 $z < 0$ 时,有

$$F_Z(z) = P(Z \leqslant z) = P(|X-Y| \leqslant z) = P(\varnothing) = 0$$

当 $0 \leqslant z < 2$ 时,有

$$F_Z(z) = P(|X-Y| \leqslant z) = \iint\limits_{|x-y| \leqslant z} f(x,y) dx dy =$$

$$\iint\limits_{D}\frac{1}{4}\mathrm{d}x\mathrm{d}y=\frac{1}{4}\big[4-(2-z)^2\big]$$

其中　　　　$D=\{(x,y)\mid 1\leqslant x\leqslant 3,1\leqslant y\leqslant 3,\mid x-y\mid\leqslant z\}$

当 $z\geqslant 2$ 时,有

$$F_Z(z)=P(\mid X-Y\mid\leqslant z)=\iint\limits_{\mid x-y\mid\leqslant z}f(x,y)\mathrm{d}x\mathrm{d}y=\iint\limits_{G}\frac{1}{4}\mathrm{d}x\mathrm{d}y=1$$

故随机变量 Z 的概率率密度为

$$f_Z(z)=\begin{cases}\dfrac{1}{2}(2-z),&0<z<2\\[2mm]0,&\text{其他}\end{cases}$$

例 8　设二维随机变量 (X,Y) 的密度函数

$$f(x,y)=\begin{cases}1,&0<x<1,0<y<2x\\0,&\text{其他}\end{cases}$$

求：$(1)(X,Y)$ 的边缘概率密度 $f_X(x),f_Y(y)$；$(2)Z=2X-Y$ 的概率密度 $f_Z(z)$.　　　　　　　　　　　　　　　　　　（2005 年硕士研究生入学考试试题）

解　(1) 由已知条件得

$$f_X(x)=\int_{-\infty}^{+\infty}f(x,y)\mathrm{d}y=\begin{cases}\int_0^{2x}\mathrm{d}y,&0<x<1\\0,&\text{其他}\end{cases}=\begin{cases}2x,&0<x<1\\0,&\text{其他}\end{cases}$$

$$f_Y(y)=\int_{-\infty}^{+\infty}f(x,y)\mathrm{d}x=\begin{cases}\int_{\frac{y}{2}}^{1}\mathrm{d}x,&0<y<2\\0,&\text{其他}\end{cases}=\begin{cases}1-\dfrac{y}{2},&0<y<2\\0,&\text{其他}\end{cases}$$

(2) **方法一**　分布函数法.

当 $z\leqslant 0$ 时,$F_Z(z)=P(Z\leqslant z)=P(2X-Y\leqslant z)=0$；

当 $0<z<2$ 时,有

$$F_Z(z)=P(Z\leqslant z)=1-P(Z>z)=1-P(2X-Y>z)=$$

$$1-\iint\limits_{2x-y>z}f(x,y)\mathrm{d}x\mathrm{d}y=1-\int_{\frac{z}{2}}^{1}\mathrm{d}x\int_0^{2x-z}\mathrm{d}x\mathrm{d}y=z-\frac{z^2}{4}$$

当 $z>2$ 时,有

$$F_Z(z)=P(Z\leqslant z)=P(2X-Y\leqslant z)=\iint\limits_{2x-y\leqslant z}f(x,y)\mathrm{d}x\mathrm{d}y=$$

$$\int_0^1\mathrm{d}x\int_0^{2x}\mathrm{d}y=1$$

因此所求 Z 的密度函数为

$$f_Z(z) = \begin{cases} 1 - \dfrac{z}{2}, & 0 < z < 2 \\ 0, & 其他 \end{cases}$$

方法二 公式法.

$$f_Z(z) = \int_{-\infty}^{+\infty} f(x, 2x - z)\, dx = \begin{cases} \displaystyle\int_{\frac{z}{2}}^{1} dx, & 0 < z < 2 \\ 0, & 其他 \end{cases} =$$

$$\begin{cases} 1 - \dfrac{z}{2}, & 0 < z < 2 \\ 0, & 其他 \end{cases}$$

方法三 积分转化法. 因为

$$\int_{-\infty}^{+\infty}\int_{-\infty}^{+\infty} h(2x - y) f(x, y)\, dx\, dy = \int_0^1 dx \int_0^{2x} h(2x - y)\, dy =$$

$$\int_0^1 dx \int_0^{2x} h(z)\, dz =$$

$$\int_0^2 h(z)\, dz \int_{\frac{z}{2}}^{1} dz =$$

$$\int_0^2 h(z) \cdot \left(1 - \frac{z}{2}\right) dz$$

所以

$$f_Z(z) = \begin{cases} 1 - \dfrac{z}{2}, & 0 < z < 2 \\ 0, & 其他 \end{cases}$$

例 9 设二维随机变量 (X, Y) 的概率密度为

$$f(x, y) = \begin{cases} 2e^{-(x+2y)}, & x > 0, y > 0 \\ 0, & 其他 \end{cases}$$

求随机变量 $Z = X + 2Y$ 的分布函数.

(2008 年北京化工大学, 1991 年硕士研究生入学考试试题)

解 由分布函数的定义得

$$F_Z(z) = P(Z \leqslant z) = P(X + 2Y \leqslant z) = \iint\limits_{x+2y \leqslant z} f(x, y)\, dx\, dy$$

当 $z \leqslant 0$ 时,$F_Z(z) = P(Z \leqslant z) = 0$;

当 $z > 0$ 时,有

$$F_Z(z) = \iint\limits_{x+2y \leqslant z} f(x, y)\, dx\, dy = \iint\limits_{\substack{x+2y \leqslant z \\ x>0, y>0}} 2e^{-(x+2y)}\, dx\, dy =$$

$$\int_0^{\frac{z}{2}} \mathrm{d}y \int_0^{z-2y} 2\mathrm{e}^{-(x+2y)} \mathrm{d}x = 1 - \mathrm{e}^{-z} - z\mathrm{e}^{-z}$$

因此

$$F_Z(z) = \begin{cases} 1 - \mathrm{e}^{-z} - z\mathrm{e}^{-z}, & z > 0 \\ 0, & z \leqslant 0 \end{cases}$$

例 10 设随机变量 X 的概率密度函数为 $f_X(x) = \dfrac{1}{\pi(1+x^2)}$，求随机变量 $Y = 1 - \sqrt[3]{X}$ 的概率密度函数 $f_Y(y)$．（1988 年硕士研究生入学考试试题）

解 由于

$$\int_{-\infty}^{+\infty} h(1 - \sqrt[3]{x}) f_X(x) \mathrm{d}x = \int_{-\infty}^{+\infty} h(1 - \sqrt[3]{x}) \cdot \frac{1}{\pi(1+x^2)} \mathrm{d}x \xrightarrow{\ \diamondsuit\, y = 1 - \sqrt[3]{x}\ }$$

$$\int_{+\infty}^{-\infty} h(y) \cdot \frac{1}{\pi[1 + (1-y)^6]} \cdot [-3(1-y)^2] \mathrm{d}y =$$

$$\int_{-\infty}^{+\infty} h(y) \cdot \frac{3(1-y)^2}{\pi[1 + (1-y)^6]} \mathrm{d}y$$

从而所求密度函数为

$$f_Y(y) = \frac{3(1-y)^2}{\pi[1 + (1-y)^6]}$$

例 11 设二维随机变量 (X, Y) 的概率密度为

$$f(x, y) = \begin{cases} 2 - x - y, & 0 < x < 1, 0 < y < 1 \\ 0, & \text{其他} \end{cases}$$

(1) 求 $P(X > 2Y)$；(2) 求 $Z = X + Y$ 的概率密度 $f_Z(z)$．

（2007 年硕士研究生入学考试试题）

解 (1) 由已知条件得

$$P(X > 2Y) = \iint\limits_{x > 2y} f(x, y) \mathrm{d}x\mathrm{d}y = \int_0^1 \mathrm{d}x \int_0^{\frac{x}{2}} (2 - x - y) \mathrm{d}y =$$

$$\int_0^1 \left(x - \frac{5}{8}x^2\right) \mathrm{d}x = \frac{7}{24}$$

(2) 因为

$$\int_{-\infty}^{+\infty} \int_{-\infty}^{+\infty} h(x+y) f(x, y) \mathrm{d}x\mathrm{d}y =$$

$$\int_0^1 \mathrm{d}x \int_0^1 h(x+y)(2 - x - y) \mathrm{d}y \xrightarrow{\ \diamondsuit\, z = x + y\ }$$

$$\int_0^1 \mathrm{d}x \int_x^{x+1} h(z)(2 - z) \mathrm{d}z = \int_0^1 \left[\int_0^z h(z)(2 - z) \mathrm{d}x \right] \mathrm{d}z +$$

$$\int_1^2 \Big[\int_{z-1}^1 h(z)(2-z) \mathrm{d}x \Big] \mathrm{d}z =$$

$$\int_0^1 h(z) \cdot z(2-z) \mathrm{d}z + \int_1^2 (2-z)^2 \mathrm{d}z$$

所以

$$f_Z(z) = \begin{cases} z(z-2), & 0 \leqslant z < 1 \\ (2-z)^2, & 1 \leqslant z < 2 \\ 0, & \text{其他} \end{cases}$$

例 12　设随机变量 X 与 Y 相互独立，X 的概率分布为 $P(X=i)=\dfrac{1}{3}$ $(i=-1,0,1)$，Y 的概率密度为

$$f_Y(y) = \begin{cases} 1, & 0 \leqslant y < 1 \\ 0, & \text{其他} \end{cases}$$

记 $Z = X + Y$. 求：(1) $P\big(Z \leqslant \dfrac{1}{2} \mid X=0\big)$；(2) Z 的概率密度 $f_Z(z)$.

（2008 年硕士研究生入学考试试题）

解　(1) 因为 X 与 Y 相互独立，所以

$$P\big(Z \leqslant \tfrac{1}{2} \mid X=0\big) = \frac{P\big(X=0, X+Y \leqslant \tfrac{1}{2}\big)}{P(X=0)} = \frac{P\big(X=0, Y \leqslant \tfrac{1}{2}\big)}{P(X=0)} =$$

$$\frac{P(X=0)P\big(Y \leqslant \tfrac{1}{2}\big)}{P(X=0)} = P\big(Y \leqslant \tfrac{1}{2}\big) =$$

$$\int_{-\infty}^{\frac{1}{2}} f_Y(y) \mathrm{d}y = \int_0^{\frac{1}{2}} 1 \mathrm{d}y = \frac{1}{2}$$

(2) 由已知条件，随机事件 $(X=-1)$，$(X=0)$，$(X=1)$ 构成样本空间的一个完备事件组，那么由全概率公式及 X 与 Y 独立性，可得

$$F_Z(z) = P(Z \leqslant z) = P(X=-1)P(Z \leqslant z \mid X=-1) +$$

$$P(X=0)P(Z \leqslant z \mid X=0) + P(X=1)P(Z \leqslant z \mid X=1) =$$

$$P(X=-1)P(Y \leqslant z+1 \mid X=-1) +$$

$$P(X=0)P(Y \leqslant z \mid X=0) + P(X=1)P(Y \leqslant z-1 \mid X=1) =$$

$$P(X=-1)P(Y \leqslant z+1) + P(X=0)P(Y \leqslant z) +$$

$$P(X=1)P(Y \leqslant z-1) =$$

$$\frac{1}{3}\big[F_Y(z+1) + F_Y(z) + F_Y(z-1) \big]$$

故所求密度函数为

$$f_Z(z) = \frac{1}{3}\big[F_Y(z+1) + F_Y(z) + F_Y(z-1)\big]' =$$

$$\frac{1}{3}\big[f_Y(z+1) + f_Y(z) + f_Y(z-1)\big] =$$

$$\begin{cases} \dfrac{1}{3}, & -1 \leqslant z < 2 \\ 0, & \text{其他} \end{cases}$$

例 13 设二维随机变量 (X,Y) 的概率密度为

$$f(x,y) = \begin{cases} 2e^{-(x+2y)}, & x>0, y>0 \\ 0, & \text{其他} \end{cases}$$

求随机变量 $Z = \max\{X,Y\}$ 的密度函数.　　　　　　（2006 年上海交通大学）

解 由已知条件得

$$f_X(x) = \int_{-\infty}^{+\infty} f(x,y)\mathrm{d}y = \begin{cases} \int_0^{+\infty} 2e^{-(2x+y)}\mathrm{d}y, & x>0 \\ 0, & x \leqslant 0 \end{cases} = \begin{cases} 2e^{-2x}, & x>0 \\ 0, & x \leqslant 0 \end{cases}$$

$$f_Y(x) = \int_{-\infty}^{+\infty} f(x,y)\mathrm{d}x = \begin{cases} \int_0^{+\infty} 2e^{-(2x+y)}\mathrm{d}x, & y>0 \\ 0, & y \leqslant 0 \end{cases} = \begin{cases} e^{-y}, & y>0 \\ 0, & y \leqslant 0 \end{cases}$$

则有

$$F_X(x) = \int_{-\infty}^{x} f_X(t)\mathrm{d}t = \begin{cases} 1 - e^{-2x}, & x>0 \\ 0, & x \leqslant 0 \end{cases}$$

$$F_Y(y) = \int_{-\infty}^{y} f_Y(t)\mathrm{d}t = \begin{cases} 1 - e^{-y}, & y>0 \\ 0, & y \leqslant 0 \end{cases}$$

容易验证 $f(x,y) = f_X(x)f_Y(y)$，从而有

$$F_Z(z) = P(Z \leqslant z) = P(\max\{X,Y\} \leqslant z) = P(X \leqslant z, Y \leqslant z) =$$

$$P(X \leqslant z)P(Y \leqslant z) = F_X(z)F_Y(z) =$$

$$\begin{cases} (1 - e^{-2z})(1 - e^{-z}), & z>0 \\ 0, & z \leqslant 0 \end{cases}$$

故得

$$f_Z(z) = F_Z'(z) = \begin{cases} e^{-z} + 2e^{-2z} - 3e^{-3z}, & z>0 \\ 0, & z \leqslant 0 \end{cases}$$

例 14 设随机变量 X 和 Y 相互独立，X,Y 分别服从参数为 $\lambda, \mu (\lambda \neq \mu)$ 的指数分布，试求 $Z = 2X + 3Y$ 的密度函数 $f_Z(z)$.　（2003 年上海交通大学）

解　由已知条件可得(X,Y)的联合密度函数为

$$f(x,y)=\begin{cases}\lambda\mu\,e^{-(\lambda x+\mu y)}, & x>0,y>0\\ 0, & \text{其他}\end{cases}$$

方法一　分布函数法.

当 $z<0$ 时,$F_Z(z)=P(Z\leqslant z)=0$.

当 $z\geqslant 0$ 时,有

$$F_Z(z)=P(Z\leqslant z)=P(3X+2Y\leqslant z)=\iint\limits_{3x+2y\leqslant z}f(x,y)\mathrm{d}x\mathrm{d}y=$$

$$\int_0^{\frac{z}{3}}\mathrm{d}x\int_0^{\frac{z}{2}-\frac{3x}{2}}\lambda\mu\,e^{-(\lambda x+\mu y)}\mathrm{d}y=$$

$$1-e^{-\frac{\lambda}{3}z}-\frac{2\lambda}{3\mu-2\lambda}(e^{-\frac{\lambda}{3}z}-e^{-\frac{\mu}{2}z})$$

因此,所求密度函数为

$$f_Z(z)=F_Z'(z)=\begin{cases}\dfrac{\lambda\mu}{3\mu-2\lambda}(e^{-\frac{\lambda}{3}z}-e^{-\frac{\mu}{2}z}), & z>0\\ 0, & z\leqslant 0\end{cases}$$

方法二　积分变换法. 因为

$$\int_{-\infty}^{+\infty}\int_{-\infty}^{+\infty}h(3x+2y)f(x,y)\mathrm{d}x\mathrm{d}y=\int_0^{+\infty}\int_0^{+\infty}h(3x+2y)\lambda\mu\,e^{-(\lambda x+\mu y)}\mathrm{d}x\mathrm{d}y=$$

$$\int_0^{+\infty}\lambda e^{-\lambda x}\mathrm{d}x\int_0^{+\infty}h(3x+2y)\mu e^{-\mu y}\mathrm{d}y=$$

$$\int_0^{+\infty}\lambda e^{-\lambda x}\mathrm{d}x\int_{3x}^{+\infty}h(z)\mu e^{-\mu\cdot\frac{z-3x}{2}}\cdot\frac{1}{2}\mathrm{d}z=$$

$$\int_0^{+\infty}\frac{\lambda\mu}{2}e^{-\frac{\mu}{2}z}h(z)\mathrm{d}z\int_0^{\frac{z}{3}}e^{-\frac{1}{2}(2\lambda-3\mu)x}\mathrm{d}x=$$

$$\int_0^{+\infty}\frac{\lambda\mu}{3\mu-2\lambda}(e^{-\frac{\lambda}{3}z}-e^{-\frac{\mu}{2}z})h(z)\mathrm{d}z$$

所以

$$f_Z(z)=F_Z'(z)=\begin{cases}\dfrac{\lambda\mu}{3\mu-2\lambda}(e^{-\frac{\lambda}{3}z}-e^{-\frac{\mu}{2}z}), & z>0\\ 0, & z\leqslant 0\end{cases}$$

例 15　设随机变量 X,Y 相互独立,其密度函数分别为

$$f_X(x)=\begin{cases}e^{-x}, & x>0\\ 0, & x\leqslant 0\end{cases},\quad f_Y(y)=\begin{cases}2y, & 0\leqslant y<1\\ 0, & \text{其他}\end{cases}$$

求 $Z = X + Y$ 的密度函数. （2005 年国防科技大学）

解 由于 X 与 Y 相互独立，所以 (X,Y) 的联合密度函数 $f(x,y) = f_X(x)f_Y(y)$.

方法一 分布函数法.

$$F_Z(z) = P(Z \leqslant z) = P(X + Y \leqslant z) =$$

$$\iint\limits_{x+y \leqslant z} f_X(x)f_Y(y)\mathrm{d}x\mathrm{d}y = \iint\limits_{D} 2ye^{-x}\mathrm{d}x\mathrm{d}y =$$

$$\begin{cases} \int_0^z \mathrm{d}y \int_0^{z-y} 2ye^{-x}\mathrm{d}x, & 0 \leqslant z \leqslant 1 \\ \int_0^1 \mathrm{d}y \int_0^{z-y} 2ye^{-x}\mathrm{d}x, & z > 1 \\ 0, & z < 0 \end{cases} =$$

$$\begin{cases} z^2 - 2z + 2 - 2e^{-z}, & 0 \leqslant z \leqslant 1 \\ 1 - 2e^{-z}, & z > 1 \\ 0, & z < 0 \end{cases}$$

所以 $Z = X + Y$ 的密度函数为

$$f_Z(z) = \begin{cases} 2z - 2 + 2e^{-z}, & 0 \leqslant z \leqslant 1 \\ 2e^{-z}, & z > 1 \\ 0, & z < 0 \end{cases}$$

方法二 积分变换法.

$$\int_{-\infty}^{+\infty}\int_{-\infty}^{+\infty} h(x+y)f(x,y)\mathrm{d}x\mathrm{d}y = \int_0^{+\infty}\mathrm{d}x\int_0^1 h(x+y) \cdot 2ye^{-x}\mathrm{d}y =$$

$$\int_0^{+\infty}\mathrm{d}x\int_x^{x+1} h(z) \cdot 2(z-x)e^{-x}\mathrm{d}z =$$

$$\int_0^1 h(z)\mathrm{d}z\int_0^z 2(z-x)e^{-x}\mathrm{d}x + \int_1^{+\infty} h(z)\mathrm{d}z\int_{z-1}^z 2(z-x)e^{-x}\mathrm{d}x =$$

$$\int_0^1 (2z - 2 + 2e^{-z})h(z)\mathrm{d}z + \int_1^{+\infty} 2e^{-z}h(z)\mathrm{d}z$$

即

$$f_Z(z) = \begin{cases} 2z - 2 + 2e^{-z}, & 0 \leqslant z \leqslant 1 \\ 2e^{-z}, & z > 1 \\ 0, & z < 0 \end{cases}$$

6.4　课后习题解答

1.设 X 的分布律为

X	−2	−0.5	0	2	4
概率	$\frac{1}{8}$	$\frac{1}{4}$	$\frac{1}{8}$	$\frac{1}{6}$	$\frac{1}{3}$

求出以下随机变量的分布律. $(1)X+2$; $(2)-X+1$; $(3)X^2$.

解　由 X 的分布律可列出下表:

X	−2	−0.5	0	2	4
$X+2$	0	1.5	2	4	6
$-X+1$	3	1.5	1	−1	−3
X^2	4	0.25	0	4	16
概率	$\frac{1}{8}$	$\frac{1}{4}$	$\frac{1}{8}$	$\frac{1}{6}$	$\frac{1}{3}$

由此上表可得:

(1) $X+2$ 的分布律为

$X+2$	0	$\frac{3}{2}$	2	4	6
概率	$\frac{1}{8}$	$\frac{1}{4}$	$\frac{1}{8}$	$\frac{1}{6}$	$\frac{1}{3}$

(2) $-X+1$ 的分布律为

$-X+1$	−3	−1	1	$\frac{3}{2}$	3
概率	$\frac{1}{3}$	$\frac{1}{6}$	$\frac{1}{8}$	$\frac{1}{4}$	$\frac{1}{8}$

(3) X^2 的分布律为

X^2	0	$\frac{1}{4}$	4	16
概率	$\frac{1}{8}$	$\frac{1}{4}$	$\frac{7}{24}$	$\frac{1}{3}$

其中 $P(X^2=4)=P(X=2)+P(X=-2)=\frac{1}{8}+\frac{1}{6}=\frac{7}{24}$

2.设随机变量 X 服从参数 $\lambda=1$ 的泊松分布,记随机变量

$$Y=\begin{cases}0, & X\leqslant 1 \\ 1, & X>1\end{cases}$$

试求随机变量 Y 的分布律.

解　由于 X 服从参数 $\lambda=1$ 的泊松分布,因此

$$P(X=k)=\frac{1^k}{k!}\mathrm{e}^{-1}=\frac{\mathrm{e}^{-1}}{k!}, \quad k=0,1,2,\cdots$$

而

$$P(Y=0)=P(X\leqslant 1)=P(X=0)+P(X=1)=\frac{\mathrm{e}^{-1}}{0!}+\frac{\mathrm{e}^{-1}}{1!}=2\mathrm{e}^{-1}$$

$$P(Y=1)=P(X>1)=1-P(X\leqslant 1)=1-2\mathrm{e}^{-1}$$

故 Y 的分布律为

Y	0	1
概率	$2\mathrm{e}^{-1}$	$1-2\mathrm{e}^{-1}$

3.设 X 的密度函数为

$$f(x)=\begin{cases}2x, & 0<x<1 \\ 0, & \text{其他}\end{cases}$$

求以下随机变量的密度函数:(1) $2X$;(2) $-X+1$;(3) X^2.

解　求连续型随机变量的函数的密度函数可通过先求其分布函数,然后再求密度函数. 如果 $y=g(x)$ 为单调可导函数,那么也可利用性质求得.

(1) **方法一**. 设 $Y=2X$,则 Y 的分布函数为

$$F_Y(y)=P(Y\leqslant y)=P(2X\leqslant y)=P(X\leqslant \frac{y}{2})=$$

$$\begin{cases} 0, & \dfrac{y}{2} < 0 \\[2mm] \int_0^{\frac{y}{2}} 2x\,\mathrm{d}x, & 0 \leqslant \dfrac{y}{2} < 1 \\[2mm] \int_0^1 2x\,\mathrm{d}x, & \dfrac{y}{2} \geqslant 1 \end{cases} = \begin{cases} 0, & y < 0 \\[2mm] \dfrac{y^2}{4}, & 0 \leqslant y < 2 \\[2mm] 1, & y \geqslant 2 \end{cases}$$

故得 $\qquad f_Y(y) = F_Y'(y) = \begin{cases} \dfrac{y}{2}, & 0 < y < 2 \\[2mm] 0, & \text{其他} \end{cases}$

方法二 $y = 2x, x = \dfrac{y}{2} = h(y)$，则 $h'(y) = \dfrac{1}{2}$，那么

$$f_Y(y) = f_X[h(y)]\,|h'(y)| = \begin{cases} 2 \cdot \dfrac{y}{2} \cdot \dfrac{1}{2}, & 0 < \dfrac{y}{2} < 1 \\[2mm] 0, & \text{其他} \end{cases} =$$

$$\begin{cases} \dfrac{y}{2}, & 0 < y < 2 \\[2mm] 0, & \text{其他} \end{cases}$$

(2) 设 $Y = -X + 1$，则 $x = 1 - y = h(y), h'(y) = -1, Y$ 的密度函数

$$f_Y(y) = f_x(h(y))\,|h'(y)| = \begin{cases} 2(1-y) \times (-1), & 0 < 1 - y < 1 \\ 0, & \text{其他} \end{cases} =$$

$$\begin{cases} 2(y-1), & 0 < y < 1 \\ 0, & \text{其他} \end{cases}$$

(3) 设 $Y = X^2$，由于 X 只取 $(0,1)$ 中的值，所以 $y = x^2$ 也为单调函数，其反函数 $h(y) = \sqrt{y}, h'(y) = \dfrac{1}{2}\dfrac{1}{\sqrt{y}}$，因此 Y 的密度函数为

$$f_Y(y) = f_X(h(y))\,|h'(y)| = \begin{cases} 2\sqrt{y} \cdot \dfrac{1}{2} \cdot \dfrac{1}{\sqrt{y}}, & 0 < \sqrt{y} < 1 \\[2mm] 0, & \text{其他} \end{cases} =$$

$$\begin{cases} 1, & 0 < y < 1 \\ 0, & \text{其他} \end{cases}$$

4.对圆片直径进行测量,测量值 X 服从 $(5,6)$ 上的均匀分布,求圆面积 Y 的概率密度.

解 圆面积 $Y = \dfrac{1}{4}\pi X^2.$ 由于 X 均匀取 $(5,6)$ 中的值,所以 X 的密度函数为

$$f_X(x) = \begin{cases} 1, & 5 < x < 6 \\ 0, & \text{其他} \end{cases}$$

且 $y = \dfrac{1}{4}\pi x^2$ 为单调增函数($x \in (5,6)$)，其反函数为

$$h(y) = \sqrt{\dfrac{4y}{\pi}} = \dfrac{2\sqrt{y}}{\sqrt{\pi}}, \quad h'(y) = \dfrac{2}{\sqrt{\pi}}\dfrac{1}{2}\dfrac{1}{\sqrt{y}} = \dfrac{1}{\sqrt{\pi y}}$$

Y 的密度函数为
$$f_Y(y) = f_X(h(y))\left|h'(y)\right| =$$

$$\begin{cases} \dfrac{1}{\sqrt{\pi y}}, & 5 < \dfrac{2\sqrt{y}}{\sqrt{\pi}} < 6 \\ 0, & \text{其他} \end{cases} = \begin{cases} \dfrac{1}{\sqrt{\pi y}}, & \dfrac{25}{4}\pi < y < 9\pi \\ 0, & \text{其他} \end{cases}$$

5. 设随机变量 X 服从正态分布 $N(0,1)$，试求随机变量的函数 $Y = X^2$ 的密度函数 $f_Y(y)$.

解　$X \sim N(0,1)$，则有

$$f_X(x) = \dfrac{1}{\sqrt{2\pi}}\mathrm{e}^{-\frac{x^2}{2}}, \quad -\infty < x < +\infty$$

此时 $y = x^2$ 不是单调函数，不能直接利用性质求出 $f_Y(y)$. 须先求 Y 的分布函数 $f_Y(y)$.

$$F_Y(y) = P(Y \leqslant y) = P(X^2 \leqslant y) = \begin{cases} 0, & y < 0 \\ P(-\sqrt{y} \leqslant X \leqslant \sqrt{y}), & y \geqslant 0 \end{cases}$$

$$P(-\sqrt{y} \leqslant X \leqslant \sqrt{y}) = \int_{-\sqrt{y}}^{\sqrt{y}} f_X(x)\,\mathrm{d}x = \int_{-\sqrt{y}}^{\sqrt{y}} \dfrac{1}{\sqrt{2\pi}}\mathrm{e}^{-\frac{x^2}{2}}\,\mathrm{d}x$$

$$f_Y(y) = F_Y'(y) = \begin{cases} \dfrac{1}{\sqrt{2\pi}}\mathrm{e}^{-\frac{y}{2}}\dfrac{1}{2\sqrt{y}} + \dfrac{1}{\sqrt{2\pi}}\mathrm{e}^{-\frac{y}{2}}\dfrac{1}{2\sqrt{y}}, & y > 0 \\ 0, & \text{其他} \end{cases} =$$

$$\begin{cases} \dfrac{1}{\sqrt{2\pi y}}\mathrm{e}^{-\frac{y}{2}}, & y > 0 \\ 0, & \text{其他} \end{cases}$$

6. 设随机变量 X 服从参数 $\lambda = 1$ 的指数分布，求随机变量的函数 $Y = \mathrm{e}^X$ 的密度函数 $f_Y(y)$.

解　由已知条件得关于随机变量 X 的密度函数为
$$f_X(x) = \begin{cases} \mathrm{e}^{-x}, & x > 0 \\ 0, & \text{其他} \end{cases}$$

而 $y = \mathrm{e}^x$ 的反函数 $h(y) = \ln y, h'(y) = \dfrac{1}{y}$. 因此, Y 的密度函数为

$$f_Y(y) = f_X[h(y)]\,|h'(y)| = \begin{cases} \mathrm{e}^{-\ln y} \cdot \dfrac{1}{y}, & \ln y > 0 \\ 0, & \text{其他} \end{cases} = \begin{cases} \dfrac{1}{y^2}, & y > 1 \\ 0, & \text{其他} \end{cases}$$

7. 设 X 服从 $N(0,1)$, 证明 $\sigma X + a$ 服从 $N(a,\sigma)$, 其中 a,σ 为两个常数, 且 $\sigma > 0$.

证　由于 $X \sim N(0,1)$, 所以

$$f_X(x) = \frac{1}{\sqrt{2\pi}} \mathrm{e}^{-\frac{x^2}{2}}, \quad -\infty < x < +\infty$$

记 $Y = \sigma X + a$, 则当 $\sigma > 0$ 时, $y = \sigma X + a$ 为单调增函数, 其反函数

$$h(y) = \frac{y-a}{\sigma}, \quad h'(y) = \frac{1}{\sigma}$$

因此 Y 的密度函数为

$$f_Y(y) = f_X[h(y)]\,|h'(y)| = \frac{1}{\sqrt{2\pi}} \mathrm{e}^{-\frac{1}{2}\left(\frac{y-a}{\sigma}\right)^2} \cdot \frac{1}{\sigma} =$$

$$\frac{1}{\sqrt{2\pi}\,\sigma} \mathrm{e}^{\frac{(y-a)^2}{2\sigma^2}}, \quad -\infty < y < +\infty$$

即证明了 $\sigma X + a \sim N(a,\sigma^2)$.

8. 设随机变量 X 在区间 $[-1,2]$ 上服从均匀分布, 随机变量为

$$Y = \begin{cases} 1, & X > 0 \\ 0, & X = 0 \\ -1, & X < 0 \end{cases}$$

试求随机变量函数 Y 的分布律.

解　$X \sim R[-1,2]$, 则有

$$f(x) = \begin{cases} \dfrac{1}{3}, & -1 < x < 2 \\ 0, & \text{其他} \end{cases}$$

而　　　　$P(Y = -1) = P(X < 0) = \displaystyle\int_{-1}^{0} \frac{1}{3}\,\mathrm{d}x = \frac{1}{3}$

$$P(Y = 0) = P(X = 0) = 0$$

$$P(Y = 1) = P(X > 0) = \int_{0}^{2} \frac{1}{3}\,\mathrm{d}x = \frac{2}{3}$$

因此所求分布律为

Y	−1	1
概率	$\frac{1}{3}$	$\frac{2}{3}$

9. 设二维随机变量 (X,Y) 的分布律为

X ＼ Y	1	2	3
1	$\frac{1}{4}$	$\frac{1}{4}$	$\frac{1}{8}$
2	$\frac{1}{8}$	0	0
3	$\frac{1}{8}$	$\frac{1}{8}$	0

求以下随机变量的分布律:(1) $X+Y$;(2) $X-Y$;(3) $2X$;(4) XY.

解　由已知得下表:

(X,Y)	$(1,1)$	$(1,2)$	$(1,3)$	$(2,1)$	$(2,2)$	$(2,3)$	$(3,1)$	$(3,2)$	$(3,3)$
$X+Y$	2	3	4	3	4	5	4	5	6
$X-Y$	0	−1	−2	1	0	−1	2	1	0
$2X$	2	2	2	4	4	4	6	6	6
XY	1	2	3	2	4	6	3	6	9
概率	$\frac{1}{4}$	$\frac{1}{4}$	$\frac{1}{8}$	$\frac{1}{8}$	0	0	$\frac{1}{8}$	$\frac{1}{8}$	0

所以得到:

(1) $X+Y$ 的分布律为

$X+Y$	2	3	4	5
概率	$\frac{1}{4}$	$\frac{3}{8}$	$\frac{1}{4}$	$\frac{1}{8}$

(2) $X-Y$ 的分布律为

$X-Y$	-2	-1	0	1	2
概率	$\frac{1}{8}$	$\frac{1}{4}$	$\frac{1}{4}$	$\frac{1}{4}$	$\frac{1}{8}$

(3) $2X$ 的分布律为

$2X$	2	4	6
概率	$\frac{5}{8}$	$\frac{1}{8}$	$\frac{1}{4}$

(4) XY 的分布律为

XY	1	2	3	6
概率	$\frac{1}{4}$	$\frac{3}{8}$	$\frac{1}{4}$	$\frac{1}{8}$

10. 设随机变量 X,Y 相互独立，$X\sim B(1,\frac{1}{4})$，$Y\sim B(1,\frac{1}{4})$．(1) 记随机变量 $Z=X+Y$，求 Z 的分布律；(2) 记随机变量 $U=2X$，求 U 的分布律.

解　(1) 由于

$$X\sim B(1,\frac{1}{4})\ ,Y\sim B(1,\frac{1}{4})$$

且 X 与 Y 独立，由分布可加性知 $X+Y\sim B(2,\frac{1}{4})$，即

$$P(Z=k)=P(X+Y=k)=C_4^k\left(\frac{1}{4}\right)^k\left(\frac{3}{4}\right)^{2-k},\quad k=0,1,2$$

经计算有

Z	0	1	2
概率	$\frac{9}{16}$	$\frac{6}{16}$	$\frac{1}{16}$

（2）由于

X	0	1
概率	$\dfrac{3}{4}$	$\dfrac{1}{4}$

因此

$U=2X$	0	1
概率	$\dfrac{3}{4}$	$\dfrac{1}{4}$

【注】易见 $X+Y$ 与 $2X$ 的分布并不相同.直观的解释是 $X+Y$ 与 $2X$ 的取值并不相同,这是因为 X 与 Y 并不一定同时取同一值,所以导致它们的分布也不同.

11.设二维随机变量 (X,Y) 的联合分布律为

X＼Y	1	2	3
1	$\dfrac{1}{9}$	0	0
2	$\dfrac{2}{9}$	$\dfrac{1}{9}$	0
3	$\dfrac{2}{9}$	$\dfrac{2}{9}$	$\dfrac{1}{9}$

（1）求 $U=\max(X,Y)$ 的分布律;（2）求 $V=\min(X,Y)$ 的分布律.

解　（1）随机变量 U 可能取到的值为 $1,2,3$ 中的一个,且

$$P(U=1)=P(\max(X,Y)=1)=P(X=1,Y=1)=\frac{1}{9}$$

$$P(U=2)=P(\max(X,Y)=2)=P(X=1,Y=2)+$$
$$P(X=2,Y=1)+P(X=2,Y=2)=$$
$$0+\frac{2}{9}+\frac{1}{9}=\frac{1}{3}$$

$$P(U=3)=P(\max(X,Y)=3)=P(X=1,Y=3)+$$

$$P(X=2,Y=3)+P(X=3,Y=1)+$$
$$P(X=3,Y=2)+P(X=3,Y=3)=$$
$$0+0+\frac{2}{9}+\frac{2}{9}+\frac{1}{9}=\frac{5}{9}$$

于是随机变量 U 的分布律为

U	1	2	3
概率	$\frac{1}{9}$	$\frac{1}{3}$	$\frac{5}{9}$

(2) 随机变量 V 可能取到的值为 $1,2,3$ 中的一个,且
$$P(V=1)=P(\min(X,Y)=1)=P(X=1,Y=1)+$$
$$P(X=1,Y=2)+P(X=1,Y=3)+$$
$$P(X=2,Y=1)+P(X=3,Y=1)=$$
$$\frac{1}{9}+0+0+\frac{2}{9}+\frac{2}{9}=\frac{5}{9}$$

同理,可求得 $P(V=2)=\frac{1}{3},P(V=3)=\frac{1}{9}$,从而 V 的分布律为

V	1	2	3
概率	$\frac{5}{9}$	$\frac{1}{3}$	$\frac{1}{9}$

12. 设二维随机变量 (X,Y) 服从在 D 上的均匀分布,其中 D 为直线 $x=0$, $y=0,x=2,y=2$ 所围成的区域,求 $X-Y$ 的分布函数及密度函数.

解 (X,Y) 的联合密度函数为

$$f(x,y)=\begin{cases}\frac{1}{4}, & 0<x<2,0<y<2 \\ 0, & 其他\end{cases}$$

设 $Z=X-Y$,则 Z 的分布函数为
$$F_Z(z)=P(Z\leqslant z)=P(X-Y\leqslant z)=\iint\limits_{D_z}f(x,y)\mathrm{d}x\mathrm{d}y$$

其中区域 $D_z=\{(x,y)\mid x-y\leqslant z\}$.

当 $z<-2$ 时,有 $F_Z(z)=\iint\limits_{D_z}0\mathrm{d}x\mathrm{d}y=0$.

当 $-2 \leqslant z < 0$ 时,有

$$F_Z(z) = \iint\limits_{D_z} f(x,y)\,dx\,dy = \iint\limits_{D_z'} \frac{1}{4}\,dx\,dy = \frac{1}{4} \times \frac{1}{2}(2+z)^2 = \frac{1}{8}(2+z)^2$$

其中 $D_z' = \{(x,y) \mid 0 < x < 2, 0 < y < 2\} \bigcap D$.

当 $0 \leqslant z < 2$ 时,有

$$F_Z(z) = \iint\limits_{D_z} f(x,y)\,dx\,dy = \iint\limits_{D_z'} \frac{1}{4}\,dx\,dy = \int_0^{2+z} dx \int_{x-z}^2 \frac{1}{4}\,dy =$$

$$\frac{1}{4} \times \left[4 - \frac{1}{2} \times (2-z) \right]^2$$

当 $z \geqslant 2$ 时,有

$$F_Z(z) = \iint\limits_{D_z} f(x,y)\,dx\,dy = \iint\limits_{D_z'} \frac{1}{4}\,dx\,dy = \int_0^2 dx \int_0^2 \frac{1}{4}\,dy = 1$$

综上所述

$$F_Z(z) = \begin{cases} 0, & z < -2 \\ \dfrac{1}{8}(2+z)^2, & -2 \leqslant z < 0 \\ 1 - \dfrac{1}{8}(2-z)^2, & 0 \leqslant z < 2 \\ 1, & z \geqslant 2 \end{cases}$$

那么 Z 的密度函数为

$$f_Z(z) = F_Z'(z) = \begin{cases} \dfrac{1}{4}(2+z), & -2 < z \leqslant 0 \\ \dfrac{1}{4}(2-z), & 0 \leqslant z < 2 \\ 0, & \text{其他} \end{cases}$$

13. 设 (X,Y) 的密度函数为 $f(x,y)$,用函数 f 表达随机变量 $X+Y$ 的密度函数.

解   设 $Z = X+Y$,则 Z 的分布函数

$$F_Z(z) = P(Z \leqslant z) = P(X+Y \leqslant z) = \iint\limits_{x+y \leqslant z} f(x,y)\,dx\,dy =$$

$$\int_{-\infty}^{+\infty} dx \int_{-\infty}^{z-x} f(x,y)\,dy$$

对积分变量 y 作变换 $u = x+y$,得到

$$\int_{-\infty}^{z-x} f(x,y)\,dy = \int_{-\infty}^z f(x, u-x)\,du$$

于是得

$$F_Z(z) = \int_{-\infty}^{+\infty} \left\{ \int_{-\infty}^{z} f(x, u-x) \mathrm{d}u \right\} \mathrm{d}x$$

交换积分变量 x, u 的次序,得

$$F_Z(z) = \int_{-\infty}^{z} \left\{ \int_{-\infty}^{+\infty} f(x, u-x) \mathrm{d}x \right\} \mathrm{d}u$$

故 Z 的密度函数为

$$f_Z(z) = \int_{-\infty}^{+\infty} f(x, z-x) \mathrm{d}x$$

把 X 与 Y 的位置对换,同样可得到 Z 的密度函数的另一种形式

$$f_Z(z) = \int_{-\infty}^{+\infty} f(z-y, y) \mathrm{d}y$$

第7章

随机变量的数字特征

7.1　重点及知识点辅导与精析

7.1.1　随机变量的数学期望

1. 数学期望的概念

(1) 离散型. 设离散型随机变量 X 的分布律为 $p_i = P(X = x_i)$，其中 $i = 1$，$2, \cdots$. 若 $\sum\limits_{i=1}^{+\infty} |x_i| p_i < +\infty$，则称 $\sum\limits_{i=1}^{+\infty} x_i p_i$ 为随机变量 X 的数学期望，简称期望，记为 $E(X)$，即

$$E(X) = \sum_k x_k p_k$$

(2) 连续型. 设连续型随机变量 X 的密度函数为 $f(x)$. 若

$$\int_{-\infty}^{+\infty} |x| f(x) \mathrm{d}x < +\infty$$

则称积分 $\int_{-\infty}^{+\infty} x f(x) \mathrm{d}x$ 的值为随机变量 X 的数学期望，记为 $E(X)$，即

$$E(X) = \int_{-\infty}^{+\infty} x f(x) \mathrm{d}x$$

2. 随机变量函数的数学期望

(1) 一维随机变量函数的期望. 设 Y 是随机变量 X 的函数，$Y = g(X)$（g 是连续函数）.

1) X 是离散型随机变量，它的分布律为 $p_i = P(X = x_i)$，其中 $i = 1, 2, \cdots$.

若 $\sum\limits_{i=1}^{+\infty} |g(x_i)|\, p_i < +\infty$, 则有 $E(Y)=E[g(X)]=\sum\limits_{i=1}^{+\infty} g(x_i)p_i$.

2）X 是连续型随机变量, 它的密度函数为 $f(x)$. 若 $\int_{-\infty}^{+\infty} |g(x)|\, f(x)\mathrm{d}x <$ $+\infty$, 则有 $E(Y)=E[g(X)]=\int_{-\infty}^{+\infty} g(x)f(x)\mathrm{d}x$.

（2）二维随机变量函数的期望: 设 Z 是随机变量 X,Y 的函数, $Z=g(X,Y)$（g 是连续函数）, 那么 Z 是一个一维随机变量.

1）若二维离散型随机变量 (X,Y) 的分布律为 $p_{ij}=P\{X=x_i, Y=y_j\}$, i, $j=1,2,\cdots$, 且 $\sum\limits_j \sum\limits_i |g(x_i,y_j)|\, p_{ij} < +\infty$, 则有

$$E(Z)=E[g(X,Y)]=\sum_j \sum_i g(x_i,y_j)p_{ij}$$

2）若二维连续型随机变量 (X,Y) 的密度函数为 $f(x,y)$, 且

$$\int_{-\infty}^{+\infty}\int_{-\infty}^{+\infty} |g(x,y)|\, f(x,y)\mathrm{d}x\mathrm{d}y < +\infty$$

则有
$$E(Z)=E[g(X,Y)]=\int_{-\infty}^{+\infty}\int_{-\infty}^{+\infty} g(x,y)f(x,y)\mathrm{d}x\mathrm{d}y$$

3. 数学期望的性质

（1）设 C 是常数, 则有 $E(C)=C$.

（2）设 X 是一个随机变量, C 是常数, 则有 $E(CX)=CE(X)$.

（3）设 X,Y 是两个随机变量, 则有 $E(X+Y)-E(X)+E(Y)$.

（4）设 X,Y 是两个相互独立的随机变量, 则有 $E(XY)=E(X)E(Y)$.

7.1.2 随机变量的方差

1. 方差的概念

设 X 是一随机变量, 若 $E\{[X-E(X)]^2\}$ 存在, 则称 $E\{[X-E(X)]^2\}$ 为 X 的方差, 记为 $D(X)$ 或 $\mathrm{Var}(X)$, 即

$$D(X)=\mathrm{Var}(X)=E\{[X-E(X)]^2\}$$

称 $\sqrt{D(X)}$ 为 X 的标准差, 记为 σ_X.

2. 方差的计算公式

若随机变量 X 的方差存在, 则有 $D(X)=E(X^2)-[E(X)]^2$.

3. 方差的性质

(1) 设 C 是常数,则 $D(C) = 0$.

(2) 设 X 是随机变量,C 是常数,则有 $D(CX) = C^2 D(X)$.

(3) 若 X, Y 相互独立,则 $D(X \pm Y) = D(X) + D(Y)$.

(4) $D(X) = 0$ 的充分必要条件是 X 以概率 1 取常数 C,即 $P(X = C) = 1$.

7.3.1　协方差和相关系数

1. 协方差的概念

若 $E\{[X - E(X)][Y - E(Y)]\}$ 存在,则称其为随机变量 X 与 Y 的协方差,记为 $\mathrm{cov}(X, Y)$,即 $\mathrm{cov}(X, Y) = E\{[X - E(X)][Y - E(Y)]\}$.

2. 协方差性质

(1) $\mathrm{cov}(X, Y) = \mathrm{cov}(Y, X)$,　　$\mathrm{cov}(X, X) = D(X)$.

(2) $D(X + Y) = D(X) + D(Y) + 2\mathrm{cov}(X, Y)$.

(3) $\mathrm{cov}(X, Y) = E(XY) - E(X)E(Y)$.

(4) $\mathrm{cov}(aX, bY) = ab\,\mathrm{cov}(X, Y)$,$a, b$ 是常数.

(5) $\mathrm{cov}(X_1 + X_2, Y) = \mathrm{cov}(X_1, Y) + \mathrm{cov}(X_2, Y)$.

3. 相关系数的定义

若二维随机变量 (X, Y) 的方差及协方差存在,则称 $\dfrac{\mathrm{cov}(X, Y)}{\sqrt{D(X)}\,\sqrt{D(Y)}}$ 为随机变量 X 与 Y 的相关系数,记为 ρ_{XY}.

4. 相关系数的性质

(1) $|\rho_{XY}| \leqslant 1$.

(2) $|\rho_{XY}| = 1$ 的充分必要条件是 X 与 Y 以概率 1 呈线性关系,即存在常数 $a, b(b \neq 0)$,使 $P(Y = a + bX) = 1$.

5. 相关性

若随机变量 X 与 Y 的相关系数 $\rho_{XY} = 0$,则称 X 和 Y 不相关.

　　设随机变量 X 与 Y 的相关系数存在,若 X 与 Y 相互独立,则 X 与 Y 一定不相关.

7.1.4 大数定律与中心极限定理

1. 契比雪夫不等式

　　设随机变量 X 的均值 $E(X)$ 及方差 $D(X)$ 都存在,则对于任意给定的 $\varepsilon > 0$,有不等式

$$P(\mid X - E(X) \mid \geqslant \varepsilon) \leqslant \frac{D(X)}{\varepsilon^2}$$

2. 契比雪夫大数定律

　　设 $X_1, X_2, \cdots, X_n, \cdots$ 是相互独立的随机变量序列,其期望与方差都存在,且存在常数 c,使 $D(X_i) \leqslant c(i = 1, 2, \cdots)$,则对于任意给定的 $\varepsilon > 0$,有

$$\lim_{n \to \infty} P(\mid \frac{1}{n} \sum_{i=1}^{n} X_i - \frac{1}{n} \sum_{i=1}^{n} E(X_i) \mid < \varepsilon) = 1$$

3. 伯努利大数定律

　　设 $X_1, X_2, \cdots, X_n, \cdots$ 独立同分布,且 $\mu = E(X_i)$,$\sigma^2 = D(X_i)(i = 1, 2, \cdots)$ 存在,则对于任意给定的 $\varepsilon > 0$,有

$$\lim_{n \to \infty} P(\mid \overline{X} - \mu \mid < \varepsilon) = 1$$

其中,$\overline{X} = \frac{1}{n} \sum_{i=1}^{n} X_i$.

7.1.5　中心极限定理

1. 德莫佛-拉普拉斯定理

　　设 $X_1, X_2, \cdots, X_n, \cdots$ 是相互独立的随机变量序列,且 $X_i \sim B(1, p)(i = 1, 2, \cdots)$,$Y_n = \sum_{i=1}^{n} X_i$,则对于任意 x,总有

$$\lim_{n \to \infty} P\left(\frac{Y_n - np}{\sqrt{np(1-p)}} \leqslant x \right) = \int_{-\infty}^{x} \frac{1}{\sqrt{2\pi}} e^{-\frac{t^2}{2}} dt$$

2.独立同分布中心极限定理

设 $X_1,X_2,\cdots,X_n,\cdots$ 是一个独立同分布的随机变量序列,且 $E(X_i)=\mu$, $D(X_i)=\sigma^2 \neq 0\ (i=1,2,\cdots)$,则对于任意 x,总有

$$\lim_{n\to\infty}P\left(\frac{\sum_{k=1}^{n}X_k-n\mu}{\sqrt{n}\sigma}\leqslant x\right)=\int_{-\infty}^{x}\frac{1}{\sqrt{2\pi}}e^{-\frac{t^2}{2}}dt$$

7.2　难点及典型例题辅导与精析

例1 甲、乙两人进行打靶,所得分数分别记为 X,Y,它们的分布律分别为

X	0	1	2
P	0	0.2	0.8

Y	0	1	2
P	0.6	0.3	0.1

试评定他们的射击水平的好坏.

解 依题意有

$$E(X)=0\times0+1\times0.2+2\times0.8=1.8$$
$$E(X^2)=0^2\times0+1^2\times0.2+2^2\times0.8=3.4$$
$$D(X)=E(X^2)-E^2(X)=3.4-(1.8)^2=0.16$$
$$E(Y)=0\times0.6+1\times0.3+2\times0.1=0.5$$
$$E(Y^2)=0^2\times0.6+1^2\times0.3+2^2\times0.1=0.7$$
$$D(Y)=E(Y^2)-E^2(Y)=0.7-(0.5)^2=0.45$$

显然 $E(X)>E(Y),D(X)<D(Y)$,即说明甲射手平均得分高于乙射手,而且也比乙射手更稳定,故甲射手的射击水平高于乙射手.

例2 箱内有 5 件产品,其中 2 件为次品,每次从箱中随机地取出一件产品,取后不放回,直到查出全部次品为止,求所需检验次数 X 的数学期望.

分析 对于离散型随机变量 X,需要先求出它的概率分布,而后根据数学期望的定义进行计算.

解 由题意,X 可能的取值为 $2,3,4,5$. 设 $A_i=\{$第 i 次取到次品$\}$,$i=1,2,3,4,5$,则有

$$P(X=2)=P(A_1A_2)=P(A_1)P(A_2\mid A_1)=\frac{2}{5}\times\frac{1}{4}=0.1$$

$$P(X=3)=P(A_1\overline{A}_2A_3+\overline{A}_1A_2A_3)=P(A_1\overline{A}_2A_3)+P(\overline{A}_1A_2A_3)=$$
$$P(A_1)P(\overline{A}_2\mid A_1)P(A_3\mid A_1\overline{A}_2)+$$
$$P(\overline{A}_1)P(A_2\mid\overline{A}_1)P(A_3\mid\overline{A}_1A_2)=$$
$$\frac{2}{5}\times\frac{3}{4}\times\frac{1}{3}+\frac{3}{5}\times\frac{2}{4}\times\frac{1}{3}=0.2$$

类似地,可求 $P(X=4)=0.3,P(X=5)=0.4.$ 则 X 的分布律为

X	2	3	4	5
概率	0.1	0.2	0.3	0.4

于是所需检验次数 X 的分布律为

$$E(X)=\sum_{i=2}^{5}iP(X=i)=2\times0.1+3\times0.2+4\times0.3+5\times0.4=4$$

例3 设随机变量 X 的分布律为

X	-2	0	2
概率	0.4	0.3	0.3

试求 $E(X),E(X^2),D(X).$

解 由数学期望的定义得
$$E(X)=-2\times0.4+0\times0.3+2\times0.3=-0.2$$
$$E(X^2)=(-2)^2\times0.4+0^2\times0.3+2^2\times0.3=2.8$$
$$D(X)=E(X^2)-[E(X)]^2=2.8-(-0.2)^2=2.76$$

例4 验证 $f(x)=\dfrac{1}{\pi(1+x^2)},x\in\mathbf{R}$,是一个概率密度,但具有这样概率密度的随机变量的数学期望不存在.

证 因为
$$f(x)=\frac{1}{\pi(1+x^2)}\geqslant0,\quad\int_{-\infty}^{+\infty}\frac{1}{\pi(1+x^2)}\mathrm{d}x=\frac{1}{\pi}\arctan x\mid_{-\infty}^{+\infty}=1$$

所以 $f(x)=\dfrac{1}{\pi(1+x^2)}$ 是一个随机变量的概率密度.

又因为
$$\int_0^{+\infty}\mid x\mid f(x)\mathrm{d}x=\int_0^{+\infty}\frac{x}{\pi(1+x^2)}\mathrm{d}x=\frac{1}{2\pi}\ln(1+x^2)\mid_0^{+\infty}=+\infty$$

即 $\int_{-\infty}^{+\infty}\mid x\mid f(x)\mathrm{d}x$ 发散,所以其数学期望不存在.

例5 设在时间 $(0,t)$ 内经搜索发现沉船的概率为 $P(t)=1-\mathrm{e}^{-\lambda t},\lambda>0,$

求发现沉船所需要的平均搜索时间.

解 设发现沉船所需要的时间为 T,则 $P(T \leqslant 0) = P(\varnothing) = 0$. 由题意

$$P(T \leqslant t) = P(0 < T \leqslant t) + P(T \leqslant 0) = 1 - \mathrm{e}^{-\lambda t}$$

得 T 的分布函数为

$$F(t) = \begin{cases} 1 - \mathrm{e}^{-\lambda t} & t > 0 \\ 0, & t \leqslant 0 \end{cases}$$

因此 T 的密度函数为

$$f(t) = \begin{cases} \lambda \mathrm{e}^{-\lambda t} & t > 0 \\ 0, & t \leqslant 0 \end{cases}$$

所以发现沉船所需要的平均时间

$$E(T) = \int_{-\infty}^{+\infty} t \cdot f(t)\mathrm{d}t = \int_0^{+\infty} t \cdot \lambda \mathrm{e}^{-\lambda t}\mathrm{d}t = \frac{1}{\lambda}$$

例 6 某银行开展定期定额有奖储蓄,定期一年,定额 60 元. 按规定 10 000 个户头中,一等奖 1 个,奖金 500 元;二等奖 10 个,各奖 100 元;三等奖 100 个,各奖 10 元;四等奖 1 000 个,各奖 2 元. 某人买了 5 个户头,他期望得到奖金多少元?

解 因为每一个户头获奖是等可能的,我们先计算一个户头奖金数 X 的期望. 依题意,X 的概率分布为

X	0	2	10	100	500
P	0.888 9	0.1	0.01	0.001	0.000 1

所以,X 的数学期望为

$$E(X) = 2 \times 0.1 + 10 \times 0.01 + 100 \times 0.001 + 500 \times 0.000\ 1 = 0.45 \text{ 元}$$

买 5 个户头的期望得奖数为

$$E(5X) = 5 \times 0.45 = 2.25 \text{ 元}$$

例 7 若有 n 把看上去样子相同的钥匙,其中只有一把能打开门上的锁. 用它们去试开门上的锁,设取到每只钥匙是等可能的,试就下面两种情况求试开次数 X 的均值及方差. (1)若每把钥匙试开一次后除去;(2)若每把钥匙试开一次后仍放回.

解 (1)打不开门上锁的钥匙除去的情况下,所需试开次数 X 的可能取值为 $1,2,\cdots,n$. 注意到 $X=i$ 意味着从第 1 次到第 $i-1$ 此均未能打开,第 i 次才打开,于是随机变量 X 的概率分布为

$$P(X=i) = \frac{1}{n} \qquad (i = 1, 2, \cdots, n)$$

由数学期望的定义得

$$E(X) = \sum_{i=1}^{n} i \times P(X=i) = \sum_{i=1}^{n} i \times \frac{1}{n} = \frac{n+1}{2}$$

又

$$E(X^2) = \sum_{i=1}^{n} i^2 P(X=i) =$$

$$\frac{1}{n} \sum_{i=1}^{n} i^2 = \frac{1}{n} \cdot \frac{n(n+1)(2n+1)}{6} = \frac{(n+1)(2n+1)}{6}$$

因此

$$D(X) = E(X^2) - E^2(X) = \frac{(n+1)(2n+1)}{6} - \frac{(n+1)^2}{4} = \frac{n^2-1}{12}$$

（2）由于试开不能打开锁后，钥匙仍放回，那么 X 的可能取值为 $1,2,\cdots,$ $n,\cdots$，其分布律为

$$P(X=i) = \frac{1}{n} \left(\frac{n-1}{n}\right)^{i-1} \qquad (i=1,2,\cdots,n\cdots)$$

于是

$$E(X) = \sum_{i=1}^{+\infty} i \times P(X=i) = \sum_{i=1}^{+\infty} i \times \frac{1}{n} \left(\frac{n-1}{n}\right)^{i-1} = \frac{1}{n} \left[\frac{1}{1-(\frac{n-1}{n})}\right]^2 = n$$

又

$$E(X^2) = \sum_{i=1}^{+\infty} i^2 P(X=i) = \sum_{i=1}^{+\infty} i^2 \frac{1}{n} \left(\frac{n-1}{n}\right)^{i-1} = n^2 \left(1+\frac{n-1}{n}\right)$$

所以

$$D(X) = E(X^2) - E^2(X) = n^2 \left(1+\frac{n-1}{n}\right) - n^2 = n(n-1)$$

例 8　设随机试验有 m 个等可能结果，求至少一个结果接连发生 k 次独立试验的数学期望.

解　设 E_k 为所求期望，则 E_{k-1} 是至少一个结果接连发生 $k-1$ 次独立试验的数学期望.

在一个结果接连发生 $k-1$ 次的条件下，有两种可能的情况：第一种情况是继续试验且同一结果发生，概率为 $\frac{1}{m}$；第二种情况是继续试验别的结果发生，概率为 $1-\frac{1}{m}$，然后从头开始.

由以上分析可知

$$E_k = E_{k-1} + 1 \times \frac{1}{m} + \left(1 - \frac{1}{m}\right)E_k$$

即 $E_k = mE_{k-1} + 1$. 又因 $E_1 = 1$，故

$$E_k = 1 + m + \cdots + m^{k-1} = \frac{m^k - 1}{m - 1}$$

例 9　设盒子中有 $2N$ 张卡片，其中两张标着 1，两张标着 2，…，两张标着 N. 现从中任取 m 张，求在盒中剩余的卡片中，仍然成对（即两张标着相同号码）对数的数学期望.

分析　将一个比较复杂的随机变量分解为若干个简单随机变量之和，在计算期望时就可利用它的性质，从而达到简化计算的目的.

解　设在盒中剩余的卡片中，仍然成对对数为 X. 令

$$X_i = \begin{cases} 1, & \text{第 } i \text{ 对仍留在盒中} \\ 0, & \text{第 } i \text{ 对至少有一张未留在盒中} \end{cases} \quad (i = 1, 2, \cdots, N)$$

则

$$X = X_1 + X_2 + \cdots + X_N$$

又因为

$$P(X_i = 1) = \frac{C_{2N-2}^m}{C_{2N}^m} = \frac{(2N - m)(2N - m - 1)}{(2N)(2N - 1)}$$

$$P(X_i = 0) = 1 - P(X_i = 1) = 1 - \frac{(2N - m)(2N - m - 1)}{(2N)(2N - 1)}$$

所以

$$E(X_i) = \frac{(2N - m)(2N - m - 1)}{(2N)(2N - 1)} \quad (i = 1, 2, \cdots, N)$$

因此

$$E(X) = E(X_1 + X_2 + \cdots + X_N) = N \times \frac{(2N - m)(2N - m - 1)}{(2N)(2N - 1)} =$$

$$\frac{(2N - m)(2N - m - 1)}{2(2N - 1)}$$

例 10　一辆民航班车载有 20 位旅客自机场开出，旅客有 10 个车站可以下车. 旅客在每个车站是否下车相互独立，在每个车站下车是等可能的. 无人下车时不停车. X 表示停车次数，求其期望.

分析　若直接计算随机变量的分布，并利用它来计算期望是很困难的，但若用期望的性质计算，则较为简单.

解　引入随机变量

$$X_i = \begin{cases} 0, & \text{在第 } i \text{ 个车站无人下车} \\ 1, & \text{在第 } i \text{ 个车站有人下车} \end{cases} \quad (i = 1, 2, \cdots, 10)$$

则停车次数 $X = \sum\limits_{i=1}^{10} X_i.$ 　　由已知得

$$P(X_i = 0) = \left(\frac{9}{10}\right)^{20}, \quad P(X_i = 1) = 1 - \left(\frac{9}{10}\right)^{20}$$

则有

$$E(X_i) = 1 - \left(\frac{9}{10}\right)^{20}$$

再由数学期望的性质,可得

$$E(X) = E(\sum_{i=1}^{10} X_i) = \sum_{i=1}^{10} E(X_i) = 10[1 - \left(\frac{9}{10}\right)^{20}] = 8.784$$

例 11　设有 n 只小球和 n 只能装小球的盒子,它们依次编有序号 $1, 2, \cdots,$ n. 今随机地将 n 只小球分别装入 n 只盒子,且每只盒子只需放一只小球. 试求两个序号恰好一致的数对个数的数学期望和方差.

解　设两个序号恰好一致的数对个数为 X. 如果直接计算 $E(X)$, $D(X)$,将感到非常困难,为此将 X 分解. 令

$$X_i = \begin{cases} 1, & \text{第 } i \text{ 个小球装入第 } i \text{ 个盒子} \\ 0, & \text{第 } i \text{ 个小球未装入第 } i \text{ 个盒子} \end{cases} \quad (i = 1, 2, \cdots, n)$$

则

$$X = X_1 + X_2 + \cdots + X_n$$

且

$$P(X_i = 0) = 1 - \frac{1}{n}, \qquad P(X_i = 1) = \frac{1}{n}$$

$$P(X_i X_j = 0) = 1 - \frac{1}{n(n-1)}, P(X_i X_j - 1) = \frac{1}{n(n-1)}, i \neq j$$

所以

$$E(X_i) = \frac{1}{n}, \quad E(X_i X_j) = \frac{1}{n(n-1)} \quad (i, j = 1, 2, \cdots, n; \quad i \neq j)$$

因此

$$E(X) = E(X_1 + X_2 + \cdots + X_n) = E(X_1) + E(X_2) + \cdots + E(X_n) =$$

$$n \times \frac{1}{n} = 1$$

$$E(X^2) = E(X_1 + X_2 + \cdots + X_n)^2 = E(\sum_{i=1}^{n} X_i^2 + 2 \sum_{1 \leqslant i < j \leqslant n} X_i X_j) =$$

$$\sum_{i=1}^{n} E(X_i^2) + 2 \sum_{1 \leqslant i < j \leqslant n} E(X_i X_j) =$$

$$n \times \frac{1}{n} + 2 \times C_n^2 \times \frac{1}{n(n-1)} = 2$$

$$D(X) = E(X^2) - E^2(X) = 1$$

例 12 设随机变量 X 的密度函数为

$$f(x) = \begin{cases} \dfrac{2}{\pi}\cos^2 x, & |x| \leqslant \dfrac{\sqrt{2}}{2} \\ 0, & \text{其他} \end{cases}$$

求 X 的数学期望和方差.

解 注意到奇函数在对称区间上积分等于零,而偶函数在对称区间上积分等于对原点右半部分区间积分的二倍.

$$E(X) = \int_{-\infty}^{+\infty} x f(x) \mathrm{d}x = \int_{-\frac{\pi}{2}}^{\frac{\pi}{2}} x \cdot \frac{2}{\pi}\cos^2 x \mathrm{d}x = 0$$

$$E(X^2) = \int_{-\infty}^{+\infty} x^2 f(x) \mathrm{d}x = \int_{-\frac{\pi}{2}}^{\frac{\pi}{2}} x^2 \cdot \frac{2}{\pi}\cos^2 x \mathrm{d}x =$$

$$2\int_{0}^{\frac{\pi}{2}} x^2 \cdot \frac{2}{\pi}\cos^2 x \mathrm{d}x = \frac{\pi^2}{12} - \frac{1}{2}$$

$$D(X) = E(X^2) - E^2(X) = \frac{\pi^2}{12} - \frac{1}{2}$$

例 13 轮船横向摇摆的随机振幅 X 的概率密度为

$$f(x) = \begin{cases} ax\mathrm{e}^{-\frac{x^2}{4}}, & x \geqslant 0 \\ 0, & \text{其他} \end{cases}$$

求:(1)$E(X)$;(2)遇到大于其振幅均值的概率为多少?

解 (1)先利用概率密度函数的性质求出常数 a 的值. 由 $\int_{-\infty}^{+\infty} f(x)\mathrm{d}x = 1$,可得 $a = \dfrac{1}{2}$. 所以

$$E(X) = \int_{-\infty}^{+\infty} xf(x)\mathrm{d}x = \int_{0}^{+\infty} \frac{x^2}{2}\mathrm{e}^{-\frac{x^2}{4}}\mathrm{d}x = \frac{\sqrt{\pi}}{2}\int_{-\infty}^{+\infty} x^2 \cdot \frac{1}{\sqrt{2\pi}\times\sqrt{2}}\mathrm{e}^{-\frac{x^2}{2(\sqrt{2})^2}}\mathrm{d}x = \sqrt{\pi}$$

(2)依题意可知,所求概率为

$$P(X > \sqrt{\pi}) = \int_{\sqrt{\pi}}^{+\infty} f(x)\mathrm{d}x = \int_{\sqrt{\pi}}^{+\infty} \frac{x}{2}\mathrm{e}^{-\frac{x^2}{4}}\mathrm{d}x = \mathrm{e}^{-\frac{\pi}{4}}$$

例 14 设长方形的高(以 m 计)X 服从区间$[0,2]$上均匀分布,已知长方形的周长(单位:m)为 20,求长方形面积的数学期望和方差.

解 根据已知条件,长方形的宽为 $10 - X$,于是其面积为

$$S = X(10 - X)$$

则　　$E(S) = E[X(10 - X)] = E[10X - X^2] = 10E(X) - E(X^2)$

又因为 $X \sim R[0,2]$，所以 $E(X) = 1, D(X) = \dfrac{2^2}{12} = \dfrac{1}{3}$，从而

$$E(X^2) = D(X) + E^2(X) = \frac{4}{3}$$

故长方形面积的数学期望为

$$E(S) = 10 \times 1 - \frac{4}{3} = \frac{26}{3}$$

又

$$D(S) = E(S^2) - E^2(S) = E[X^2 (10-X)^2] - E^2(S) =$$

$$\int_{-\infty}^{+\infty} x^2 (10-x)^2 f(x) dx - E^2(S) =$$

$$\int_0^2 x^2 (10-x)^2 \frac{1}{2} dx - E^2(S) = \frac{964}{45}$$

例 15   游客乘电梯从底层到电视塔顶层观光，电梯于每个整点的第 5 分钟、25 分钟和 55 分钟从底层起行. 假设一游客在早上 8 点的第 X 分钟到达底层候梯处，且 X 在 $[0,60]$ 上服从均匀分布，求该游客等候时间的数学期望.

分析   注意到随机变量 X 并不表示游客的等候时间，因此应先求出等候时间的表达式，再利用随机变量函数的数学期望计算公式即可求得结果.

解   因为 X 在 $[0,60]$ 上服从均匀分布，所以其密度函数

$$f_X(x) = \begin{cases} \dfrac{1}{60}, & 0 \leqslant x \leqslant 60 \\ 0, & \text{其他} \end{cases}$$

设 Y 表示游客等候电梯的时间. 由题意得

$$Y = g(X) = \begin{cases} 5-X, & 0 < X \leqslant 5 \\ 25-X, & 5 < X \leqslant 25 \\ 55-X, & 25 < X \leqslant 55 \\ 60-X+5, & 55 < X \leqslant 60 \end{cases}$$

于是有

$$E(Y) = E[g(X)] = \int_{-\infty}^{+\infty} g(x) f_X(x) dx =$$

$$\int_0^5 (5-x) \cdot \frac{1}{60} dx + \int_5^{25} (25-x) \cdot \frac{1}{60} dx +$$

$$\int_{25}^{55} (55-x) \cdot \frac{1}{60} dx + \int_{55}^{60} (65-x) \cdot \frac{1}{60} dx = 11.67$$

例 16   设某种产品每周需求量 Q 取 $1,2,3,4,5$ 是等可能的，生产每件产

品的成本 $C_1 = 3$ 元,每件产品的售价 $C_2 = 9$ 元,没有售出的产品以每件 $C_3 = 1$ 元的费用存入仓库. 问生产者每周生产多少件产品能使所获得利润的期望最大?

分析　先找出利润与每周生产产品数量之间的关系. 求销售利润最大时的生产量,就是求利润期望的最大值点.

解　设每周产量为 N,则每周的利润

$$T = \begin{cases} (C_2 - C_1)N, & Q > N \\ C_2 Q - C_1 N - C_3(N - Q), & Q \leqslant N \end{cases} = \begin{cases} 6N, & Q > N \\ 10Q - 4N, & Q \leqslant N \end{cases}$$

利润的期望值

$$E(T) = 6NP(Q > N) + (10Q - 4N)P(Q \leqslant N) =$$

$$6N \sum_{n=N+1}^{5} \frac{1}{5} + 10 \sum_{n=1}^{N} n \cdot \frac{1}{5} - 4N \sum_{n=1}^{N} \frac{1}{5} =$$

$$\frac{6}{5}N(5 - N) + \frac{10}{5} \cdot \frac{N(N+1)}{2} - \frac{4}{5}N^2 = 7N - N^2$$

令

$$\frac{\mathrm{d}E(T)}{\mathrm{d}N} = 7 - 2N = 0$$

则 $N = \dfrac{7}{2}$. 又

$$\frac{\mathrm{d}^2 E(T)}{\mathrm{d}N^2} = -2 < 0$$

即当 $N = 3.5$ 时,所期望的利润达到最大值. 由于需求量 Q 与生产量 N 应取整数,且

$$E(T)\mid_{N=3} = E(T)\mid_{N=4} = 12$$

所以取 $N = 3$ 或 $N = 4$,此时利润的最大期望值为 12 元.

例 17　一商店经销某种商品,假设每周进货量 X 与顾客的需求量 Y 是相互独立的随机变量,且都在 $[10, 20]$ 上服从均匀分布. 商店每销售出一单位的商品可收入 1 000 元;若需求量超过了进货量,该商店可从其他商店调剂供应,每调剂一单位商品售出后可收入 500 元. 求此商店每周的平均收入.

解　设该商店每周的收入为 Z. 由题意得

$$Z = g(X, Y) = \begin{cases} 1\,000Y, & X \geqslant Y \\ 1\,000X + 500(Y - X), & X < Y \end{cases} =$$

$$\begin{cases} 1\,000Y, & X \geqslant Y \\ 500(X + Y), & X < Y \end{cases}$$

又因为 X 与 Y 相互独立,且都在 $[10, 20]$ 上服从均匀分布,所以

$$f(x,y) = f_X(x)f_Y(y) = \begin{cases} \dfrac{1}{100}, & 10 \leqslant x \leqslant 20, 10 \leqslant y \leqslant 20 \\ 0, & \text{其他} \end{cases}$$

因此

$$E(Z) = \int_{-\infty}^{+\infty}\int_{-\infty}^{+\infty} g(x,y)f(x,y)\mathrm{d}x = \int_{10}^{20}\mathrm{d}x\int_{10}^{x}1000y\cdot\dfrac{1}{100}\mathrm{d}y +$$

$$\int_{10}^{20}\mathrm{d}x\int_{x}^{20}500(x+y)\cdot\dfrac{1}{100}\mathrm{d}y = 14\ 166.67$$

例 18　设二维随机变量(X,Y)的概率密度为

$$f(x,y) = \begin{cases} \dfrac{1}{y}\mathrm{e}^{-(y+\frac{x}{y})}, & x > 0, y > 0 \\ 0, & \text{其他} \end{cases}$$

求 $E(X), E(Y), E(XY)$.

分析　本题不必计算边缘分布及随机变量函数的分布密度,只要按照随机变量函数的期望的计算方法即可.

解　由已知条件可得

$$E(X) = \int_{-\infty}^{+\infty}\int_{-\infty}^{+\infty} xf(x,y)\mathrm{d}x\mathrm{d}y = \int_{0}^{+\infty}\mathrm{d}y\int_{0}^{+\infty}\dfrac{x}{y}\mathrm{e}^{-(y+\frac{x}{y})}\mathrm{d}x =$$

$$\int_{0}^{+\infty} y\mathrm{e}^{-y}\mathrm{d}y = 1$$

$$E(Y) = \int_{-\infty}^{+\infty}\int_{-\infty}^{+\infty} yf(x,y)\mathrm{d}x\mathrm{d}y = \int_{0}^{+\infty}\mathrm{d}y\int_{0}^{+\infty}\mathrm{e}^{-(y+\frac{x}{y})}\mathrm{d}x = \int_{0}^{+\infty} y\mathrm{e}^{-y}\mathrm{d}y = 1$$

$$E(XY) = \int_{-\infty}^{+\infty}\int_{-\infty}^{+\infty} xyf(x,y)\mathrm{d}x\mathrm{d}y = \int_{0}^{+\infty}\mathrm{d}y\int_{0}^{+\infty} x\mathrm{e}^{-(y+\frac{x}{y})}\mathrm{d}x =$$

$$\int_{0}^{+\infty} y^2\mathrm{e}^{-y}\mathrm{d}y = 2$$

例 19　设随机变量 $X_1, X_2, \cdots, X_n$ 相互独立,且都服从数学期望为 1 的指数分布,求 $Z = \max\{X_1, X_2, \cdots, X_n\}$ 的数学期望和方差.

解　由已知条件可得 $X_i(i=1,2,\cdots,n)$ 的分布函数为

$$F(x) = \begin{cases} 1-\mathrm{e}^{-x}, & x > 0 \\ 0, & x \leqslant 0 \end{cases}$$

那么 $Z = \max\{X_1, X_2, \cdots, X_n\}$ 的分布函数为

$$F_Z(z) = 1 - [1-F(z)]^n = \begin{cases} 1-\mathrm{e}^{-nz}, & z > 0 \\ 0, & z \leqslant 0 \end{cases}$$

Z 的密度函数为

$$f_Z(z) = \begin{cases} n\mathrm{e}^{-nz}, & z > 0 \\ 0, & z \leqslant 0 \end{cases}$$

于是得

$$E(Z) = \int_{-\infty}^{+\infty} z f_Z(z)\mathrm{d}z = \int_0^{+\infty} z \cdot n\mathrm{e}^{-nz}\mathrm{d}z =$$

$$-z\mathrm{e}^{-nz} \mid_0^{+\infty} + \int_0^{+\infty} \mathrm{e}^{-nz}\mathrm{d}z = \frac{1}{n}$$

$$E(Z^2) = \int_{-\infty}^{+\infty} z^2 f_Z(z)\mathrm{d}z = \int_0^{+\infty} z^2 \cdot n\mathrm{e}^{-nz}\mathrm{d}z =$$

$$-z^2\mathrm{e}^{-nz} \mid_0^{+\infty} + 2\int_0^{+\infty} z\mathrm{e}^{-nz}\mathrm{d}z = \frac{2}{n^2}$$

$$D(Z) = E(Z^2) - [E(Z)]^2 = \frac{2}{n^2} - \frac{1}{n^2} = \frac{1}{n^2}$$

例 20 已知随机变量 X, Y 服从相同的分布, X 的分布律为

X	-1	0	1
概率	0.25	0.5	0.25

且 $P(|X| = |Y|) = 0$. 试求 (X, Y) 的联合分布律, 相关系数 ρ_{XY}, 并判断 X 与 Y 是否独立.

解 由题意不妨设

X \ Y	-1	0	1	$p_{i\cdot}$
-1	0	p_{12}	0	0.25
0	p_{21}	0	p_{23}	0.5
1	0	p_{32}	0	0.25
$p_{\cdot j}$	0.25	0.5	0.25	

于是有

$$p_{12} = 0.25, \quad p_{21} + p_{23} = 0.5, \quad p_{32} = 0.25$$
$$p_{21} = 0.25, \quad p_{12} + p_{32} = 0.5, \quad p_{23} = 0.25$$

从而得

$$p_{12} = 0.25, \quad p_{21} = 0.25, \quad p_{23} = 0.25, \quad p_{32} = 0.25$$

因此 (X,Y) 的联合分布律为

X \ Y	-1	0	1
-1	0	0.25	0
0	0.25	0	0.25
1	0	0.25	0

容易得到 $E(X)=0$，$E(Y)=0$，$E(XY)=\sum\limits_{i=1}^{3}\sum\limits_{j=1}^{3}x_iy_jp_{ij}=0$，即

$$\mathrm{cov}\,(X,Y)=E(XY)-E(X)E(Y)=0$$

进而得

$$\rho_{XY}=\frac{\mathrm{cov}\,(X,Y)}{\sqrt{D(X)}\,\sqrt{D(Y)}}=0$$

又因为 $p_{11}=0\neq p_{1.}p_{.1}=0.125$，所以 X 与 Y 不独立.

例 21　二维随机变量 (X,Y) 服从区域 $D=\{(x,y)\mid 0<x<1,0<y<x\}$ 上的均匀分布，求 (X,Y) 的相关系数.

解　根据题设条件，(X,Y) 的概率密度为

$$f(x,y)=\begin{cases}2,&(x,y)\in D\\0,&\text{其他}\end{cases}$$

那么

$$E(X)=\int_{-\infty}^{+\infty}\int_{-\infty}^{+\infty}xf(x,y)\mathrm{d}x\mathrm{d}y=\int_0^1\mathrm{d}x\int_0^x2x\mathrm{d}y=\frac{2}{3}$$

$$E(Y)=\int_{-\infty}^{+\infty}\int_{-\infty}^{+\infty}yf(x,y)\mathrm{d}x\mathrm{d}y=\int_0^1\mathrm{d}x\int_0^x2y\mathrm{d}y=\frac{1}{3}$$

$$E(X^2)=\int_{-\infty}^{+\infty}\int_{-\infty}^{+\infty}x^2f(x,y)\mathrm{d}x\mathrm{d}y=\int_0^1\mathrm{d}x\int_0^x2x^2\mathrm{d}y=\frac{1}{2}$$

$$E(Y^2)=\int_{-\infty}^{+\infty}\int_{-\infty}^{+\infty}y^2f(x,y)\mathrm{d}x\mathrm{d}y=\int_0^1\mathrm{d}x\int_0^x2y^2\mathrm{d}y=\frac{1}{6}$$

$$E(XY)=\int_{-\infty}^{+\infty}\int_{-\infty}^{+\infty}xyf(x,y)\mathrm{d}x\mathrm{d}y=\int_0^1\mathrm{d}x\int_0^x2xy\mathrm{d}y=\frac{1}{4}$$

$$D(X)=E(X^2)-E^2(X)=\frac{1}{18},\quad D(Y)=E(Y^2)-E^2(Y)=\frac{1}{18}$$

$$\rho_{XY}=\frac{E(XY)-E(X)E(Y)}{\sqrt{D(X)}\,\sqrt{D(Y)}}=\frac{1}{2}$$

例 22　设二维随机变量 (X,Y) 的密度函数为

$$f(x,y) = \begin{cases} A(x+y), & 0 \leqslant x \leqslant 2, 0 \leqslant y \leqslant 2 \\ 0, & \text{其他} \end{cases}$$

求 $A, E(X), E(Y), \text{cov}(X,Y), \rho_{XY}, D(X+Y)$.

解 由于

$$\int_{-\infty}^{+\infty} \mathrm{d}x \int_{-\infty}^{+\infty} f(x,y)\mathrm{d}y = \int_0^2 \mathrm{d}x \int_0^2 A(x+y)\mathrm{d}y = 8A$$

再由密度函数的性质

$$\int_{-\infty}^{+\infty} \mathrm{d}x \int_{-\infty}^{+\infty} f(x,y)\mathrm{d}y = 1$$

得 $A = \dfrac{1}{8}$.

$$E(X) = \int_{-\infty}^{+\infty} \int_{-\infty}^{+\infty} xf(x,y)\mathrm{d}x\mathrm{d}y = \int_0^2 \int_0^2 x \cdot \frac{1}{8}(x+y)\mathrm{d}x\mathrm{d}y =$$

$$\int_0^2 x \cdot \frac{1}{4}(x+1)\mathrm{d}x = \frac{7}{6}$$

$$E(X^2) = \int_{-\infty}^{+\infty} \int_{-\infty}^{+\infty} x^2 f(x,y)\mathrm{d}x\mathrm{d}y = \int_0^2 \int_0^2 x^2 \cdot \frac{1}{8}(x+y)\mathrm{d}x\mathrm{d}y =$$

$$\int_0^2 x^2 \cdot \frac{1}{4}(x+1)\mathrm{d}x = \frac{5}{3}$$

所以

$$D(X) = E(X^2) - [E(X)]^2 = \frac{5}{3} - \frac{49}{36} = \frac{11}{36}$$

类似可求得 $E(Y) = \dfrac{7}{6}, D(Y) = \dfrac{11}{36}$.

$$E(XY) = \int_{-\infty}^{+\infty} \mathrm{d}x \int_{-\infty}^{+\infty} xyf(x,y)\mathrm{d}y = \iint_D xy \cdot \frac{1}{8}(x+y)\mathrm{d}x\mathrm{d}y =$$

$$\frac{1}{8}\int_0^2 \mathrm{d}x \int_0^2 (x^2 y + xy^2)\mathrm{d}y = \frac{4}{3}$$

于是得

$$\text{cov}(X,Y) = E(XY) - E(X)E(Y) = \frac{4}{3} - \frac{49}{36} = -\frac{1}{36}$$

$$\rho_{XY} = \frac{\text{cov}(X,Y)}{\sqrt{D(X)}\sqrt{D(Y)}} = -\frac{1}{11}$$

$$D(X+Y) = D(X) + D(Y) + 2\text{cov}(X,Y) = \frac{11}{36} + \frac{11}{36} + 2\left(-\frac{1}{36}\right) = \frac{5}{9}$$

例 23 设随机变量 X, Y 相互独立且都服从参数为 λ 的泊松分布,求随机

变量函数 $U=2X+Y$ 和 $V=2X-Y$ 的相关系数.

解 由于 X,Y 都服从参数为 λ 的泊松分布,则
$$E(X)=E(Y)=D(X)=D(Y)=\lambda$$
又因为 X,Y 相互独立,所以
$$D(U)=D(2X+Y)=D(2X)+D(Y)$$
由方差的性质可得 $D(U)=4\lambda+\lambda=5\lambda$,同理可得 $D(V)=5\lambda$.

利用协方差的性质可得
$$\begin{aligned}\text{cov}(U,V)&=\text{cov}(2X+Y,2X-Y)=\text{cov}(2X,2X-Y)+\text{cov}(Y,2X-Y)=\\&\quad\text{cov}(2X,2X)+\text{cov}(2X,-Y)+\text{cov}(Y,2X)+\text{cov}(Y,-Y)=\\&\quad4\text{cov}(X,X)-2\text{cov}(X,Y)+2\text{cov}(Y,X)-\text{cov}(Y,Y)=\\&\quad4D(X)-D(Y)=3\lambda\end{aligned}$$
由以上结果可得
$$\rho_{UV}=\frac{\text{cov}(U,V)}{\sqrt{D(U)D(V)}}=\frac{3\lambda}{5\lambda}=\frac{3}{5}$$

例 24 设随机变量 X 的密度函数为 $f(x)=\frac{1}{2}\mathrm{e}^{-|x|}$, $x\in\mathbf{R}$. 求解下列问题:(1) $E(X),D(X)$;(2) $\text{cov}(X,|X|)$,判断 $X,|X|$ 是否相关;(3) 判断 $X,|X|$ 是否独立.

分析 若用独立性的充要条件来判断 X 与 $|X|$ 独立性,较为困难,宜采用独立性的定义进行判断.

解 (1) 由已知条件得
$$E(X)=\int_{-\infty}^{+\infty}xf(x)\mathrm{d}x=\int_{-\infty}^{+\infty}x\cdot\frac{1}{2}\mathrm{e}^{-|x|}\mathrm{d}x=$$
$$\int_{-\infty}^{0}x\cdot\frac{1}{2}\mathrm{e}^{x}\mathrm{d}x+\int_{0}^{+\infty}x\cdot\frac{1}{2}\mathrm{e}^{-x}\mathrm{d}x=$$
$$\frac{1}{2}(x-1)\mathrm{e}^{-x}\Big|_{0}^{+\infty}+\frac{1}{2}(-x-1)\mathrm{e}^{x}\Big|_{-\infty}^{0}=0$$
$$E(X^2)=\int_{-\infty}^{+\infty}x^2f(x)\mathrm{d}x=\int_{-\infty}^{+\infty}x^2\cdot\frac{1}{2}\mathrm{e}^{-|x|}\mathrm{d}x=$$
$$\int_{-\infty}^{0}x^2\cdot\frac{1}{2}\mathrm{e}^{x}\mathrm{d}x+\int_{0}^{+\infty}x^2\cdot\frac{1}{2}\mathrm{e}^{-x}\mathrm{d}x=$$
$$(-x^2-2x-2)\mathrm{e}^{-x}\Big|_{0}^{+\infty}+(x^2-2x+2)\mathrm{e}^{-x}\Big|_{0}^{+\infty}=2$$
$$D(X)=E(X^2)-E^2(X)=2$$

（2）因为

$$E(X\mid X\mid) = \int_{-\infty}^{+\infty} x\mid x\mid f(x)\mathrm{d}x = \int_{-\infty}^{+\infty} x\mid x\mid \cdot \frac{1}{2}\mathrm{e}^{-|x|}\mathrm{d}x =$$
$$-\int_{-\infty}^{0} x^2 \cdot \frac{1}{2}\mathrm{e}^{x}\mathrm{d}x + \int_{0}^{+\infty} x^2 \cdot \frac{1}{2}\mathrm{e}^{-x}\mathrm{d}x = 0$$

所以

$$\mathrm{cov}(X,\mid X\mid) = E(X\mid X\mid) - E(X)E(\mid X\mid) = E(X\mid X\mid) = 0$$

那么其相关系数为

$$\rho = \frac{\mathrm{cov}(X,\mid X\mid)}{\sqrt{D(X)}\sqrt{D(\mid X\mid)}} = 0$$

因此 X 与 $|X|$ 不相关.

（3）设 $a>0$，则 $\{\mid X\mid<a\} \subset \{X<a\}$，即

$$P(X<a)\cdot P(\mid X\mid<a) \leqslant P(\mid X\mid<a) = P(X<a,\mid X\mid<a)$$
$$P(\mid X\mid<a) = \int_{-a}^{a} \frac{1}{2}\mathrm{e}^{-|x|}\mathrm{d}x > 0$$

又

$$P(X<a) = \int_{-\infty}^{a} \frac{1}{2}\mathrm{e}^{-|x|}\mathrm{d}x = 1 - \frac{1}{2}\mathrm{e}^{-a} < 1$$

所以 $\quad P(X<a)\cdot P(\mid X\mid<a) < P(X<a,\mid X\mid<a)$

因此 X 与 $|X|$ 不相互独立.

例 25 假设随机变量 $X_1,X_2,\cdots,X_{10}$ 独立且具有相同的数学期望和方差. 求随机变量 $U = X_1 + \cdots + X_5 + X_6$ 和 $V = X_5 + X_6 + \cdots + X_{10}$ 的相关系数 ρ.

解 记 $E(X_i)=a$，$D(X_i)=b (i=1,2,\cdots,10)$. 由于 $X_1,X_2,\cdots,X_{10}$ 独立，可见 $(X_1,X_2,\cdots,X_6)$ 和 $(X_7,X_8\cdots,X_{10})$ 独立，以及 $(X_1,X_2,\cdots,X_4)$ 和 (X_5,X_6) 独立. 因此

$$\mathrm{cov}(U,V) = \mathrm{cov}(X_1 + \cdots + X_6, X_5 + \cdots + X_{10}) =$$
$$\mathrm{cov}(X_1 + \cdots + X_6, X_5 + X_6) =$$
$$\mathrm{cov}(X_5 + X_6, X_5 + X_6) = D(X_5 + X_6) =$$
$$D(X_5) + D(X_6) = 2b$$

于是，由 $D(U)=D(V)=6b$，可知

$$\rho = \frac{2b}{\sqrt{D(U)D(V)}} = \frac{2b}{6b} = \frac{1}{3}$$

例 26 已知 X,Y,Z 分别为随机变量，且 $E(X)=E(Y)=1$，$E(Z)=-1$，$D(X)=D(Y)=D(Z)=1$，$\rho_{XY}=0$，$\rho_{XZ}=1$，$\rho_{YZ}=-1$. 求随机变量 $X+Y+Z$

的数学期望及方差.

分析　这道题重点考查随机变量的数字特征之间的相互关系.

解　由已知条件得

$$E(X+Y+Z)=E(X)+E(Y)+E(Z)=1$$

又

$$\begin{aligned} D(X+Y+Z)&=D[(X+Y)+Z]=D(X+Y)+D(Z)+\\ &\quad 2\mathrm{cov}\,(X+Y,Z)=D(X)+D(Y)+\\ &\quad 2\mathrm{cov}\,(X,Y)+D(Z)+2\mathrm{cov}\,(X,Z)+2\mathrm{cov}\,(Y,Z) \end{aligned}$$

再由相关系数的计算公式可得

$$\mathrm{cov}\,(X,Y)=\rho_{XY}\sqrt{D(X)}\,\sqrt{D(Y)}=0\times1\times1=0$$

$$\mathrm{cov}\,(X,Z)=\rho_{XZ}\sqrt{D(X)}\,\sqrt{D(Z)}=1\times1\times1=1$$

$$\mathrm{cov}\,(Y,Z)=\rho_{YZ}\sqrt{D(Y)}\,\sqrt{D(Z)}=(-1)\times1\times1=-1$$

所以

$$D(X+Y+Z)=3$$

例 27　设随机变量 X 和 Y 相互独立,且都服从正态分布 $N(\mu,\sigma^2)$.

(1) 设 $U=\alpha X+\beta Y$ 和 $V=\alpha X-\beta Y$(其中 α,β 是不为零的常数),求 ρ_{UV};

(2) 求 $\max(X,Y)$ 的数学期望;

(3) 求 $\min(X,Y)$ 的数学期望.

解　(1) 由于 X 和 Y 相互独立,且都服从正态分布 $N(\mu,\sigma^2)$,所以 $U=\alpha X+\beta Y$ 和 $V=\alpha X-\beta Y$ 也都服从正态分布,且

$$E(U)=\alpha\mu+\beta\mu=(\alpha+\beta)\mu$$

$$E(V)=\alpha\mu-\beta\mu=(\alpha-\beta)\mu$$

$$D(U)=\alpha^2 D(X)+\beta^2 D(Y)=(\alpha^2+\beta^2)\sigma^2$$

$$D(V)=\alpha^2 D(X)+\beta^2 D(Y)=(\alpha^2+\beta^2)\sigma^2$$

又

$$UV=\alpha^2 X^2-\beta^2 Y^2$$

则有

$$E(UV)=\alpha^2 E(X^2)-\beta^2 E(Y^2)=(\alpha^2-\beta^2)(\mu^2+\sigma^2)$$

于是

$$\begin{aligned}\mathrm{cov}(U,V)&=E(UV)-E(U)E(V)=(\alpha^2-\beta^2)(\mu^2+\sigma^2)-\\ &\quad(\alpha+\beta)\mu(\alpha-\beta)\mu=(\alpha^2-\beta^2)\sigma^2\end{aligned}$$

所以

$$\rho_{UV}=\frac{(\alpha^2-\beta^2)\sigma^2}{(\alpha^2+\beta^2)\sigma^2}=\frac{\alpha^2-\beta^2}{\alpha^2+\beta^2}$$

(2) 因为 $\max(X,Y)=\dfrac{1}{2}(X+Y)+\dfrac{1}{2}(|X-Y|)$,所以

$$E[\max(X,Y)] = \frac{1}{2}E(X+Y) + \frac{1}{2}E(\mid X-Y \mid) =$$

$$\mu + \frac{1}{2}E(\mid X-Y \mid)$$

又随机变量 X 和 Y 相互独立,且都服从正态分布 $N(\mu,\sigma^2)$,所以 $X-Y$ 服从正态分布 $N(0,2\sigma^2)$. 于是

$$E(\mid X-Y \mid) = \int_{-\infty}^{+\infty} \mid u \mid \cdot \frac{1}{\sqrt{2\pi} \cdot \sqrt{2}\sigma} e^{-\frac{u^2}{4\sigma^2}} du =$$

$$2\int_0^{+\infty} u \cdot \frac{1}{\sqrt{2\pi} \cdot \sqrt{2}\sigma} e^{-\frac{u^2}{4\sigma^2}} du = \frac{2\sigma}{\sqrt{\pi}}$$

故
$$E(\max\{X,Y\}) = \mu + \frac{\sigma}{\sqrt{\pi}}$$

(3)　因为 $\min(X,Y) = \frac{1}{2}(X+Y) - \frac{1}{2}\mid X-Y \mid$,所以

$$E[\min(X,Y)] = \frac{1}{2}E(X+Y) - \frac{1}{2}E(\mid X-Y \mid) = \mu - \frac{\sigma}{\sqrt{\pi}}$$

例 28　设事件 A 在一次试验中发生的概率为 $\frac{1}{4}$,试利用契比雪夫不等式估计是否可以用大于 0.96 的概率确定,在 $2\,000$ 次重复独立试验中,事件 A 发生的次数在 $400 \sim 600$ 之间.

解　用 X 表示在 $2\,000$ 次重复独立试验中事件 A 发生的次数,则 $X \sim B(2\,000, \frac{1}{4})$,故有

$$E(X) = np = 2\,000 \times \frac{1}{4} = 500$$

$$D(X) = np(1-p) = 2\,000 \times \frac{1}{4} \times \frac{3}{4} = 375$$

由契比雪夫不等式有

$$P(400 < X < 600) = P(\mid X - 500 \mid < 100) =$$

$$P(\mid X - E(X) \mid < 100) \geqslant 1 - \frac{D(X)}{100^2} = 0.962\,5$$

因为 $0.962\,5 > 0.96$,所以可用大于 0.96 的概率确定事件 A 在 $2\,000$ 次重复独立试验中发生的次数在 $400 \sim 600$ 之间.

例 29　某车间有同型号车床 200 台,假设每台车床开动的概率都为 0.7,且开关是相互独立的. 设每台的耗电量为 $15\ kW$,试问最少需供给多少千瓦

电力,才能以 95% 的把握满足该车间生产?

解　设最少供给电力为 $N(\text{kW})$,才能以 95% 的把握满足该车间生产. 现在把对每台车床的观察作为一次试验,开动的概率都为 0.7,因此可以看成是 $n=200$ 的伯努利试验. 再设某时刻开动的车床台数为 X,则

$$X \sim B(200,0.7), np = 140, \sqrt{np(1-p)} = \sqrt{42}$$

由棣莫弗-拉普拉斯中心极限定理可得

$$P\{0 \leqslant 15X \leqslant N\} = P\left\{\frac{0-140}{\sqrt{42}} \leqslant \frac{X-140}{\sqrt{42}} \leqslant \frac{N/15-140}{\sqrt{42}}\right\} =$$

$$\Phi\left\{\frac{N/15-140}{\sqrt{42}}\right\} + \Phi\left(\frac{140}{\sqrt{42}}\right) - 1 \approx$$

$$\Phi\left\{\frac{N/15-140}{\sqrt{42}}\right\} \geqslant 0.95$$

查标准正态分布表可得

$$\frac{N/15-140}{\sqrt{42}} \geqslant 1.65$$

即

$$N \geqslant 15(140 + 1.65\sqrt{42}) \approx 2\,260.4$$

故可知最少需供给 $2\,260.4\ \text{kW}$ 的电力,才能以 95% 的把握满足该车间生产.

7.3　考点及考研真题辅导与精析

例 1　设随机变量 X 的分布函数为 $F(x) = 0.3\Phi(x) + 0.7\Phi(\frac{x-1}{2})$,其中 $\Phi(x)$ 为标准正态分布的分布函数,则 $E(X) =$ ＿＿＿＿＿.

(A) 0　　　　(B) 0.3　　　　(C) 0.7　　　　(D) 1

(2009 年硕士研究生入学考试试题)

解　随机变量 X 的密度函数为

$$f(x) = F'(x) = 0.3\Phi'(x) + \frac{0.7}{2}\Phi'(\frac{x-1}{2})$$

则

$$E(X) = \int_{-\infty}^{+\infty} xf(x)\mathrm{d}x = \int_{-\infty}^{+\infty} x[0.3\Phi'(x) + \frac{0.7}{2}\Phi'(\frac{x-1}{2})]\mathrm{d}x =$$

$$0.3\int_{-\infty}^{+\infty} x\Phi'(x)\mathrm{d}x + \frac{0.7}{2}\int_{-\infty}^{+\infty} x\Phi'(\frac{x-1}{2})\mathrm{d}x =$$

$$0.3\int_{-\infty}^{+\infty} x\Phi'(x)\mathrm{d}x + 0.7\int_{-\infty}^{+\infty} (2u+1)\Phi'(u)\mathrm{d}u = 0.7$$

所以,选(C).

例 2 设随机变量 X 的概率分布为 $P(X=k)=\dfrac{C}{k!}$,$k=0,1,2,\cdots$,则 $E(X^2)=$ _____.　　　　　　　　　　(2010 年硕士研究生入学考试试题)

解 由离散型随机变量概率分布的性质知 $\sum\limits_{k=0}^{+\infty}P(X=k)=1$. 又

$$\sum_{k=0}^{+\infty}P(X=k)=\sum_{k=0}^{+\infty}\frac{C}{k!}=C\sum_{k=0}^{+\infty}\frac{1}{k!}=Ce$$

那么 $Ce=1$,即 $C=\mathrm{e}^{-1}$,从而 X 服从参数为 1 的泊松分布,于是 $E(X)=D(X)=1$,所以

$$E(X^2)=D(X)+\big[E(X)\big]^2=2$$

因此,填 2.

例 3 某车间生产的圆盘其直径在区间 (a,b) 上服从均匀分布,试求圆盘面积的数学期望.　　　　　　　　　　(2006 年西安电子科技大学)

解 记圆盘面积为 S,圆盘直径为 X,则 $S=\dfrac{\pi}{4}R^2$. 由已知条件可得随机变量 X 的密度函数为

$$f_X(x)=\begin{cases}\dfrac{1}{b-a}, & a<x<b \\[2mm] 0, & \text{其他}\end{cases}$$

再由随机变量函数数学期望的计算方法,有

$$E(S)=\int_{-\infty}^{+\infty}\frac{\pi}{4}x^2\cdot f(x)\mathrm{d}x=\int_a^b\frac{\pi}{4}x^2\cdot\frac{1}{b-a}\mathrm{d}x=\frac{\pi(b^2+a^2+ab)}{48}$$

例 4 设二维随机变量 (X,Y) 的概率密度为

$$f(x,y)=\begin{cases}12y^2, & 1\geqslant x\geqslant y\geqslant 0 \\ 0, & \text{其他}\end{cases}$$

求 $E(X),E(Y),E(XY),E(X^2+Y^2)$.　　　　　　　　(2005 年国防科技大学)

解 由已知条件可得

$$E(X)=\int_{-\infty}^{+\infty}\int_{-\infty}^{+\infty}xf(x,y)\mathrm{d}x\mathrm{d}y=\int_0^1\int_0^x x\cdot12y^2\mathrm{d}x\mathrm{d}y=$$

$$\int_0^1 4x^4\mathrm{d}x=\frac{4}{5}x^5\Big|_0^1=\frac{4}{5}$$

$$E(Y)=\int_{-\infty}^{+\infty}\int_{-\infty}^{+\infty}yf(x,y)\mathrm{d}x\mathrm{d}y=\int_0^1\int_0^x y\cdot12y^2\mathrm{d}x\mathrm{d}y=$$

$$\int_0^1 3x^4\mathrm{d}x=\frac{3}{5}x^5\Big|_0^1=\frac{3}{5}$$

$$E(XY) = \int_{-\infty}^{+\infty} \int_{-\infty}^{+\infty} xyf(x,y)\mathrm{d}x\mathrm{d}y = \int_0^1 \int_0^x xy \cdot 12y^2 \mathrm{d}x\mathrm{d}y =$$

$$\int_0^1 3x^5 \mathrm{d}x = \frac{3}{6}x^5 \Big|_0^1 = \frac{1}{2}$$

$$E(X^2 + Y^2) = \int_{-\infty}^{+\infty} \int_{-\infty}^{+\infty} (x^2 + y^2)f(x,y)\mathrm{d}x\mathrm{d}y =$$

$$\int_0^1 \int_0^x (x^2 + y^2)12y^2 \mathrm{d}x\mathrm{d}y = \int_0^1 \left(4x^5 + \frac{12}{5}x^5\right)\mathrm{d}x = \frac{16}{15}$$

例 5　设某企业生产线上产品合格率为 0.96,不合格产品中只有 $\frac{3}{4}$ 可进行再加工,且加工成合格品率为 0.8,其余均为废品. 每件合格品获利 80 元,每件废品亏损 20 元.为保证该企业每天平均利润不低于 2 万元,问企业每天至少生产多少产品?　　　　　　　　　　　　（2008 硕士研究生入学考试试题）

解　由已知条件可知进行再加工后,产品的合格率为

$$p = 0.94 + 0.04 \times 0.75 \times 0.8 = 0.984$$

记 X 为 n 件产品的合格品数,$T(n)$ 为 n 件产品的利润,则

$$X \sim B(n, 0.984), \quad T(n) = 80X - 20(n - X)$$

于是

$$E[T(n)] = E[80X - 20(n - X)] = 100E(X) - 20n =$$

$$98.4n - 20n = 78.4n$$

欲使 $E[T(n)] \geqslant 20\,000$,则 $n \geqslant 256$,即企业每天至少应生产 256 件产品.

例 6　设随机变量 $X_1, X_2, \cdots, X_n(n > 1)$ 独立同分布,且其方差 $\sigma^2 > 0$.

令 $Y = \frac{1}{n}\sum_{i=1}^n X_i$,则（　　　）.

(A) $\operatorname{cov}(X_1, Y) = \frac{\sigma^2}{n}$　　　　　　(B) $\operatorname{cov}(X_1, Y) = \sigma^2$

(C) $D(X_1 + Y) = \frac{n+2}{n}\sigma^2$　　　　(D) $D(X_1 - Y) = \frac{n-1}{n}\sigma^2$

（2004 年硕士研究生入学考试试题）

解　因为 $X_1, X_2, \cdots, X_n$ 独立,所以 $\operatorname{cov}(X_i, X_j) = 0 (i \neq j)$,则有

$$\operatorname{cov}(X_1, Y) = \operatorname{cov}\left(X_1, \frac{1}{n}\sum_{i=1}^n X_i\right) = \frac{1}{n}\sum_{i=1}^n \operatorname{cov}(X_1, X_i) =$$

$$\frac{1}{n}\operatorname{cov}(X_1, X_1) = \frac{1}{n}D(X_1) = \frac{\sigma^2}{n}$$

所以,选(A).

【注】$D(X_1 + Y) = D(X_1) + D(Y) + 2\text{cov}(X_1, Y) =$

$$\sigma^2 + \frac{\sigma^2}{n} + 2 \times \frac{\sigma^2}{n} = \frac{n+3}{n}\sigma^2$$

$D(X_1 - Y) = D(X_1) + D(Y) - 2\text{cov}(X_1, Y) =$

$$\sigma^2 + \frac{\sigma^2}{n} - 2 \times \frac{\sigma^2}{n} = \frac{n-1}{n}\sigma^2$$

例 7　设随机变量 $X \sim N(0,1)$，$Y \sim N(1,4)$，且相关系数 $\rho_{XY} = 1$，则（　　）.

(A) $P(Y = -2X - 1) = 1$　　　　(B) $P(Y = 2X - 1) = 1$

(C) $P(Y = 2X + 1) = 1$　　　　(D) $P(Y = 2X + 1) = 1$

（2008 年硕士研究生入学考试试题）

解　用排除法. 设 $Y = aX + b$，由于 $\rho_{XY} = 1$，从而 X 与 Y 正相关，得 $a > 0$，排除(A)，(C). 又 $E(Y) = E(aX + b) = aE(X) + b$，那么由已知条件得 $1 = a \times 0 + b \times 1$，即 $b = 1$，故排除(B). 所以，选择(D).

例 8　设 $E(X) = 1$，$E(Y) = 2$，$D(X) = 1$，$D(Y) = 4$，$\rho_{XY} = 0.6$，$Z = (2X - Y + 1)^2$，则其数学期望 $E(Z) = $ _____.

（2005 年上海交通大学）

解　由数学期望、方差及协方差的性质得

$E(Z) = E(2X - Y + 1)^2 = D(2X - Y + 1) + [E(2X - Y + 1)]^2 =$

$\quad D(2X) + D(-Y + 1) + 2\text{cov}(2X, -Y + 1) +$

$\quad [E(2X) - E(Y) + 1)]^2 = 4D(X) + D(Y) - 4\text{cov}(X, Y) +$

$\quad [2E(X) - E(Y) + 1)]^2 = 4D(X) +$

$\quad D(Y) - 4\rho_{XY}\sqrt{D(X)}\sqrt{D(Y)} + [2E(X) - E(Y) + 1)]^2 =$

$\quad 4 \times 1 + 4 - 4 \times 0.6\sqrt{1}\sqrt{4} + [2 \times 1 - 2 + 1)]^2 = 4.2$

故填 4.2.

例 9　设二维随机变量 (X, Y) 的联合密度为

$$f(x, y) = \begin{cases} \dfrac{1}{\pi}, & x^2 + y^2 \leqslant 1 \\ 0, & \text{其他} \end{cases}$$

(1) 求随机变量 X，Y 的边缘密度及 X，Y 的相关系数 ρ_{XY}；(2) 判定 X，Y 是否相关，是否独立.

（2005 年西安电子科技大学）

解　(1) 当 $|x| > 1$ 时，$f_X(x) = 0$；当 $|x| \leqslant 1$ 时，有

$$f_X(x) = \int_{-\infty}^{+\infty} f(x,y)\mathrm{d}y = \int_{-\sqrt{1-x^2}}^{\sqrt{1-x^2}} \frac{1}{\pi}\mathrm{d}y = \frac{2}{\pi}\sqrt{1-x^2}$$

即随机变量 X 的边缘密度为

$$f_X(x) = \begin{cases} \dfrac{2}{\pi}\sqrt{1-x^2}, & |x| \leqslant 1 \\ 0, & \text{其他} \end{cases}$$

类似可求得随机变量 Y 的边缘密度为

$$f_Y(y) = \begin{cases} \dfrac{2}{\pi}\sqrt{1-y^2}, & |y| \leqslant 1 \\ 0, & \text{其他} \end{cases}$$

又因为

$$E(X) = \int_{-\infty}^{+\infty}\int_{-\infty}^{+\infty} xf(x,y)\,\mathrm{d}x\mathrm{d}y = \iint_{x^2+y^2\leqslant 1} x\cdot\frac{1}{\pi}\mathrm{d}x\mathrm{d}y =$$

$$\int_{-1}^{1}\mathrm{d}x\int_{-\sqrt{1-x^2}}^{\sqrt{1-x^2}} x\,\frac{1}{\pi}\mathrm{d}y = 0$$

$$E(Y) = \int_{-\infty}^{+\infty}\int_{-\infty}^{+\infty} yf(x,y)\mathrm{d}x\mathrm{d}y = \iint_{x^2+y^2\leqslant 1} y\cdot\frac{1}{\pi}\mathrm{d}x\mathrm{d}y = 0$$

$$E(XY) = \int_{-\infty}^{+\infty}\int_{-\infty}^{+\infty} xyf(x,y)\mathrm{d}x\mathrm{d}y = \int_{-1}^{1}\mathrm{d}x\int_{-\sqrt{1-x^2}}^{\sqrt{1-x^2}} xy\,\frac{1}{\pi}\mathrm{d}y = 0$$

$$\mathrm{cov}\,(X,Y) = E(XY) - E(X)E(Y) = 0$$

所以 $$\rho_{XY} = \frac{\mathrm{cov}\,(X,Y)}{\sqrt{D(X)}\,\sqrt{D(Y)}} = 0$$

(2) 因为 $f(0,0) = \dfrac{1}{\pi} \neq \dfrac{4}{\pi^2} = f_X(0)f_Y(0)$，即 $f_X(x)f_Y(y) \neq f(x,y)$，所以 X,Y 不相互独立.

例 10 设随机变量 X 的概率密度为

$$f_X(x) = \begin{cases} \dfrac{1}{2}, & -1 < x < 0 \\ \dfrac{1}{4}, & 0 \leqslant x < 2 \\ 0, & \text{其他} \end{cases}$$

令 $Y = X^2$，$F(x,y)$ 为二维随机变量 (X,Y) 的分布函数. 求：(1) Y 的概率密度函数 $f_Y(y)$；(2) $\mathrm{cov}\,(X,Y)$；(3) $F(-\dfrac{1}{2},4)$.

(2006 年硕士研究生入学考试试题)

解 （1）当 $y<0$ 时，有

$$F_Y(y)=P(Y\leqslant y)=P(X^2\leqslant y)=P(\varnothing)=0$$

当 $y\geqslant 0$ 时，有

$$F_Y(y)=P(X^2\leqslant y)=P(-\sqrt{y}\leqslant X\leqslant\sqrt{y})=F_X(\sqrt{y})-F_X(-\sqrt{y})$$

所以 Y 的概率密度函数为

$$f_Y(y)=F_Y'(y)=\begin{cases}[F_X(\sqrt{y})-F_X(-\sqrt{y})]', & y>0\\ 0, & y\leqslant 0\end{cases}=$$

$$\begin{cases}\dfrac{1}{2\sqrt{y}}[f_X(\sqrt{y})+f_X(-\sqrt{y})], & y>0\\ 0, & y\leqslant 0\end{cases}=$$

$$\begin{cases}\dfrac{3}{8\sqrt{y}}, & 0<y<1\\ \dfrac{1}{8\sqrt{y}}, & 1\leqslant y\leqslant 4\\ 0 & \text{其他}\end{cases}$$

（2）由已知条件得

$$E(X)=\int_{-\infty}^{+\infty}xf_X(x)\mathrm{d}x=\int_{-1}^{0}x\cdot\frac{1}{2}\mathrm{d}x+\int_{0}^{2}x\cdot\frac{1}{4}\mathrm{d}x=\frac{1}{4}$$

$$E(Y)=E(X^2)=\int_{-\infty}^{+\infty}x^2f_X(x)\mathrm{d}x=\int_{-1}^{0}x^2\cdot\frac{1}{2}\mathrm{d}x+\int_{0}^{2}x^2\cdot\frac{1}{4}\mathrm{d}x=\frac{5}{6}$$

$$E(XY)=E(X^3)=\int_{-\infty}^{+\infty}x^3f_X(x)\mathrm{d}x=\int_{-1}^{0}x^3\cdot\frac{1}{2}\mathrm{d}x+\int_{0}^{2}x^3\cdot\frac{1}{4}\mathrm{d}x=\frac{7}{8}$$

$$\mathrm{cov}\,(X,Y)=E(XY)-E(X)E(Y)=\frac{2}{3}$$

（3）所求概率为

$$F(-\frac{1}{2},4)=P(X\leqslant-\frac{1}{2},Y\leqslant 4)=P(X\leqslant-\frac{1}{2},-2\leqslant X\leqslant 2)=$$

$$P(-2\leqslant X\leqslant-\frac{1}{2})=P(-1\leqslant X\leqslant-\frac{1}{2})=$$

$$\int_{-1}^{-\frac{1}{2}}\frac{1}{2}\mathrm{d}x=\frac{1}{4}$$

例 11 设随机变量 X 与 Y 独立同分布，且 X 的分布律为

X	1	2
概率	$\dfrac{2}{3}$	$\dfrac{1}{3}$

记 $U = \max\{X,Y\}, V = \min\{X,Y\}$. 求：(1) (U,V) 的概率分布；(2) U 与 V 的协方差 $\mathrm{cov}(X,Y)$.（2007 年硕士研究生入学考试试题）

解　(1) (U,V) 的所有可能取值为 $(1,1),(1,2),(2,1),(2,2)$，且

$$P(U=1,V=1) = P(X=1,Y=1) = P(X=1)P(Y=1) = \frac{4}{9}$$

$$P(U=1,V=2) = P(\varnothing) = 0$$

$$P(U=2,V=1) = P(X=1,Y=2) + P(X=2,Y=1) =$$

$$P(X=1)P(Y=1) + P(X=2)P(Y=1) = \frac{4}{9}$$

$$P(U=2,V=2) = P(X=2,Y=2) = P(X=2)P(Y=2) = \frac{1}{9}$$

所以 (U,V) 的概率分布为

U \ V	1	2
1	$\dfrac{4}{9}$	0
2	$\dfrac{4}{9}$	$\dfrac{1}{9}$

(2) 因为

$$E(U) = 1 \times \frac{4}{9} + 2 \times \frac{5}{9} = \frac{14}{9}, E(V) = 1 \times \frac{8}{9} + 2 \times \frac{1}{9} = \frac{10}{9}$$

$$E(UV) = 1 \times 1 \times \frac{4}{9} + 1 \times 2 \times 0 + 2 \times 1 \times \frac{4}{9} + 2 \times 2 \times \frac{1}{9} = \frac{16}{9}$$

所以

$$\mathrm{cov}\,(U,V) = E(UV) - E(U)E(V) = \frac{16}{9} - \frac{14}{9} \times \frac{10}{9} = \frac{4}{81}$$

例 12　设二维随机变量 (X,Y) 的联合密度函数为

$$f(x,y) = \frac{1}{2}\big[g(x,y) + h(x,y)\big]$$

其中，$g(x,y), h(x,y)$ 都是二维正态变量的密度函数，且它们所对应的二维

随机变量的相关系数分别为 $\frac{1}{3}$ 和 $-\frac{1}{3}$，它们的边缘密度函数所对应的随机变量的数学期望都是 0，方差都是 1. (1) 求随机变量 X,Y 的边缘密度函数 $f_X(x),f_Y(y)$，以及它们的相关系数. (2) 随机变量 X,Y 是否独立？

(2000 年硕士研究生入学考试试题)

解　(1) 根据已知条件可知 $g(x,y),h(x,y)$ 的边缘密度函数所对应的随机变量都服从标准正态分布，所以

$$f_X(x) = \int_{-\infty}^{+\infty} f(x,y)\mathrm{d}y = \frac{1}{2}\int_{-\infty}^{+\infty} g(x,y)\mathrm{d}y + \frac{1}{2}\int_{-\infty}^{+\infty} h(x,y)\mathrm{d}y = \frac{1}{\sqrt{2\pi}}e^{-\frac{x^2}{2}}$$

同理可求
$$f_Y(y) = \frac{1}{\sqrt{2\pi}}e^{-\frac{y^2}{2}}$$

显然，随机变量 X,Y 都服从标准正态分布. 则 $E(X) = E(Y) = 0$，$D(X) = D(Y) = 1$.　所求相关系数为

$$\rho_{XY} = \frac{\mathrm{Cov}(X,Y)}{\sqrt{D(X)D(Y)}} = \mathrm{Cov}(X,Y) = E(XY) =$$

$$\int_{-\infty}^{+\infty}\int_{-\infty}^{+\infty} xyf(x,y)\mathrm{d}x\mathrm{d}y =$$

$$\frac{1}{2}\int_{-\infty}^{+\infty}\int_{-\infty}^{+\infty} xyg(x,y)\mathrm{d}x\mathrm{d}y + \frac{1}{2}\int_{-\infty}^{+\infty}\int_{-\infty}^{+\infty} xyh(x,y)\mathrm{d}x\mathrm{d}y = 0$$

(2) 根据 $g(x,y),h(x,y)$ 都是二维正态变量的密度函数，且它们所对应的二维随机变量的相关系数分别为 $\frac{1}{3}$ 和 $-\frac{1}{3}$，它们的边缘密度函数所对应的随机变量的数学期望都是 0，方差都是 1. 因此

$$g(x,y) = \frac{3}{4\pi\sqrt{2}}e^{-\frac{9}{16}\left(x^2 - \frac{2}{3}xy + y^2\right)}, \quad h(x,y) = \frac{3}{4\pi\sqrt{2}}e^{-\frac{9}{16}\left(x^2 + \frac{2}{3}xy + y^2\right)}$$

则

$$f(x,y) = \frac{3}{8\pi\sqrt{2}}e^{-\frac{9}{16}\left(x^2 + \frac{2}{3}xy + y^2\right)} + \frac{3}{8\pi\sqrt{2}}e^{-\frac{9}{16}\left(x^2 - \frac{2}{3}xy + y^2\right)} \neq f_X(x)f_Y(y)$$

所以随机变量 X,Y 不相互独立.

例 13　设 A,B 为随机事件，且 $P(A) = \frac{1}{4}$，$P(B\mid A) = \frac{1}{3}$，$P(A\mid B) = \frac{1}{2}$.

令

$$X = \begin{cases} 1, & A \text{ 发生} \\ 0, & A \text{ 不发生} \end{cases}, \quad Y = \begin{cases} 1, & B \text{ 发生} \\ 0, & B \text{ 不发生} \end{cases}$$

求:(1) 二维随机变量 (X,Y) 的概率分布;(2) X 与 Y 的相关系数;(3) $Z = X^2 + Y^2$ 的概率分布.　　　　　　　　　　　(2004 年硕士研究生入学考试试题)

解　由已知条件得

$$P(AB) = P(A)P(B \mid A) = \frac{1}{4} \times \frac{1}{3} = \frac{1}{12}$$

$$P(B) = \frac{P(AB)}{P(A \mid B)} = \frac{1}{6}$$

(1) $P(X=1, Y=1) = P(AB) = \frac{1}{6}$

$$P(X=0, Y=1) = P(\bar{A}B) = P(B) - P(AB) = \frac{1}{12}$$

$$P(X=1, Y=0) = P(A\bar{B}) = P(A) - P(AB) = \frac{1}{6}$$

$$P(X=0, Y=0) = P(\bar{A}\,\bar{B}) = 1 - P(A \bigcup B) =$$
$$1 - [P(A) + P(B) - P(AB)] = \frac{2}{3}$$

因此 (X,Y) 的概率分布为

X＼Y	0	1
0	$\frac{2}{3}$	$\frac{1}{12}$
1	$\frac{1}{6}$	$\frac{1}{12}$

(2) 由(1) 容易得到 X,Y 的概率分布分别为

X	0	1
概率	$\frac{3}{4}$	$\frac{1}{4}$

Y	0	1
概率	$\frac{5}{6}$	$\frac{1}{6}$

从而有

$$E(X) = \frac{1}{4}, \quad D(X) = \frac{3}{16}, \quad E(Y) = \frac{1}{6}, \quad D(Y) = \frac{5}{36}, \quad E(XY) = \frac{1}{12}$$

因此,X 与 Y 的相关系数为

$$\rho_{XY} = \frac{\text{cov}(X,Y)}{\sqrt{D(X)}\sqrt{D(Y)}} = \frac{E(XY) - E(X)E(Y)}{\sqrt{D(X)}\sqrt{D(Y)}} = \frac{1}{\sqrt{15}}$$

(3) 因为

(X,Y)	$(0,0)$	$(0,1)$	$(1,0)$	$(1,1)$
$X^2 + Y^2$	0	1	1	2
概率	$\frac{2}{3}$	$\frac{1}{12}$	$\frac{1}{6}$	$\frac{1}{12}$

所以 Z 概率分布为

Z	0	1	2
概率	$\frac{2}{3}$	$\frac{1}{4}$	$\frac{1}{12}$

例 14　设 $X_1, X_2, \cdots, X_n$ 为独立同分布的随机变量序列,且均服从参数为 $\lambda(\lambda > 1)$ 的指数分布. 记 $\Phi(x)$ 为标准正态分布的分布函数,则(　　).

(A) $\lim\limits_{n \to \infty} P\left\{ \dfrac{\sum\limits_{i=1}^{n} X_i - \lambda n}{\lambda \sqrt{n}} \leqslant x \right\} = \Phi(x)$

(B) $\lim\limits_{n \to \infty} P\left\{ \dfrac{\sum\limits_{i=1}^{n} X_i - \lambda n}{\sqrt{n\lambda}} \leqslant x \right\} = \Phi(x)$

(C) $\lim\limits_{n \to \infty} P\left\{ \dfrac{\lambda \sum\limits_{i=1}^{n} X_i - n}{\sqrt{n}} \leqslant x \right\} = \Phi(x)$

(D) $\lim\limits_{n \to \infty} P\left\{ \dfrac{\sum\limits_{i=1}^{n} X_i - \lambda}{\sqrt{n\lambda}} \leqslant x \right\} = \Phi(x)$

(2005 年硕士研究生入学考试试题)

解　由已知条件得

$$E(X_i) = \frac{1}{\lambda}, D(X_i) = \frac{1}{\lambda^2}, \quad Y_n = \frac{\sum\limits_{i=1}^{n} X_i - n \cdot \frac{1}{\lambda}}{\sqrt{n} \cdot \frac{1}{\lambda}} = \frac{\lambda \sum\limits_{i=1}^{n} X_i - n}{\sqrt{n}}$$

所以
$$\lim_{n \to \infty} P(Y_n \leqslant x) = \lim_{n \to \infty} P\left(\frac{\lambda \sum_{i=1}^{n} X_i - n}{\sqrt{n}} \leqslant x\right) = \Phi(x)$$

因此,选择(C)

例 15　某单位内部有 100 部电话分机,每部分机有 5% 的时间使用外线通话,且每部电话分机是否使用外线通话是相互独立的.问总机需备多少条外线才能以 95% 确保每部分机在使用外线时不必等候?

(2007 年北京化工大学)

解　设 X 表示 100 部电话分机同时使用外线通话的分机数,那么 $X \sim B(100, 0.05)$. 总机需要备 m 条外线才能以 95% 确保每部分机在使用外线通话时不必等候. 由已知条件及拉普拉斯中心极限定理,有

$$P(X \leqslant m) = P\left(\frac{X - np}{\sqrt{np(1-p)}} \leqslant \frac{m - np}{\sqrt{np(1-p)}}\right) = $$

$$P\left(\frac{X - 100 \times 0.05}{\sqrt{100 \times 0.05 \times 0.95}} \leqslant \frac{m - 100 \times 0.05}{\sqrt{100 \times 0.05 \times 0.95}}\right) = $$

$$\Phi\left(\frac{m - 100 \times 0.05}{\sqrt{100 \times 0.05 \times 0.95}}\right) \geqslant 0.95$$

又 $\Phi(1.64) = 0.949\,5, \Phi(1.65) = 0.950\,5$,从而得

$$\frac{m - 100 \times 0.05}{\sqrt{100 \times 0.05 \times 0.95}} \geqslant 1.65$$

即
$$m \geqslant 8.596\,1$$

这就是说,总机需配备 9 条外线才能以 95% 确保每部分机在使用外线通话时不必等候.

7.4　课后习题解答

1. 设 X 的分布律为

X	-1	0	$\dfrac{1}{2}$	1	2
概率	$\dfrac{1}{3}$	$\dfrac{1}{6}$	$\dfrac{1}{6}$	$\dfrac{1}{12}$	$\dfrac{1}{4}$

求:(1)$E(X)$;(2)$E(-X+1)$;(3)$E(X^2)$;(4)$D(X)$.

解　$E(X) = (-1) \times \dfrac{1}{3} + 0 \times \dfrac{1}{6} + \dfrac{1}{2} \times \dfrac{1}{6} + 1 \times \dfrac{1}{12} + 2 \times \dfrac{1}{4} = \dfrac{1}{3}$

$E(-X+1) = [-(-1)+1] \times \dfrac{1}{3} + (0+1) \times \dfrac{1}{6} + (-\dfrac{1}{2}+1) \times \dfrac{1}{6} +$

$\qquad (-1+1) \times \dfrac{1}{12} + (-2+1) \times \dfrac{1}{4} = \dfrac{2}{3}$

$E(X^2) = (-1)^2 \times \dfrac{1}{3} + 0^2 \times \dfrac{1}{6} + (\dfrac{1}{2})^2 \times \dfrac{1}{6} + 1^2 \times \dfrac{1}{12} + 2^2 \times \dfrac{1}{4} = \dfrac{35}{24}$

$D(X) = E(X^2) - [E(X)]^2 = \dfrac{35}{24} - (\dfrac{1}{3})^2 = \dfrac{97}{72}$

2.设随机变量 X 服从参数为 $\lambda(\lambda > 0)$ 的泊松分布,且已知 $E[(X-2)(X-3)] = 2$,求 λ 的值.

解　由数学期望的性质,有

$\qquad E[(X-2)(X-3)] = E[X^2 - 5X + 6] = E(X^2) - 5E(X) + 6$

于是由已知条件得 $\lambda^2 - 4\lambda + 4 = 0$,解之得 $\lambda = 2$.

3.设 X 表示 10 次独立重复设计命中目标的次数,每次命中目标的概率为 0.4,试求 X^2 的数学期望 $E(X^2)$.

解　由已知条件可知 $X \sim B(10, 0.4)$,所以

$\qquad E(X) = 10 \times 0.4 = 4, \quad D(X) = 10 \times 0.4 \times 0.6 = 2.4$

那么由方差的计算公式可得

$\qquad E(X^2) = D(X) + [E(X)]^2 = 2.4 + 4^2 = 18.4$

4.国际市场每年对我国某种出口商品的需求量 X 是一个随机变量,它在 $[2\,000, 4\,000]$(单位:t)上服从均匀分布.若每售出 1 t,可得外汇 3 万美元;若销售不出而积压,则每吨需保养费 1 万美元.问应组织多少货源,才能使平均收益最大?

解　设随机变量 Y 表示收益(单位:万元),进货量为 $a(t)$,有

$$Y = \begin{cases} 3X - (a-X), & X < a \\ 3a, & X \geqslant a \end{cases}$$

则

$E(Y) = \displaystyle\int_{2\,000}^{a} (4x-a) \cdot \dfrac{1}{200} \mathrm{d}x + \int_{a}^{4\,000} 3a \cdot \dfrac{1}{200} \mathrm{d}x =$

$\qquad \dfrac{1}{2\,000}(-2a^2 + 14\,000a - 8\,000\,000)$

$\qquad \dfrac{\mathrm{d}(E(Y))}{\mathrm{d}a} = \dfrac{1}{2\,000}(-4a + 14\,000)$

令 $\dfrac{\mathrm{d}(E(Y))}{\mathrm{d}a}=0$，则 $a=3\,500$．又 $\dfrac{\mathrm{d}^2(E(Y))}{\mathrm{d}a^2}\Big|_{a=3\,500}=-4<0$，故组织 3 500 t 货源，才能使平均收益最大．

5．一台设备由三大部件组成，设备运转过程中各部件需要调整的概率相应为 $0.1,0.2,0.3$．假设各部件的状态独立，以 X 表示同时需要调整的部件数，试求 X 的数学期望 $E(X)$ 和方差 $D(X)$．

解　设 $X_i=\begin{cases}1, & \text{第 } i \text{ 个部件需要调整}\\0, & \text{第 } i \text{ 个部件不需要调整}\end{cases}$，$i=1,2,3$．显然 X_1,X_2,X_3 相互独立，且 $X=X_1+X_2+X_3$．那么由数学期望及方差的性质得

$$E(X)=E(X_1)+E(X_2)+E(X_3)=0.1+0.2+0.3=0.6$$
$$D(X)=D(X_1)+D(X_2)+D(X_3)=$$
$$0.1\times0.9+0.2\times0.8+0.3\times0.7=0.46$$

6．设 X 的密度函数为 $f(x)=\dfrac{1}{2}\mathrm{e}^{-|x|}$，求 (1) $E(X)$；(2) $D(X)$．

解　$E(X)=\displaystyle\int_{-\infty}^{+\infty}xf(x)\mathrm{d}x=\int_{-\infty}^{+\infty}x\cdot\dfrac{1}{2}\mathrm{e}^{-|x|}\mathrm{d}x=0$

$$D(X)=\int_{-\infty}^{+\infty}x^2f(x)\mathrm{d}x=2\int_{0}^{+\infty}x^2\cdot\dfrac{1}{2}\mathrm{e}^{-|x|}\mathrm{d}x=2$$

7．设某商店的利润率 X 服从密度函数 $f(x)=\begin{cases}2(1-x), & 0<x<1\\0, & \text{其他}\end{cases}$，求 $E(X),D(X)$．

解　$E(X)=\displaystyle\int_{-\infty}^{+\infty}xf(x)\mathrm{d}x=\int_{0}^{1}x\cdot2(1-x)\mathrm{d}x=\dfrac{1}{3}$

$$E(X^2)=\int_{-\infty}^{+\infty}x^2f(x)\mathrm{d}x=\int_{0}^{1}x^2\cdot2(1-x)\mathrm{d}x=\dfrac{1}{6}$$
$$D(X)=E(X^2)-[E(X)]^2=\dfrac{1}{6}-\left(\dfrac{1}{2}\right)^2=\dfrac{1}{18}$$

8．设随机变量 X 的密度函数 $f(x)=\begin{cases}\mathrm{e}^{-x}, & x>0,\\0, & x\leqslant 0.\end{cases}$ 求 $E(X),E(2X)$，$E(X+\mathrm{e}^{-2X}),D(X)$．

解　$E(X)=\displaystyle\int_{-\infty}^{+\infty}xf(x)\mathrm{d}x=\int_{0}^{+\infty}x\cdot\mathrm{e}^{-x}\mathrm{d}x=1$

$$E(2X)=2E(X)=2$$
$$E(X+\mathrm{e}^{-2X})=\int_{-\infty}^{+\infty}(x+\mathrm{e}^{-2x})f(x)\mathrm{d}x=\int_{0}^{+\infty}(x+\mathrm{e}^{-2x})\mathrm{e}^{-x}\mathrm{d}x=\dfrac{4}{3}$$

$$E(X^2) = \int_{-\infty}^{+\infty} x^2 f(x)\,\mathrm{d}x = \int_0^{+\infty} x^2 \cdot \mathrm{e}^{-x}\,\mathrm{d}x = 2$$

$$D(X) = E(X^2) - [E(X)]^2 = 1$$

9. 设随机变量 (X,Y) 的联合分布律为

X \ Y	0	1
0	0.3	0.2
1	0.4	0.1

求 $E(X)$, $E(Y)$, $E(X-2Y)$, $E(3XY)$, $D(X)$, $D(Y)$, $\mathrm{cov}\,(X,Y)$, ρ_{XY}.

解 由已知条件有

X	0	1
概率	0.5	0.5

Y	0	1
概率	0.7	0.3

故得

$$E(X) = 0 \times 0.5 + 1 \times 0.5 = 0.5$$

$$E(X^2) = 0^2 \times 0.5 + 1^2 \times 0.5 = 0.5$$

$$D(X) = E(X^2) - [E(X)]^2 = 0.25$$

$$E(Y) = 0 \times 0.7 + 1 \times 0.3 = 0.3$$

$$E(Y^2) = 0^2 \times 0.7 + 1^2 \times 0.3 = 0.3$$

$$D(Y) = E(Y^2) - [E(Y)]^2 = 0.21$$

$$E(X-2Y) = E(X) - 2E(Y) = 0.5 - 2 \times 0.3 = -0.1$$

$$E(3XY) = 3E(XY) = 0.3$$

$$\mathrm{cov}\,(X,Y) = E(XY) - E(X)E(Y) = -0.05$$

$$\rho_{XY} = \frac{\mathrm{cov}\,(X,Y)}{\sqrt{D(X)}\,\sqrt{D(Y)}} = -\frac{\sqrt{21}}{21}$$

10. 设随机变量 X,Y 相互独立，它们的密度函数分别为

$$f_X(x) = \begin{cases} 2\mathrm{e}^{-2x}, & x > 0 \\ 0, & x \leqslant 0 \end{cases}, \quad f_Y(y) = \begin{cases} 4\mathrm{e}^{-4y}, & y > 0 \\ 0, & y \leqslant 0 \end{cases}$$

求 $D(X+Y)$.

解 由于 $X \sim E(2)$, $Y \sim E(4)$, 所以 $D(X) = \dfrac{1}{4}$, $D(Y) = \dfrac{1}{16}$. 又 X,Y

相互独立,因此 $D(X+Y)=D(X)+D(Y)=\dfrac{5}{16}$.

11. 设(X,Y)服从 A 上的均匀分布,其中 A 为 x 轴、y 轴及直线 $x+y=1$ 所围成的区域. 求:(1) $E(X)$;(2)$E(-3X+2Y)$;(3)$E(XY)$.

解　由已知条件得随机变量的密度函数为

$$f(x,y)=\begin{cases}2,&(x,y)\in A\\0,&\text{其他}\end{cases}$$

所以

$$E(X)=\int_{-\infty}^{+\infty}\int_{-\infty}^{+\infty}xf(x,y)\mathrm{d}x\mathrm{d}y=\int_{-1}^{0}\mathrm{d}x\int_{-1-x}^{0}x\cdot2\mathrm{d}y=-\frac{1}{3}$$

$$E(-3X+Y)=\int_{-\infty}^{+\infty}\int_{-\infty}^{+\infty}(-3x+y)f(x,y)\mathrm{d}x\mathrm{d}y=$$

$$\int_{-1}^{0}\mathrm{d}x\int_{-1-x}^{0}(-3x+y)\cdot2\mathrm{d}y=\frac{1}{3}$$

$$E(XY)=\int_{-\infty}^{+\infty}\int_{-\infty}^{+\infty}xyf(x,y)\mathrm{d}x\mathrm{d}y=\int_{-1}^{0}\mathrm{d}x\int_{-1-x}^{0}xy\cdot2\mathrm{d}y=\frac{1}{12}$$

12. 设随机变量(X,Y)的联合密度函数为

$$f(x,y)=\begin{cases}12y^2,&0\leqslant y\leqslant x\leqslant1\\0,&\text{其他}\end{cases}$$

求 $E(X),E(Y),E(XY),E(X^2+Y^2),D(X),D(Y)$.

解　关于 $E(X),E(Y),E(XY),E(X^2+Y^2)$ 计算参阅 7.3 中的例 4.

$$E(X^2)=\int_{-\infty}^{+\infty}\int_{-\infty}^{+\infty}x^2f(x,y)\mathrm{d}x\mathrm{d}y=\int_0^1\mathrm{d}x\int_0^x x^2\cdot12y^2\mathrm{d}y=\frac{2}{3}$$

$$E(Y^2)=\int_{-\infty}^{+\infty}\int_{-\infty}^{+\infty}y^2f(x,y)\mathrm{d}x\mathrm{d}y=\int_0^1\mathrm{d}x\int_0^x y^2\cdot12y^2\mathrm{d}y=\frac{2}{5}$$

$$D(X)=E(X^2)-[E(X)]^2=\frac{2}{75}$$

$$D(Y)=E(Y^2)-[E(Y)]^2=\frac{1}{25}$$

13. 设随机变量 X,Y 相互独立,且 $E(X)=E(Y)=1,D(X)=2,D(Y)=3$,求 $D(XY)$.

解　$D(XY)=E(X^2Y^2)-[E(XY)]^2=$

$$E(X^2)E(Y^2)-[E(X)\cdot E(Y)]^2=$$

$$[D(X)+(E(X))^2][D(Y)+(E(Y))^2]-$$

$$[E(X)]^2[E(Y)]^2=(2+1)^2(3+1)^2-1\times1=11$$

14. 设 $D(X)=25,D(Y)=36,\rho_{XY}=0.4.$ 求：(1) $D(X+Y)$；(2) $D(X-Y)$.

解　由数学期望及方差的性质得

$(1)D(X+Y)=D(X)+D(Y)+2\rho_{XY}\sqrt{D(X)}\sqrt{D(Y)}=$
$$25+36+2\times0.4\times5\times6=85$$

$(2)D(X-Y)=D(X)+D(Y)-2\rho_{XY}\sqrt{D(X)}\sqrt{D(Y)}=$
$$25+36-2\times0.4\times5\times6=37$$

15. 设随机变量 X,Y 相互独立，$X\sim N(1,1),Y\sim N(-2,1)$，求 $E(2X+Y),D(2X+Y)$.

解　$E(2X+Y)=2E(X)+E(Y)=2\times1+(-2)=0$
$D(2X+Y)=4D(X)+D(Y)=4\times1+1=5$

16. 验证：当 (X,Y) 为二维随机变量时，按公式 $E(X)=\int_{-\infty}^{+\infty}\int_{-\infty}^{+\infty}xf(x,y)\mathrm{d}x\mathrm{d}y$ 及按公式 $E(X)=\int_{-\infty}^{+\infty}xf(x)\mathrm{d}x$ 算得的 $E(X)$ 值相等. 这里 $f(x,y)$，$f(x)$ 依次表示 (X,Y)，X 的密度函数.

证　$E(X)=\int_{-\infty}^{+\infty}\int_{-\infty}^{+\infty}xf(x,y)\mathrm{d}x\mathrm{d}y=\int_{-\infty}^{+\infty}x\mathrm{d}x\int_{-\infty}^{+\infty}f(x,y)\mathrm{d}y=$
$$\int_{-\infty}^{+\infty}xf(x)\mathrm{d}x$$

17. 设 X 的方差为 2.5，利用契比雪夫不等式估计 $P(|X-E(X)|\geqslant7.5)$ 的值.

解　$P(|X-E(X)|\geqslant7.5)\leqslant\dfrac{D(X)}{(7.5)^2}=\dfrac{1}{22.5}=\dfrac{2}{45}$

18. 设随机变量 X 和 Y 的数学期望分别为 -2 和 2，方差分别为 1 和 4，而相关系数为 -0.5，根据契比雪夫不等式估计 $P(|X+Y|\geqslant6)$ 的值.

解　因为
$E(X+Y)=E(X)+E(Y)=-2+2=0$
$D(X+Y)=D(X)+D(Y)+2\rho_{XY}\sqrt{D(X)}\sqrt{D(Y)}=$
$$1+4+2\times(-0.5)\times1\times2=3$$

所以　　　　$P(|X+Y|\geqslant6)\leqslant\dfrac{D(X+Y)}{6^2}=\dfrac{3}{36}=\dfrac{1}{12}$

19. 在次品率为 $\dfrac{1}{6}$ 的一大批产品中，任意抽取 300 件产品，利用中心极限定理计算抽取的产品中次品数在 $40 \sim 60$ 之间的概率.

解 设 X 为 300 件产品中的次品数,那么 $X \sim B(300, \frac{1}{6})$. 于是 $E(X) = 50$, $D(X) = \frac{250}{6}$. 由棣莫弗-拉普拉斯中心极限定理得

$$P(40 < X < 60) = P(\frac{40-50}{\sqrt{250/6}} < \frac{X-50}{\sqrt{250/6}} < \frac{60-50}{\sqrt{250/6}}) =$$
$$\Phi(1.55) - \Phi(-1.55) \approx 0.878\,8$$

20. 有一批钢材,其中 80% 的长度不小于 3 m,现从钢材中随机取出 100 根,试用中心极限定理求小于 3 m 的钢材不超过 30 根的概率.

解 设 X 为 100 根钢材中小于 3 m 的钢材的根数,则 $X \sim B(100, 0.2)$. 于是 $E(X) = 20$, $D(X) = 16$. 由棣莫弗-拉普拉斯中心极限定理得

$$P(X < 30) = P(\frac{X-20}{\sqrt{16}} < \frac{30-20}{\sqrt{16}}) = \Phi(2.5) \approx 0.993\,8$$

21. 在人寿保险公司里有 3 000 个同龄的人参加人寿保险. 在 1 年内每人死亡率为 0.1%,参加保险的人在 1 年的第一天缴保险费 10 元,死亡时家属可以从保险公司领取 2 000 元. 试用中心极限定理求保险公司亏本的概率.

解 设死亡人数为 X,则 $X \sim B(3\,000, 0.001)$,且 $E(X) = 3$, $D(X) = 2.997$. 保险公司亏本当且仅当 $2\,000X > 3\,000 \times 10$,即 $X > 15$. 于是由棣莫弗-拉普拉斯中心极限定理得保险公司亏本的概率为

$$P(X > 15) = P(\frac{X-3}{\sqrt{2.997}} > \frac{15-3}{\sqrt{2.997}}) \approx 1 - \Phi(6.93) \approx 0$$

第8章

统计与统计学

8.1 重点及知识点辅导与精析

8.1.1 统计的研究对象

统计的研究对象是大量社会经济和自然现象的一定总体的数量特征及数量关系.

8.1.2 总体和个体

统计问题所要研究的对象全体或研究对象的统计指标称为总体,其中每个对象或统计指标的一个特定观察值称为个体.

统计总体也可看成是服从一定分布的统计指标,通常用大写字母 X,Y 等表示,每个个体对应着统计指标的一个特定观察值.

8.1.3 样本和抽样

总体中按一定规则抽出的一部分个体称为样品,样品的统计指标称为样本.在总体中抽取样本的过程称为抽样,抽取规则称为抽样方案.样本所包含的个体个数称为样本容量.

对于给定的抽样方案,作为将要被抽到的个体的指标,样本是一组随机变量(或随机向量),通常用大写字母例如 $X_1,X_2,\cdots,X_n$ 等表示,其中 n 为样本容量.一旦给定的抽样方案实施后,样本就是一组数据,称为样本值,通常用小写字母例如 $x_1,x_2,\cdots,x_n$ 表示.事实上,样本值 $x_1,x_2,\cdots,x_n$ 就是样本 $X_1,X_2,\cdots,X_n$ 的一组特定的观察值.有时也称单个观察 $X_i(1\leqslant i\leqslant n)$ 为样本,或称之为第 i 个样本.

8.1.4　简单随机抽样和简单随机样本

从总体中抽取样本时,为了使抽取的结果具有充分的代表性,要求抽取方法统一,即使得总体中每一个个体被抽到的机会是均等的,且每次抽样是独立的,即每次抽样结果不影响其他各次抽样结果,也不受其他各次抽样结果的影响,这种抽样方法称为简单随机抽样.由简单随机抽样得到的样本称为简单随机样本,因此简单随机样本是独立同分布的样本.这种样本既有代表性又有独立性,是使用最为广泛的一种样本.本书所涉及的样本除另有说明外,都假定是简单随机样本,简称为样本.

8.1.5　统计学及主要内容

统计学就是使用有效方法收集数据、分析数据,并基于数据做出结论的一门方法论科学.它的主要内容包括抽样调查、试验设计、点估计、区间估计和假设检验等.

8.1.6　统计方法的特点

(1)一切由数据说话.统计数据既是统计研究的出发点,又是统计方法加以实施的载体,也是推断结论的唯一实证依据.

(2)统计分析的结果常常会出错.这种错误并非是由方法的误用所引起的,但分析结论会告诉你出错的机会不会超过一个较小的界线.

(3)统计方法研究和揭示随机现象之间在数量表现层面上的相互关系,但不肯定因果关系.

(4)统计推理是归纳推理.即:选取适合观察结果的假设,由特殊推向一般.

8.1.7　统计学的思想

(1)通过对看起来是随机的现象进行统计分析,将随机性归纳于可能的规律中.

(2)对差异的把握,即从差异中发现趋势.

8.2　难点及典型例题辅导与精析

例1　统计模型与概率模型是否相同? 为什么?

解 统计模型与概率模型是不同的.称样本的联合分布为统计模型.通常情况下,概率模型中不含参数,而统计模型中含有未知的参数.

例如(抽样检查)设批量为 N 的产品,其中次品数为 $N\theta$,$0 < \theta < 1$,θ 未知,有放回地从中抽取 $n(\leqslant N)$ 件产品.定义

$$X_i = \begin{cases} 1, & \text{第 } i \text{ 件产品是次品} \\ 0, & \text{第 } i \text{ 件产品是正品} \end{cases} \quad (i = 1, 2, \cdots, n)$$

则 $X_1, X_2, \cdots, X_n$ 是独立同分布的的样本,其联合分布为

$$P(X_1 = x_1, X_2 = x_2, \cdots, X_n = x_n) = \theta^{\sum\limits_{i=1}^{n} x_i} (1-\theta)^{n - \sum\limits_{i=1}^{n} x_i}$$

其统计模型中含有未知的参数 θ,该参数可根据随机抽样数据通过统计方法确定出来.而概率模型中,该产品的次品率 θ 是已知的.

第 9 章

统计量和抽样分布

9.1 重点及知识点辅导与精析

9.1.1 统计量

完全由样本确定的量称为统计量.从数学的观点来看,统计量是样本的函数.设 $X_1,X_2,\cdots,X_n$ 是来自总体 X 的一个样本,称此样本的任一不含总体分布未知参数的函数 $T=T(X_1,X_2,\cdots,X_n)$ 为该样本的统计量.经过抽样后得到一组样本观察值 $x_1,x_2,\cdots,x_n$,则称 $t=T(x_1,x_2,\cdots,x_n)$ 为统计量观察值或统计量值.

9.1.2 常用统计量

(1) 样本均值

$$\overline{X}=\frac{1}{n}\sum_{i=1}^{n}X_i$$

(2) 样本方差

$$S^2=\frac{1}{n}\sum_{i=1}^{n}(X_i-\overline{X})^2=\frac{1}{n}\sum_{i=1}^{n}X_i^2-\overline{X}^2$$

(3) 样本标准差

$$S=\sqrt{S^2}=\sqrt{\frac{1}{n}\sum_{i=1}^{n}(X_i-\overline{X})^2}=\sqrt{\frac{1}{n}\sum_{i=1}^{n}X_i^2-\overline{X}^2}$$

它们的观察值分别为

$$\overline{x}=\frac{1}{n}\sum_{i=1}^{n}x_i,\quad s^2=\frac{1}{n}\sum_{i=1}^{n}(x_i-\overline{x})^2=\frac{1}{n}\sum_{i=1}^{n}x_i^2-\overline{x}^2$$

$$s = \sqrt{\frac{1}{n}\sum_{i=1}^{n} x_i^2 - \bar{x}^2}$$

这些观察值仍分别称为样本均值、样本方差和样本标准差.

（4）样本中位数

$$\text{med} = \begin{cases} x_{(\frac{n+1}{2})}, & \text{当 } n \text{ 为奇数} \\ \frac{1}{2}\left[x_{(\frac{n}{2})} + x_{(\frac{n}{2}+1)}\right], & \text{当 } n \text{ 为偶数} \end{cases}$$

其中，$x_{(1)} \leqslant x_{(2)} \leqslant \cdots \leqslant x_{(n)}$ 是数据 $x_1, x_2, \cdots, x_n$ 由小到大的重排. 当数据的直方图显示对称性时，样本均值与样本中位数相等.

（5）样本的极差

$$R = x_{(n)} - x_{(1)}$$

其中，$x_{(n)} = \max_{1 \leqslant i \leqslant n} x_i, x_{(1)} = \min_{1 \leqslant i \leqslant n} x_i.$

（6）样本的四分位间距

$$H = Q_U - Q_L$$

其中，$Q_L < Q_U$，且 Q_L 的左、右数据比与 Q_U 的右、左数据比为 $1:3$，称 Q_U, Q_L 为数据的上、下四分位数.

（7）样本相关系数

$$r_{xy} = \frac{\sum_{i=1}^{n}(x_i - \bar{x})(y_i - \bar{y})}{\frac{1}{n}\sqrt{\sum_{i=1}^{n}(x_i - \bar{x})^2}\sqrt{\sum_{i=1}^{n}(y_i - \bar{y})^2}}$$

其中，$\bar{x}, \bar{y}$ 分别为数据 $x_1, x_2, \cdots, x_n$ 的样本均值. 当 $r_{xy} = \pm 1$ 时，称此数据极大相关；当 $r_{xy} = 0$ 时，称此数据不相关；当 $r_{xy} > 0$ 时，称数据对为正相关；当 $r_{xy} < 0$ 时，称数据对为负相关.

9.1.3　三个重要分布

1. χ^2 分布

设 $X_1, X_2, \cdots, X_n$ 为来自总体 $N(0,1)$ 的样本，则称统计量 $U = X_1^2 + X_2^2 + \cdots + X_n^2$ 的分布为自由度为 n 的 χ^2 分布，记为 $U \sim \chi^2(n)$.

$$E(U) = n, \quad D(U) = 2n$$

称满足 $P(U \leqslant \chi_\alpha^2(n)) = \alpha$ 的点 $\chi_\alpha^2(n)$ 为 χ^2 分布的 α 分位点.

2. t 分布

设随机变量 X,Y 相互独立,且 $X \sim N(0,1),Y \sim \chi^2(n)$,则称随机变量

$$T = \frac{X}{\sqrt{Y/n}}$$

的分布为自由度为 n 的 t 分布,记为 $T \sim t(n)$.

当 n 足够大时,t 分布近似于 $N(0,1)$ 分布.

称满足 $P(T \leqslant t_\alpha^2(n)) = \alpha$ 的点 $t_\alpha^2(n)$ 为 t 分布的 α 分位点,且有

$$t_{1-\alpha}(n) = -t_\alpha(n)$$

3. F 分布

设随机变量 U,V 相互独立,且 $U \sim \chi^2(n),V \sim \chi^2(m)$,则称随机变量

$$F = \frac{U/n}{V/m}$$

的分布为自由度为 (n,m) 的 F 分布,记为 $F \sim F(n,m)$.

称满足 $P(F \leqslant F_\alpha(n,m)) = \alpha$ 的点 $F_\alpha(n,m)$ 为 F 分布的 α 分位点,且有

$$F_{1-\alpha}(n,m) = \frac{1}{F_\alpha(m,n)}$$

9.1.4 正态总体的抽样分布

统计量的分布称为抽样分布. 设 $X_1,X_2,\cdots,X_n$ 为来自正态总体 $N(\mu,\sigma^2)$ 的一个简单随机样本,即 $X_1,X_2,\cdots,X_n$ 是独立同分布的,且皆服从 $N(\mu,\sigma^2)$ 分布. $\overline{X} = \frac{1}{n}\sum_{i=1}^{n}X_i$ 与 $S^2 = \frac{1}{n}\sum_{i=1}^{n}(X_i - \overline{X})^2$ 分别为样本均值和样本方差, 则有:

(1) $\overline{X} \sim N(\mu, \frac{\sigma^2}{n})$;

(2) $\dfrac{nS^2}{\sigma^2} = \dfrac{\sum\limits_{i=1}^{n}(X_i - \overline{X})^2}{\sigma^2} \sim \chi^2(n-1)$;

(3) $\overline{X}$ 与 $S^2 = \frac{1}{n}\sum_{i=1}^{n}(X_i - \overline{X})^2$ 相互独立;

(4) $T = \dfrac{\overline{X} - \mu}{S/\sqrt{n-1}} \sim t(n-1)$.

（5）若 X_1,X_2,X_n 来自于正态总体 $N(\mu_1,\sigma_1^2)$ 的样本，$Y_1,Y_2,\cdots,Y_m$ 来自于正态总体 $N(\mu_1,\sigma^2)$ 的样本，且 $X_1,X_2,\cdots,X_n$ 与 $Y_1,Y_2,\cdots,Y_m$ 相互独立.

$$\overline{X}=\frac{1}{n}\sum_{i=1}^{n}X_i^2,\quad S_1^2=\frac{1}{n}\sum_{i=1}^{n}(X_i-\overline{X})^2$$

$$\overline{Y}=\frac{1}{m}\sum_{i=1}^{m}Y_i,\quad S_2^2=\frac{1}{m}\sum_{i=1}^{m}(Y_i-\overline{Y})^2,\quad S_w^2=\frac{nS_1^2+mS_2^2}{n+m-2}$$

则

$$T=\frac{(\overline{X}-\overline{Y})-(\mu_1-\mu_2)}{\sqrt{\frac{1}{n}+\frac{1}{m}}S_w}\sim t(n+m-2)$$

令

$$S_1^{*2}=\frac{1}{n-1}\sum_{i=1}^{n}(X_i-\overline{X})^2,\quad S_2^{*2}=\frac{1}{m-1}\sum_{i=1}^{m}(Y_i-\overline{Y})^2$$

则

$$F=\frac{S_1^{*2}}{S_2^{*2}}\sim F(n-1,m-1)$$

9.2　难点及典型例题辅导与精析

例1　为什么要提出统计量？

解　样本表现为一大批的数字，很难直接用来解决我们所要研究的具体问题，所以常常需要把样本数据加工成若干个简单明了的数字特征. 在样本数据确定后，统计量的值就可以知道了，因此统计量综合了样本的信息，是统计推断的基础.

例2　三个重要分布的作用是什么？

解　三个重要分布 χ^2 分布、t 分布、F 分布都是从正态总体中衍生出来的，实际生活中很多问题都可归结为正态分布，几种常用的统计量的分布都与这三种分布有关，这三种重要分布在正态总体的统计推断中起着非常重要的作用.

例3　设 $X_1,X_2,\cdots,X_n$ 为来自正态总体 $N(\mu,\sigma^2)$ 的一个简单随机样本，其中 μ 未知，σ^2 已知. 试求：(1)$X_1,X_2,\cdots,X_n$ 的联合密度函数；(2)$E(\overline{X})$，$D(\overline{X})$，$E(S^2)$.

解　(1) 因为 $X_1,X_2,\cdots,X_n$ 为来自正态总体 $N(\mu,\sigma^2)$ 的样本，所以
$$X_i\sim N(\mu,\sigma^2)\quad(i=1,2,\cdots,n)$$

X_i 的密度函数为

$$f(x_i) = \frac{1}{\sqrt{2\pi}\,\sigma} e^{-\frac{(X_i-\mu)^2}{2\sigma^2}}$$

又 $X_1, X_2, \cdots, X_n$ 相互独立,故 $X_1, X_2, \cdots, X_n$ 的联合密度函数为

$$f(x_1, x_2, \cdots, x_n; \mu) = \prod_{i=1}^{n} \left(\frac{1}{\sqrt{2\pi}\,\sigma} e^{-\frac{(X_i-\mu)^2}{2\sigma^2}}\right) = (2\pi\sigma^2)^{-\frac{n}{2}} e^{-\frac{\sum_{i=1}^{n}(X_i-\mu)^2}{2\sigma^2}}$$

(2) $E(\overline{X}) = E(\frac{1}{n}\sum_{i=1}^{n} X_i) = \frac{1}{n}\sum_{i=1}^{n} E(X_i) = \frac{1}{n}\sum_{i=1}^{n}\mu = \mu$

$D(\overline{X}) = D(\frac{1}{n}\sum_{i=1}^{n} X_i) = \frac{1}{n^2}\sum_{i=1}^{n} D(X_i) = \frac{1}{n^2}\sum_{i=1}^{n}\sigma^2 = \frac{1}{n}\sigma^2$

$E(S^2) = E[\frac{1}{n}\sum_{i=1}^{n} X_i^2 - \overline{X}^2] = \frac{1}{n}\sum_{i=1}^{n} E(X_i^2) - E(\overline{X}^2) =$

$\frac{1}{n}\sum_{i=1}^{n} \{D(X_i) + [E(X_i)]^2\} - \{D(\overline{X}) + [E(\overline{X})]^2\} =$

$\frac{1}{n}\sum_{i=1}^{n} (\sigma^2 + \mu^2) - (\frac{1}{n}\sigma^2 + \mu^2) = \frac{n-1}{n}\sigma^2$

例 4　设 $\overline{X}$ 为总体 $X \sim N(3,4)$ 中抽取的样本 (X_1, X_2, X_3, X_4) 的均值,则 $P(-1 < \overline{X} < 5) = $ _____.

解　因为 $X \sim N(3,4)$,$\overline{X} \sim N(3,1)$,$\overline{X} - 3 \sim N(0,1)$,所以

$$P(-1 < \overline{X} < 5) = P(-1-3 < \overline{X}-3 < 5-3) = \Phi(2) - \Phi(-4) =$$
$$\Phi(2) = 0.977\,2$$

因此填写 $0.977\,2$.

例 5　设总体 $X \sim B(1, p)$,$X_1, X_2, \cdots, X_n$ 是来自总体的样本,$\overline{X}$ 为样本均值,则 $P(\overline{X} = \frac{k}{n})$ 等于(　　).

(A) p 　　　　　　　　　　　(B) $p^k (1-p)^{n-k}$

(C) $C_n^k p^k (1-p)^{n-k}$ 　　　　(D) $C_n^k p^{n-k} (1-p)^k$

解　因为 $X_i \sim B(1, p)$,且 $X_1, X_2, \cdots, X_n$ 相互独立,所以

$$\sum_{i=1}^{n} X_i \sim B(n, p)$$

于是

$$P(\overline{X} = \frac{k}{n}) = P(\frac{1}{n}\sum_{i=1}^{n} X_i = \frac{k}{n}) = P(\sum_{i=1}^{n} X_i = k) = C_n^k p^k (1-p)^{n-k}$$

所以选(C).

例 6　设随机变量 X 服从自由度为 (n,n) 的 F 分布,已知 $P(X>\alpha)=0.05$,则 $P(X>\dfrac{1}{\alpha})=$ _____ .

解　因为 $X\sim F(n,n)$,所以 $\dfrac{1}{X}\sim F(n,n)$,于是

$$P(X>\frac{1}{\alpha})=P(\frac{1}{X}>\frac{1}{\alpha})=P(X<\alpha)=$$
$$1-P(X\geqslant\alpha)=1-0.05=0.95$$

因此填写 0.95.

例 7　设 $X_1,X_2,\cdots,X_n$ 是来自正态总体 $N(\mu,1)$ 的一个简单随机样本, $\overline{X}$ 为样本均值, $S^{*2}=\dfrac{1}{n-1}\sum\limits_{i=1}^{n}(X_i-\overline{X})^2$,则（　　）.

(A) $\overline{X}\sim N(0,1)$　　　　　　(B) $\sum\limits_{i=1}^{n}(X_i-\overline{X})^2\sim\chi^2(n-1)$

(C) $\sum\limits_{i=1}^{n}(X_i-\mu)^2\sim\chi^2(n-1)$　　(D) $\dfrac{\overline{X}}{S^*/\sqrt{n-1}}\sim t(n-1)$

解　因为 $X_1,X_2,\cdots,X_n$ 是来自正态总体 $N(\mu,1)$ 的一个简单随机样本,所以 $X_1,X_2,\cdots,X_n$ 相互独立,且

$$X_i\sim N(\mu,1),X_i-\mu\sim N(0,1),\quad\sum_{i=1}^{n}X_i\sim N(n\mu,n)$$
$$\overline{X}=\frac{1}{n}\sum_{i=1}^{n}X_i\sim N(\mu,\frac{1}{n}),\quad\sqrt{n}(\overline{X}-\mu)\sim N(0,1)$$

而

$$\sum_{i=1}^{n}(X_i-\overline{X})^2=\sum_{i=1}^{n}(X_i-\mu)^2-n(\overline{X}-\mu)^2$$

所以

$$\sum_{i=1}^{n}(X_i-\overline{X})^2\sim\chi^2(n-1)$$

因此选(B).

另外 $\overline{X}=\dfrac{1}{n}\sum\limits_{i=1}^{n}X_i\sim N(\mu,\dfrac{1}{n})$,故(A) 错.

$\sum\limits_{i=1}^{n}(X_i-\mu)^2\sim\chi^2(n)$,故(C) 错.

$\sqrt{n}(\overline{X}-\mu)\sim N(0,1),\dfrac{\sqrt{n}(\overline{X}-\mu)}{\sqrt{(n-1)S^{*2}/n-1}}=\dfrac{\overline{X}-\mu}{S^*/\sqrt{n}}\sim t(n-1)$,故(D)

错.

所以选(B).

例8 设 $X_1, X_2, \cdots, X_n$ 是来自正态总体 $N(\mu, \sigma^2)$ 的一个简单随机样本，$\overline{X}$ 为样本均值，当 $c = \underline{\qquad\qquad}$ 时，统计量 $T = c(X_n - \overline{X})^2$ 服从 χ^2 分布.

分析 在求 $X_n - \overline{X}$ 的分布时，经常会出现这样的错误：

由于 $X_i \sim N(\mu, \sigma^2)$，所以 $\overline{X} = \frac{1}{n}\sum_{i=1}^{n} X_i \sim N(\mu, \frac{\sigma^2}{n})$，故有

$$X_n - \overline{X} \sim N(0, \frac{n+1}{n}\sigma^2), \quad \frac{X_n - \overline{X}}{\sqrt{\frac{n+1}{n}\sigma^2}} \sim N(0,1)$$

$$\left(\frac{X_n - \overline{X}}{\sqrt{\frac{n+1}{n}\sigma^2}}\right)^2 = \frac{n}{(n+1)\sigma^2}(X_n - \overline{X})^2 \sim \chi^2(1)$$

所以
$$c = \frac{n}{(n+1)\sigma^2}$$

此错误产生的原因是 X_n 与 $\overline{X}$ 不是相互独立的.

解 因为 $X_1, X_2, \cdots, X_n$ 是来自正态总体 $N(\mu, \sigma^2)$ 的一个简单随机样本，所以 $X_1, X_2, \cdots, X_n$ 相互独立，且 $X_i \sim N(\mu, \sigma^2)$. 而

$$X_n - \overline{X} = X_n - \frac{1}{n}\sum_{i=1}^{n} X_i = (\frac{n-1}{n})X_n - \frac{1}{n}\sum_{i=1}^{n-1} X_i$$

$$E(\frac{n-1}{n}X_n) = \frac{n-1}{n}\mu, \quad D(\frac{n-1}{n}X_n) = (\frac{n-1}{n})^2 \sigma^2$$

$$E(\frac{1}{n}\sum_{i=1}^{n-1} X_i) = \frac{n-1}{n}\mu, \quad D(\frac{1}{n}\sum_{i=1}^{n-1} X_i) = \frac{n-1}{n^2}\sigma^2$$

所以
$$X_n - \overline{X} = (\frac{n-1}{n})X_n - \frac{1}{n}\sum_{i=1}^{n-1} X_i \sim N(0, \frac{n-1}{n}\sigma^2)$$

$$\frac{X_n - \overline{X}}{\sqrt{\frac{n-1}{n}}\sigma} \sim N(0,1), \quad \left(\frac{X_n - \overline{X}}{\sqrt{\frac{n-1}{n}}\sigma}\right)^2 = \frac{n}{(n-1)\sigma^2}(X_n - \overline{X})^2 \sim \chi^2(1)$$

故当 $c = \frac{n}{(n-1)\sigma^2}$ 时，统计量 $T = c(X_n - \overline{X})^2$ 服从自由度为 1 的 χ^2 分布. 因此，填写 $\frac{n}{(n-1)\sigma^2}$.

例9 设 $X_1, X_2, \cdots, X_6$ 为来自正态总体 $N(0, 3^2)$ 的一个简单随机样本，求常数 a, b, c，使得 $Q = aX_1^2 + b(X_2 + X_3)^2 + c(X_4 + X_5 + X_6)^2$ 服从 χ^2 分布，并求自由度 n.

解　因为 $X_i \sim N(0,3^2)$ $(i=1,2,\cdots,6)$，$X_1,X_2,\cdots,X_6$ 相互独立，所以

$$X_1 \sim N(0,3^2), \quad \frac{1}{3}X_1 \sim N(0,1), \quad X_2+X_3 \sim N(0,18)$$

$$\frac{1}{3\sqrt{2}}(X_2+X_3) \sim N(0,1), \quad X_4+X_5+X_6 \sim N(0,27)$$

$$\frac{1}{3\sqrt{3}}(X_4+X_5+X_6) \sim N(0,1)$$

由此

$$\left(\frac{1}{3}X_1\right)^2 + \left[\frac{1}{3\sqrt{2}}(X_2+X_3)\right]^2 + \left[\frac{1}{3\sqrt{3}}(X_4+X_5+X_6)\right]^2 \sim \chi^2(3)$$

故当 $a=\dfrac{1}{9}$，$b=\dfrac{1}{18}$，$c=\dfrac{1}{27}$ 时，$Q=aX_1^2+b(X_2+X_3)^2+c(X_4+X_5+X_6)^2$ 服从自由度为 3 的 $\chi^2(3)$ 分布.

例 10　设 $X_1,X_2,\cdots,X_n$ 为来自正态总体 $N(\mu,\sigma^2)$ 的一个简单随机样本，$\overline{X}_n$ 和 S_n^2 是样本均值和样本方差；又设 X_{n+1} 是来自 $N(\mu,\sigma^2)$ 的新试验值，与 $X_1,X_2,\cdots,X_n$ 独立. 求统计量 $T=\sqrt{\dfrac{n-1}{n+1}}\,\dfrac{X_{n+1}-\overline{X}_n}{S_n}$ 的分布.

解　因为 $X_1,X_2,\cdots,X_n,X_{n+1}$ 都是来自正态总体 $N(\mu,\sigma^2)$ 的样本，所以

$$X_i \sim N(\mu,\sigma^2) \qquad (i=1,2,\cdots,n+1)$$

$$E(\overline{X}_n)=\mu, D(\overline{X}_n)=\frac{1}{n}\sigma^2, \ E(S_n^2)=\frac{n-1}{n}\sigma^2$$

$$E(X_{n+1}-\overline{X}_n)=E(X_{n+1})-E(\overline{X}_n)=\mu-\mu=0$$

$$D(X_{n+1}-\overline{X}_n)=D(X_{n+1})+D(\overline{X}_n)=\sigma^2+\frac{1}{n}\sigma^2=\frac{n+1}{n}\sigma^2$$

因此

$$(X_{n+1}-\overline{X}_n) \sim N\left(0,\frac{n+1}{n}\sigma^2\right), \quad \frac{X_{n+1}-\overline{X}_n}{\sqrt{\dfrac{n+1}{n}}\sigma} \sim N(0,1)$$

又 $\dfrac{nS_n^2}{\sigma^2} \sim \chi^2(n-1)$，且它们相互独立，所以

$$T=\frac{\dfrac{X_{n+1}-\overline{X}_n}{\sqrt{\dfrac{n+1}{n}}\sigma}}{\sqrt{\dfrac{nS_n^2}{\sigma^2}/n-1}}=\sqrt{\frac{n-1}{n+1}}\,\frac{X_{n+1}-\overline{X}_n}{S_n} \sim t(n-1)$$

即

$$T = \sqrt{\frac{n-1}{n+1}}\, \frac{X_{n+1} - \overline{X}_n}{S_n} \sim t(n-1)$$

例 11 设 $X_1, X_2, \cdots, X_n$ 为来自正态总体 $N(\mu_1, \sigma_1^2)$ 的一个简单随机样本，$Y_1, Y_2, \cdots, Y_m$ 为来自正态总体 $N(\mu_2, \sigma_2^2)$ 的一个简单随机样本，$X_1, X_2, \cdots, X_n$ 与 $Y_1, Y_2, \cdots, Y_m$ 相互独立. 记

$$\overline{X} = \frac{1}{n}\sum_{i=1}^{n} X_i, \quad \overline{Y} = \frac{1}{m}\sum_{i=1}^{m} Y_i$$

$$S_1^{*2} = \frac{1}{n-1}\sum_{i=1}^{n}(X_i - \overline{X})^2, \quad S_2^{*2} = \frac{1}{m-1}\sum_{i=1}^{m}(Y_i - \overline{Y})^2$$

证明 $\dfrac{S_1^{*2}/S_2^{*2}}{\sigma_1^2/\sigma_2^2} \sim F(n-1, m-1).$

证 因为

$$S_1^{*2} = \frac{1}{n-1}\sum_{i=1}^{n}(X_i - \overline{X})^2 = \frac{n}{n-1}S_1^2$$

$$S_2^{*2} = \frac{1}{m-1}\sum_{i=1}^{m}(Y_i - \overline{Y})^2 = \frac{m}{m-1}S_2^2$$

其中，$S_1^2 = \frac{1}{n}\sum_{i=1}^{n}(X_i - \overline{X})^2$ 和 $S_2^2 = \frac{1}{m}\sum_{i=1}^{m}(Y_i - \overline{Y})^2$ 分别为 $X_1, X_2, \cdots, X_n$ 与 $Y_1, Y_2, \cdots, Y_m$ 的样本方差，所以

$$U = \frac{nS_1^2}{\sigma_1^2} = \frac{(n-1)S_1^{*2}}{\sigma_1^2} \sim \chi^2(n-1)$$

$$V = \frac{mS_2^2}{\sigma_2^2} = \frac{(m-1)S_2^{*2}}{\sigma_2^2} \sim \chi^2(m-1)$$

由于 $X_1, X_2, \cdots, X_n$ 与 $Y_1, Y_2, \cdots, Y_m$ 相互独立，所以 S_1^{*2} 与 S_2^{*2} 相互独立，因此

$$F = \frac{U/(n-1)}{V/(m-1)} = \frac{\dfrac{(n-1)S_1^{*2}}{\sigma_1^2}\dfrac{1}{n-1}}{\dfrac{(m-1)S_2^{*2}}{\sigma_2^2}\dfrac{1}{m-1}} = \frac{S_1^{*2}/S_2^{*2}}{\sigma_1^2/\sigma_2^2} \sim F(n-1, m-1)$$

即

$$\frac{S_1^{*2}/S_2^{*2}}{\sigma_1^2/\sigma_2^2} \sim F(n-1, m-1)$$

例 12 设 $X_1, X_2, \cdots, X_n$ 为取自总体 X 的简单随机样本，已知 $E(X^k) =$

$a_k(k=1,2,3,4)$. 证明：当 n 充分大时，随机变量 $Z_n=\dfrac{1}{n}\sum\limits_{i=1}^{n}X_i^2$ 近似服从正态分布 $N(a_2,\dfrac{a_4-a_2^2}{n})$.

证 因为 $X_1,X_2,\cdots,X_n$ 为取自总体 X 的简单随机样本，所以 X_1, $X_2,\cdots,X_n$ 相互独立，且都与 X 同分布. 由此 $X_1^2,X_2^2,\cdots,X_n^2$ 相互独立，且都服从同一分布. 由 $E(X^k)=a_k(k=1,2,3,4)$，可得

$$E(X_i)=a_1, \quad E(X_i^2)=a_2, \quad E(X_i^4)=a_4$$

所以

$$D(X_i)=a_2-a_1^2, \quad D(X_i^2)=a_4-a_2^2$$

$$E(Z_n)=E(\frac{1}{n}\sum_{i=1}^{n}X_i^2)=\frac{1}{n}\cdot n\cdot a_2=a_2$$

$$D(Z_n)=D(\frac{1}{n}\sum_{i=1}^{n}X_i^2)=\frac{1}{n^2}\cdot n\cdot(a_4-a_2^2)=\frac{1}{n}(a_4-a_2^2)$$

将 Z_n 标准化得

$$Z_n^*=\frac{Z_n-E(Z_n)}{\sqrt{D(Z_n)}}=\frac{Z_n-a_2}{\sqrt{\dfrac{a_4-a_2^2}{n}}}$$

由独立同分布的中心极限定理可得

$$\lim_{n\to\infty}P(Z_n^*\leqslant z)=\Phi(z)$$

即 Z_n^* 的极限分布为 $N(0,1)$，所以随机变量 $Z_n=\dfrac{1}{n}\sum\limits_{i=1}^{n}X_i^2$ 近似服从正态分布 $N(a_2,\dfrac{a_4-a_2^2}{n})$.

9.3 考点及考研真题辅导与精析

例 1 设 $X_1,X_2,\cdots,X_n$ 为来自正态总体 $N(\mu,\sigma^2)$ 的简单随机样本，$\overline{X}$ 是样本均值，记

$$S_1^2=\frac{1}{n-1}\sum_{i=1}^{n}(X_i-\overline{X})^2, \quad S_2^2=\frac{1}{n}\sum_{i=1}^{n}(X_i-\overline{X})^2$$

$$S_3^2=\frac{1}{n-1}\sum_{i=1}^{n}(X_i-\mu)^2, \quad S_4^2=\frac{1}{n}\sum_{i=1}^{n}(X_i-\mu)^2$$

则服从自由度为 $n-1$ 的 t 分布的随机变量是（　　　）.

(A) $t = \dfrac{\overline{X} - \mu}{S_1/\sqrt{n}}$ 　　　　(B) $t = \dfrac{\overline{X} - \mu}{S_2/\sqrt{n-1}}$

(C) $t = \dfrac{\overline{X} - \mu}{S_3/\sqrt{n}}$ 　　　　(D) $t = \dfrac{\overline{X} - \mu}{S_4/\sqrt{n}}$

（1994 年硕士研究生入学考试试题）

解　因为 $X_1, X_2, \cdots, X_n$ 为来自正态总体 $N(\mu, \sigma^2)$ 的简单随机样本，$\overline{X}$ 是样本均值，所以

$$X_i \sim N(\mu, \sigma^2) \qquad (i = 1, 2, \cdots, n)$$

$$E(\overline{X}_n) = \mu$$

$$D(\overline{X}_n) = \frac{1}{n}\sigma^2$$

$$\overline{X} \sim N\left(\mu, \frac{1}{n}\sigma^2\right)$$

故

$$\frac{\overline{X} - \mu}{\sigma/\sqrt{n}} \sim N(0,1)$$

而

$$\frac{nS_2^2}{\sigma^2} \sim \chi^2(n-1)$$

所以

$$T = \frac{\dfrac{\overline{X} - \mu}{\sigma/\sqrt{n}}}{\sqrt{\dfrac{nS_2^2}{\sigma^2}/(n-1)}} = \frac{\overline{X} - \mu}{S_2/\sqrt{n-1}} \sim t(n-1)$$

故应选（B）.

例 2　设随机变量 X 和 Y 相互独立，且都服从正态分布 $N(0, 3^2)$，而 X_1, $X_2, \cdots, X_9$ 和 $Y_1, Y_2, \cdots, Y_9$ 分别是来自总体 X 和 Y 的简单随机样本，则统计量 $U = \dfrac{X_1 + X_2 + \cdots + X_9}{\sqrt{Y_1^2 + Y_2^2 + \cdots + Y_9^2}}$ 服从_____分布，参数为_____.

（1997 年硕士研究生入学考试试题）.

解　因为 $X_1, X_2, \cdots, X_9$ 和 $Y_1, Y_2, \cdots Y_9$ 是分别来自总体 X 和 Y 的简单随机样本，所以 $X_1, X_2, \cdots, X_9$ 相互独立，$Y_1, Y_2, \cdots Y_9$ 相互独立，且

$$X \sim N(0, 3^2), \quad Y \sim N(0, 3^2)$$

所以

$$\sum_{i=1}^{9} X_i \sim N(0, 9^2), \quad \overline{X} = \frac{1}{9}\sum_{i=1}^{9} X_i \sim N(0,1)$$

$$\frac{1}{3}Y_i \sim N(0,1), \quad \sum_{i=1}^{9}\left(\frac{1}{3}Y_i\right)^2 \sim \chi^2(9)$$

又 X 和 Y 相互独立,所以

$$\frac{\frac{1}{9}\sum_{i=1}^{9}X_i}{\sqrt{\sum_{i=1}^{9}(\frac{1}{3}Y_i)^2/9}} = \frac{X_1+X_2+\cdots+X_9}{\sqrt{Y_1^2+Y_2^2+\cdots+Y_9^2}} = U \sim t(9)$$

故 $U = \dfrac{X_1+X_2+\cdots+X_9}{\sqrt{Y_1^2+Y_2^2+\cdots+Y_9^2}}$ 服从 t 分布,参数为 9.

例 3　设 X_1, X_2, X_3, X_4 是来自正态总体 $N(0,2^2)$ 的简单随机样本,
$$X = a(X_1-2X_2)^2 + b(3X_3-4X_4)^2$$

则当 $a = $ _____ , $b = $ _____ 时,统计量 X 服从 χ^2 分布,其自由度为 _____ .

(1998 年硕士研究生入学考试试题)

解　因为 X_1, X_2, X_3, X_4 是来自正态总体 $N(0,2^2)$ 的简单随机样本,所以 X_1, X_2, X_3, X_4 相互独立,且 $X_i \sim N(0,2^2)(i=1,2,3,4)$,由此有

$$X_1 - 2X_2 \sim N(0,20), \quad \frac{X_1-2X_2}{\sqrt{20}} \sim N(0,1)$$

$$3X_3 - 4X_4 \sim N(0,100), \quad \frac{3X_3-4X_4}{10} \sim N(0,1)$$

所以

$$(\frac{X_1-2X_2}{\sqrt{20}})^2 + (\frac{3X_3-4X_4}{10})^2 = \frac{1}{20}(X_1-2X_2)^2 + \frac{1}{100}(3X_3-4X_4)^2 \sim \chi^2(2)$$

故当 $a = \dfrac{1}{20}$, $b = \dfrac{1}{100}$ 时,统计量 X 服从 χ^2 分布,其自由度为 2.

例 4　在天平上重复称量一重为 a 的物品,假设各次称量结果是相互独立且同服从正态分布 $N(a,0.2^2)$. 若以 $\overline{X}_n$ 表示 n 次称量结果的算术平均值,则为使 $P(|\overline{X}_n - a| < 0.1) \geqslant 0.95$,$n$ 的最小值应不小于自然数 _____ .

(1999 年硕士研究生入学考试试题)

解　用 X_i 表示第 i 次称量结果,则

$$X_i \sim N(a,0.2^2), \quad \overline{X}_n \sim N(a,\frac{0.2^2}{n}), \quad \frac{\overline{X}_n - a}{\frac{0.2}{\sqrt{n}}} \sim N(0,1)$$

$$P(|\overline{X}_n - a| < 0.1) = P\left(\left|\frac{\overline{X}_n - a}{0.2/\sqrt{n}}\right| < \frac{\sqrt{n}}{2}\right) = \Phi(\frac{\sqrt{n}}{2}) - \Phi(-\frac{\sqrt{n}}{2}) =$$

$$2\Phi\left(\frac{\sqrt{n}}{2}\right) - 1 \geqslant 0.95$$

所以

$$\Phi(\frac{\sqrt{n}}{2}) \geqslant 0.975, \quad \frac{\sqrt{n}}{2} \geqslant 1.96, \quad n \geqslant 15.37$$

故 n 的最小值应不小于自然数 16.

例 5　设 $X_1, X_2, \cdots, X_9$ 是来自正态总体 X 的简单随机样本，$Y_1 = \frac{1}{6}(X_1 + \cdots + X_6), Y_2 = \frac{1}{3}(X_7 + X_8 + X_9), S_1^2 = \frac{1}{2}\sum_{i=7}^{9}(X_i - Y_2)^2, Z = \frac{\sqrt{2}(Y_1 - Y_2)}{S_1}$，证明统计量 Z 服从自由度为 2 的 t 分布.

（1999 年硕士研究生入学考试试题）

证　因为 $X_1, X_2, \cdots, X_9$ 是来自正态总体 X 的简单随机样本，设 $X \sim N(\mu, \sigma^2)$，则

$$\frac{X_i - \mu}{\sigma} \sim N(0,1), \quad Y_1 = \frac{1}{6}(X_1 + \cdots + X_6) \sim N(\mu, \frac{\sigma^2}{6})$$

$$Y_2 = \frac{1}{3}(X_7 + X_8 + X_9) \sim N(\mu, \frac{\sigma^2}{3}), \quad Y_1 - Y_2 \sim N(0, \frac{\sigma^2}{2})$$

$$\frac{\sqrt{2}(Y_1 - Y_2)}{\sigma} \sim N(0,1), \quad \frac{\sqrt{3}(Y_2 - \mu)}{\sigma} \sim N(0,1)$$

而

$$S_1^2 = \frac{1}{2}\sum_{i=7}^{9}(X_i - Y_2)^2 = \frac{1}{2}\sum_{i=7}^{9}[(X_i - \mu) - (Y_2 - \mu)]^2 =$$

$$\frac{1}{2}\sum_{i=7}^{9}[(X_i - \mu)^2 + (Y_2 - \mu)^2 - 2(X_i - \mu)(Y_2 - \mu)] =$$

$$\frac{\sigma^2}{2}\left\{\sum_{i=7}^{9}\left(\frac{X_i - \mu}{\sigma}\right)^2 - \left[\frac{\sqrt{3}(Y_2 - \mu)}{\sigma}\right]^2\right\}$$

所以 $\frac{2S_1^2}{\sigma^2} \sim \chi^2(2)$，故得

$$\frac{\dfrac{\sqrt{2}(Y_1 - Y_2)}{\sigma}}{\sqrt{\dfrac{2S_1^2}{\sigma^2}/2}} = \frac{\sqrt{2}(Y_1 - Y_2)}{S_1} = Z \sim t(2)$$

即统计量 $Z = \dfrac{\sqrt{2}(Y_1 - Y_2)}{S_1}$ 服从自由度为 2 的 t 分布.

例6 设总体 X 服从正态分布 $N(0,2^2)$，而 $X_1,X_2,\cdots,X_{15}$ 是来自总体 X 的简单随机样本，则随机变量 $Y=\dfrac{X_1^2+\cdots+X_{10}^2}{2(X_{11}^2+\cdots+X_{15}^2)}$ 服从_____分布，参数为_____. （2001 年硕士研究生入学考试试题）

解 因为 $X\sim N(0,2^2)$，而 $X_1,X_2,\cdots,X_{15}$ 是来自总体 X 的简单随机样本，所以

$$X_i\sim N(0,2^2),\quad \frac{X_i}{2}\sim N(0,1)$$

由此得 $\dfrac{1}{4}(X_1^2+\cdots+X_{10}^2)\sim\chi^2(10)$，$\dfrac{1}{4}\big[2(X_{11}^2+\cdots+X_{15}^2)\big]\sim\chi^2(10)$

所以

$$Y=\frac{X_1^2+\cdots+X_{10}^2}{2(X_{11}^2+\cdots+X_{15}^2)}=\frac{\frac{1}{4}(X_1^2+\cdots+X_{10}^2)/10}{\frac{1}{4}\big[2(X_{11}^2+\cdots+X_{15}^2)\big]/10}\sim F(10,10)$$

即随机变量 $Y=\dfrac{X_1^2+\cdots+X_{10}^2}{2(X_{11}^2+\cdots+X_{15}^2)}$ 服从 F 分布，参数为 $(10,10)$.

例7 设随机变量 X 和 Y 都服从标准正态分布，则（　　）.

(A) $X+Y$ 服从正态分布　　　(B) X^2+Y^2 服从 χ^2 分布

(C) X^2 和 Y^2 都服从 χ^2 分布　(D) $\dfrac{X^2}{Y^2}$ 服从 F 分布

（2002 年硕士研究生入学考试试题）

解 此题中随机变量 X 和 Y 都服从标准正态分布，但不一定相互独立，因此答案(A),(B),(D) 都不对，只有(C) 正确，$X^2\sim\chi^2(1)$，$Y^2\sim\chi^2(1)$.

例8 设总体 X 服从正态分布 $N(\mu_1,\sigma^2)$，总体 Y 服从正态分布 $N(\mu_2,\sigma^2)$，$X_1,X_2,\cdots,X_{n_1}$ 和 $Y_1,Y_2,\cdots,Y_{n_2}$ 分别是来自总体 X 和 Y 的简单随机样本，则 $E\left[\dfrac{\sum_{i=1}^{n_1}(X_i-\overline{X})^2+\sum_{j=1}^{n_2}(Y_j-\overline{Y})^2}{n_1+n_2-2}\right]=$_____.

（2004 年硕士研究生入学考试试题）

解 因为 $X\sim N(\mu_1,\sigma^2)$，$Y\sim N(\mu_2,\sigma^2)$，$X_1,X_2,\cdots,X_{n_1}$ 和 $Y_1,Y_2,\cdots Y_{n_2}$ 分别是来自总体 X 和 Y 的简单随机样本，所以

$$E\left[\frac{\sum_{i=1}^{n_1}(X_i-\overline{X})^2+\sum_{j=1}^{n_2}(Y_j-\overline{Y})^2}{n_1+n_2-2}\right]=$$

$$\frac{1}{n_1+n_2-2}\{[\sum_{i=1}^{n_1}E\,(X_i)^2-n_1E\,(\overline{X})^2]+[\sum_{j=1}^{n_2}E\,(Y_j)^2-n_2E\,(\overline{Y})^2]\}=$$

$$\frac{1}{n_1+n_2-2}\{[\sum_{i=1}^{n_1}(\sigma^2+\mu_1^2)-n_1(\frac{\sigma^2}{n_1}+\mu_1^2)]+[\sum_{j=1}^{n_2}(\sigma^2+\mu_2^2)-n_2(\frac{\sigma^2}{n_2}+\mu_2^2)]\}=$$

$$\frac{1}{n_1+n_2-2}[(n_1\sigma^2+n_1\mu_1^2-\sigma^2-n_1\mu_1^2)+(n_2\sigma^2+n_2\mu_2^2-\sigma^2-n_2\mu_2^2)]=\sigma^2$$

故填 σ^2.

例9 设 $X_1,X_2,\cdots,X_n(n\geqslant2)$ 为来自总体 $N(0,1)$ 的简单随机样本,$\overline{X}$ 为样本均值,$S^{*2}=\frac{1}{n-1}\sum_{i=1}^{n}(X_i-\overline{X})^2$,则(　　).

(A)$n\overline{X}\sim N(0,1)$ 　　　　(B) $nS^{*2}\sim\chi^2(n)$

(C) $\frac{(n-1)\overline{X}}{S^*}\sim t(n-1)$ 　　(D) $\frac{(n-1)X_1^2}{\sum_{i=2}^{n}X_i^2}\sim F(1,n-1)$

(2005 年硕士研究生入学考试试题)

解 因为 $X_1,X_2,\cdots,X_n(n\geqslant2)$ 为来自总体 $N(0,1)$ 的简单随机样本,所以

$$X_i\sim N(0,1),\quad\overline{X}=\frac{1}{n}(X_1+X_2+\cdots+X_n)\sim N(0,\frac{1}{n}),\quad n\overline{X}\sim N(0,n)$$

故(A) 错.

又 $\frac{\overline{X}-0}{\frac{S^*}{\sqrt{n}}}=\frac{\sqrt{n}\overline{X}}{S^*}\sim t(n-1)$,故(C) 错.

而$\frac{(n-1)S^2}{1^2}=(n-1)S^2\sim\chi^2(n-1)$,不能断定(B) 是正确选项.

又因为 $X_1^2\sim\chi^2(1)$,$\sum_{i=2}^{n}X_i^2\sim\chi^2(n-1)$,且 $X_1^2\sim\chi^2(1)$ 与 $\sum_{i=2}^{n}X_i^2\sim\chi^2(n-1)$ 相互独立,所以

$$\frac{X_1^2/1}{\sum_{i=2}^{n}X_i^2/n-1}=\frac{(n-1)X_1^2}{\sum_{i=2}^{n}X_i^2}\sim F(1,n-1)$$

故应选(D).

例10 设 $X_1,X_2,\cdots,X_n(n>2)$ 为来自总体 $N(0,1)$ 的简单随机样本,$\overline{X}$ 为样本均值,记 $Y_i=X_i-\overline{X},i=1,2,\cdots,n$. 求:

(1) Y_i 的方差 $DY_i,i=1,2,\cdots,n$;

(2) Y_1 与 Y_n 的协方差 cov (Y_1, Y_n).

(2005 年硕士研究生入学考试试题)

解 因为 $X_1, X_2, \cdots, X_n (n > 2)$ 为来自总体 $N(0,1)$ 的简单随机样本，$X_1, X_2, \cdots, X_n (n > 2)$ 相互独立，且 $X_i \sim N(0,1)$，所以

$$EX_i = 0, \quad DX_i = 1 (i = 1, 2, \cdots, n), \quad E\overline{X} = 0, \quad D(\overline{X}) = \frac{1}{n}$$

$$E(Y_i) = E(X_i - \overline{X}) = E(X_i) - E(\overline{X}) = 0$$

(1) $DY_i = D(X_i - \overline{X}) = D\left[(1 - \frac{1}{n})X_i - \frac{1}{n}\sum_{j \neq i} X_j\right] =$

$$(1 - \frac{1}{n})^2 DX_i + \frac{1}{n^2}\sum_{j \neq i}^{n} DX_j = \frac{(n-1)^2}{n^2} + \frac{1}{n^2} \cdot (n-1) = \frac{n-1}{n}$$

(2) cov $(Y_1, Y_n) = E[(Y_1 - EY_1)(Y_n - EY_n)] =$

$$E(Y_1 Y_n) - E(Y_1)E(Y_n) =$$

$$E[(X_1 - \overline{X})(X_n - \overline{X})] - 0 =$$

$$E(X_1 X_n - X_1 \overline{X} - X_n \overline{X} + \overline{X}^2) =$$

$$E(X_1 X_n) - E(\frac{1}{n} X_1 \sum_{i=1}^{n} X_i) -$$

$$E(\frac{1}{n} X_n \sum_{i=1}^{n} X_i) + E\overline{X}^2 =$$

$$0 - \frac{1}{n}E(X_1^2) - \frac{1}{n}E(X_n^2) + D\overline{X} + (E\overline{X})^2 =$$

$$-\frac{1}{n} - \frac{1}{n} + \frac{1}{n} = -\frac{1}{n}$$

例 11 设总体 X 的概率密度为 $f(x) = \frac{1}{2}e^{-|x|} (-\infty < x < +\infty)$，$x_1$, $x_2, \cdots, x_n$ 为总体的简单随机样本，$S^{*2} = \frac{1}{n-1}\sum_{i=1}^{n}(X_i - \overline{X})^2$，则 $E(S^{*2}) =$ _____.

(2006 年硕士研究生入学考试试题)

解 因为 X 的概率密度为 $f(x) = \frac{1}{2}e^{-|x|} (-\infty < x < +\infty)$，所以

$$E(X) = E(X_i) = \int_{-\infty}^{+\infty} x f(x) dx = \int_{-\infty}^{+\infty} \frac{1}{2} x e^{-|x|} dx = 0$$

$$D(X) = D(X_i) = \int_{-\infty}^{+\infty} x^2 f(x) dx = \int_{-\infty}^{+\infty} \frac{1}{2} x^2 e^{-|x|} dx = \int_{0}^{+\infty} x^2 e^{-x} dx = 2$$

$$E(\overline{X}) = 0, \quad D(\overline{X}) = \frac{2}{n}$$

$$E(S^2) = E\left[\frac{1}{n-1}\sum_{i=1}^{n}(X_i - \overline{X})^2\right]\frac{n}{n-1}\left[E(X_i^2) - E(\overline{X}^2)\right] =$$

$$\frac{n}{n-1}(2 - \frac{2}{n}) = 2$$

例 12　设 $X_1, X_2, \cdots, X_n$ 是来自二项分布总体 $B(n, p)$ 的简单随机样本，$\overline{X}$ 为样本均值，$S^{*2} = \frac{1}{n-1}\sum_{i=1}^{n}(X_i - \overline{X})^2$，记统计量 $T = \overline{X} - S^{*2}$，则 $E(T) =$

_____.

（2009 年研究生入学考试题）

解　因为 $X_1, X_2, \cdots X_n$ 是来自二项分布总体 $B(n, p)$ 的简单随机样本，所以

$$X_i \sim B(n, p), \quad E(X_i) = np, \quad D(X_i) = np(1-p)$$

$$E(\overline{X}) = E(\frac{1}{n}\sum_{i=1}^{n}X_i) = \frac{1}{n}\sum_{i=1}^{n}E(X_i) = \frac{1}{n} \cdot n \cdot np = np$$

$$D(\overline{X}) = D(\frac{1}{n}\sum_{i=1}^{n}X_i) = \frac{1}{n^2}\sum_{i=1}^{n}D(X_i) = \frac{1}{n^2} \cdot n \cdot np(1-p) = p(1-p)$$

$$E(S^2) = E\left[\frac{1}{n-1}\sum_{i=1}^{n}X_i^2 - \frac{n}{n-1}(\overline{X})^2\right] =$$

$$\frac{1}{n-1}\sum_{i=1}^{n}E(X_i^2) - \frac{n}{n-1}E(\overline{X}^2) =$$

$$\frac{1}{n-1}n\left[(np(1-p) + n^2 p^2\right] - \frac{n}{n-1}\left[p(1-p) + n^2 p^2\right] =$$

$$np(1-p)$$

故 $E(T) = E(\overline{X} - S^2) = E(\overline{X}) - E(S^2) = np - np(1-p) = np^2$.

例 13　设 $X_1, X_2, \cdots, X_n$ 是来自总体 $N(\mu, \sigma^2)(\sigma > 0)$ 的简单随机样本，统计量 $T = \frac{1}{n}\sum_{i=1}^{n}X_i^2$，则 $E(T) =$ _____.

（2010 年硕士研究生入学考试试题）

解　因为 $X_1, X_2, \cdots X_n$ 是来自总体 $N(\mu, \sigma^2)$ 的简单随机样本，所以

$$X_i \sim N(\mu, \sigma^2), \quad E(X_i) = \mu, \quad D(X_i) = \sigma^2$$

$$E(T) = E\left[\frac{1}{n}\sum_{i=1}^{n}X_i^2\right] = \frac{1}{n}\sum_{i=1}^{n}E(X_i^2) = \frac{1}{n}\sum_{i=1}^{n}\{D(X_i) + [E(X_i)]^2\} =$$

$$\frac{1}{n}\sum_{i=1}^{n}(\sigma^2 + \mu^2) = \sigma^2 + \mu^2$$

9.4　课后习题解答

1.设 $X_1,X_2,\cdots,X_6$ 是来自服从参数为 λ 的泊松分布 $P(\lambda)$ 的样本,试写出样本的联合分布律.

解　因为 $X_1,X_2,\cdots,X_6$ 是来自服从参数为 λ 的泊松分布 $P(\lambda)$ 的样本,所以 $X_1,X_2,\cdots,X_6$ 相互独立,且

$$P(X_i=k)=\frac{\lambda^k e^{-\lambda}}{k!}\qquad(k=1,2,\cdots;\lambda>0;i=1,2,\cdots,6)$$

故样本的联合分布律为

$$P(X_1=x_1,X_2=x_2,\cdots,X_6=x_6)=f(x_1,x_2,\cdots,x_6)=$$

$$\prod_{i=1}^{6}\frac{\lambda^{x_i}e^{-\lambda}}{x_i!}=\frac{e^{-6\lambda}\lambda^{\sum\limits_{i=1}^{6}x_i}}{\prod\limits_{i=1}^{6}x_i!}$$

2.设 $X_1,X_2,\cdots,X_6$ 是来自 $(0,\theta)$ 上均匀分布的样本,$\theta>0$ 未知.

(1)写出样本的联合密度函数;

(2)指出下列样本函数中哪些是统计量,哪些不是? 为什么?

$$T_1=\frac{X_1+X_2+\cdots+X_6}{6},\qquad T_2=X_6-\theta$$

$$T_3=X_6-E(X_1),\qquad\qquad T_4=\max\{X_1,X_2,\cdots,X_n\}$$

(3)设样本的一组观察值是 $0.5,1,0.7,0.6,1,1$,写出样本均值、样本方差和标准差.

解　(1)因为 $X_1,X_2,\cdots,X_6$ 是来自 $(0,\theta)$ 上均匀分布的样本,所以 $X_1,X_2,\cdots,X_6$ 相互独立,且 X_i 的密度函数为

$$f(x_i)=\begin{cases}\dfrac{1}{\theta},&x_i\in(0,\theta)\\[2mm]0,&\text{其他}\end{cases}\qquad(i=1,2,\cdots,6)$$

故该样本的联合密度函数为

$$f(x_1,x_2,\cdots,x_6)=\begin{cases}\dfrac{1}{\theta^6},&0<x_1,x_2,\cdots,x_6<\theta\\[2mm]0,&\text{其他}\end{cases}$$

(2)T_1 和 T_4 是统计量,T_2 和 T_3 不是.因为 T_1 和 T_4 中不含未知参数 θ,T_2 和 T_3 中含有未知参数 θ.$T_3=X_6-\dfrac{\theta}{2}$.

（3）样本均值为

$$\bar{x} = \frac{1}{6}(x_1 + x_2 + \cdots + x_6) = \frac{1}{6}(0.5 + 1 + 0.7 + 0.6 + 1 + 1) = 0.8$$

样本方差为

$$s^2 = \frac{1}{6}\sum_{i=1}^{6}x_i^2 - \bar{x}^2 =$$

$$\frac{1}{6}(0.5^2 + 1^2 + 0.7^2 + 0.6^2 + 1^2 + 1^2) - 0.8^2 \approx$$

$$0.043\ 3$$

样本标准差为

$$s = \sqrt{s^2} \approx 0.208\ 2$$

3. 查表求 $\chi_{0.99}^2(12), \chi_{0.01}^2(12), t_{0.99}(12), t_{0.01}(12)$.

解　$\chi_{0.99}^2(12) = 26.217,\quad \chi_{0.01}^2(12) = 3.571$

$t_{0.99}(12) = 2.681\ 0,\quad t_{0.01}(12) = -2.681\ 0$

4. 设 $T \sim t(10)$，求常数 c，使得 $P(T > c) = 0.95$.

解　因为 $T \sim t(10)$，且 $P(T > c) = 0.95$，所以

$$P(T > -c) = 1 - 0.95 = 0.05$$

查表得 $-c = 1.812\ 5, c = -1.812\ 5$.

5. 设 $X_1, X_2, \cdots, X_n$ 是来自正态总体 $N(0, \sigma^2)$ 的简单随机样本，试证：

（1）$\dfrac{1}{\sigma^2}\sum_{i=1}^{n}X_i^2 \sim \chi^2(n)$；　　（2）$\dfrac{1}{n\sigma^2}\left(\sum_{i=1}^{n}X_i\right)^2 \sim \chi^2(1)$.

证　（1）因为 $X_1, X_2, \cdots, X_n$ 是来自正态总体 $N(0, \sigma^2)$ 的简单随机样本，所以 $X_1, X_2, \cdots, X_n$ 相互独立，且 $X_i \sim N(0, \sigma^2)$，由此得

$$\frac{1}{\sigma}X_i \sim N(0, 1)$$

令 $U = \left(\dfrac{X_1}{\sigma}\right)^2 + \left(\dfrac{X_2}{\sigma}\right)^2 + \cdots + \left(\dfrac{X_n}{\sigma}\right)^2$，则 $U = \dfrac{1}{\sigma^2}\sum_{i=1}^{n}X_i^2$，且 $U \sim \chi^2(n)$，所以

$$\frac{1}{\sigma^2}\sum_{i=1}^{n}X_i^2 \sim \chi^2(n)$$

（2）因为 $X_i \sim N(0, \sigma^2)(i = 1, 2, \cdots, n)$，所以

$$\sum_{i=1}^{n}X_i \sim N(0, n\sigma^2),\quad \frac{1}{\sqrt{n}\sigma}\sum_{i=1}^{n}X_i \sim N(0, 1)$$

$$\left(\frac{1}{\sqrt{n}\sigma}\sum_{i=1}^{n}X_i\right)^2=\frac{1}{n\sigma^2}\left(\sum_{i=1}^{n}X_i\right)^2\sim\chi^2(1)$$

6.设 $X_1,X_2,\cdots,X_5$ 是独立且服从相同分布的随机变量,且每个 $X_i(i=1,2,\cdots,5)$ 都服从 $N(0,1)$.(1)试给出常数 c,使得 $c(X_1^2+X_2^2)$ 服从 χ^2 分布,并指出它的自由度;(2)试给出常数 d,使得 $d\dfrac{X_1+X_2}{\sqrt{X_3^2+X_4^2+X_5^2}}$ 服从 t 分布,并指出它的自由度.

解　(1)因为 $X_1,X_2,\cdots,X_5$ 相互独立,且 $X_i(i=1,2,\cdots,5)$ 都服从 $N(0,1)$,所以 $(X_1^2+X_2^2)\sim\chi^2(2)$.因此,$c=1$,自由度为 2.

(2)因为 $X_i\sim N(0,1)(i=1,2,\cdots,5)$,所以

$$X_1+X_2\sim N(0,2),\quad\frac{1}{\sqrt2}(X_1+X_2)\sim N(0,1),\quad(X_3^2+X_4^2+X_5^2)\sim\chi^2(3)$$

因此

$$T=\frac{\frac{1}{\sqrt2}(X_1+X_2)}{\sqrt{(X_3^2+X_4^2+X_5^2)/3}}=\frac{\sqrt6}{2}\frac{(X_1+X_2)}{\sqrt{(X_3^2+X_4^2+X_5^2)}}\sim t(3)$$

故 $d=\dfrac{\sqrt6}{2}$,自由度为 3.

7.设 $X_1,X_2,\cdots X_n$ 是取自总体的一个样本,在下列三种情况下,分别求 $E(\bar X),D(\bar X),E(S^2)$.(1)$X\sim B(1,p)$;(2)$X\sim E(\lambda)$;(3)$X\sim R(0,2\theta)$,其中 $\theta>0$.

解　因为 $X_1,X_2,\cdots X_n$ 是取自总体的一个样本,所以 $X_1,X_2,\cdots X_n$ 相互独立.

(1)当 $X\sim B(1,p)$ 时,有

$$E(X)=p,\quad D(X)=p(1-p),\quad E(X^2)=p$$

故　$E(\bar X)=E(\frac{1}{n}\sum_{i=1}^{n}X_i)=\frac{1}{n}\sum_{i=1}^{n}E(X_i)=p$

$$D(\bar X)=D(\frac{1}{n}\sum_{i=1}^{n}X_i)=\frac{1}{n^2}\sum_{i=1}^{n}D(X_i)=\frac{p(1-p)}{n}$$

$$E(S^2)=E[\frac{1}{n}\sum_{i=1}^{n}X_i^2-(\bar X)^2]=\frac{1}{n}\sum_{i=1}^{n}E(X_i^2)-E(\bar X^2)=$$

$$\frac{1}{n}\cdot n\cdot p-(\frac{p(1-p)}{n}+p^2)=\frac{n-1}{n}p(1-p)$$

(2) 当 $X \sim E(\lambda)$ 时,有

$$E(X) = \frac{1}{\lambda}, \quad D(X) = \frac{1}{\lambda^2}, \quad E(X^2) = \frac{2}{\lambda^2}$$

故

$$E(\overline{X}) = E(\frac{1}{n}\sum_{i=1}^{n}X_i) = \frac{1}{n}\sum_{i=1}^{n}E(X_i) = \frac{1}{\lambda}$$

$$D(\overline{X}) = D(\frac{1}{n}\sum_{i=1}^{n}X_i) = \frac{1}{n^2}\sum_{i=1}^{n}D(X_i) = \frac{1}{n\lambda^2}$$

$$E(S^2) = E\left[\frac{1}{n}\sum_{i=1}^{n}X_i^2 - (\overline{X})^2\right] = \frac{1}{n}\sum_{i=1}^{n}E(X_i^2) - E(\overline{X}^2) =$$

$$\frac{1}{n} \cdot n \cdot \frac{2}{\lambda^2} - (\frac{1}{n\lambda^2} + \frac{1}{\lambda^2}) = \frac{n-1}{n\lambda^2}$$

(3) 当 $X \sim R(0, 2\theta)$ 时(其中 $\theta > 0$),有

$$E(X) = \theta, \quad D(X) = \frac{\theta^2}{3}, \quad E(X^2) = \frac{4}{3}\theta^2$$

故

$$E(\overline{X}) = E(\frac{1}{n}\sum_{i=1}^{n}X_i) = \frac{1}{n}\sum_{i=1}^{n}E(X_i) = \theta$$

$$D(\overline{X}) = D(\frac{1}{n}\sum_{i=1}^{n}X_i) = \frac{1}{n^2}\sum_{i=1}^{n}D(X_i) = \frac{\theta^2}{3n}$$

$$E(S^2) = E\left[\frac{1}{n}\sum_{i=1}^{n}X_i^2 - (\overline{X})^2\right] = \frac{1}{n}\sum_{i=1}^{n}E(X_i^2) - E(\overline{X}^2) =$$

$$\frac{1}{n} \cdot n \cdot \frac{4}{3}\theta^2 - (\frac{\theta^2}{3n} + \theta^2) = \frac{n-1}{3n}\theta^2$$

8. 某市有 10 000 个年满 18 岁的居民,他们中 10% 年收入超过 1 万元,20% 受过高等教育,今从中抽取 1 600 人的随机样本. 求:(1) 样本中不少于 11% 的人年收入超过 1 万元的概率;(2) 样本中 19% ~ 21% 之间的人受过高等教育的概率.

解　(1) 令

$$X_i = \begin{cases} 1, & \text{第 } i \text{ 个样本居民年收入超过 1 万元} \\ 0, & \text{第 } i \text{ 个样本居民年收入没超过 1 万元} \end{cases} \quad (i = 1, 2, \cdots, n; n = 1\ 600)$$

则 X_i 服从 $0 - 1$ 分布.

$$\mu = E(X_i) = p = 0.1, \quad \sigma^2 = D(X_i) = p(1-p) = 0.09 = 0.3^2$$

又因 $n = 1\ 600 \ll N = 100\ 000$,故可将此抽样近似看做有放回抽样,$X_1$, $X_2, \cdots X_n$ 相互独立,且 $\sum_{i=1}^{n}X_i$ 近似服从正态分布.

$$E(\sum_{i=1}^{n} X_i) = n\mu, \quad D(\sum_{i=1}^{n} X_i) = n\sigma^2, \quad \sum_{i=1}^{n} X_i \sim N(n\mu, n\sigma^2)$$

样本中年收入超过 1 万元的比例是 $\bar{X} = \dfrac{1}{n}\sum_{i=1}^{n} X_i$,所以

$$\bar{X} = \frac{1}{n}\sum_{i=1}^{n} X_i \sim N(\mu, \frac{\sigma^2}{n})$$

$$P(\bar{X} \geqslant 11\%) = 1 - P(\bar{X} < 0.11) =$$

$$1 - P(\frac{\sqrt{n}(\bar{X}-\mu)}{\sigma} < \frac{\sqrt{1\,600}(0.11-0.1)}{0.3}) =$$

$$1 - \Phi(\frac{4}{3}) = 1 - 0.908\,2 = 0.091\,8$$

即样本中不少于 11% 的人年收入超过 1 万元的概率是 0.091 8.

(2) 令

$$X_i = \begin{cases} 1, & \text{第 } i \text{ 个样本居民受过高等教育} \\ 0, & \text{第 } i \text{ 个样本居民未受过高等教育} \end{cases} \quad (i=1,2,\cdots,n; n=1\,600)$$

则 X_i 服从 $0-1$ 分布.

$$\mu = E(X_i) = p = 0.2, \quad \sigma^2 = D(X_i) = p(1-p) = 0.16 = 0.4^2$$

$$\bar{X} = \frac{1}{n}\sum_{i=1}^{n} X_i \sim N(\mu, \frac{\sigma^2}{n})$$

$$P(19\% \leqslant \bar{X} \leqslant 21\%) = P(\frac{40\times(0.19-0.2)}{0.4} \leqslant \frac{\sqrt{n}(\bar{X}-\mu)}{\sigma} \leqslant$$

$$\frac{40\times(0.21-0.2)}{0.4}) = \Phi(1) - \Phi(-1) =$$

$$2\Phi(1) - 1 = 2 \times 0.841\,3 - 1 = 0.682\,6$$

即样本中 19% ～ 21% 之间的人受过高等教育的概率为 0.682 6.

第 10 章

点 估 计

10.1 重点及知识点辅导与精析

10.1.1 点估计方法

1. 点估计的概念

设总体 X 的分布中含有未知参数 θ，$(X_1, X_2, \cdots, X_n)$ 是来自总体 X 的一个样本. 若用一个统计量 $\hat{\theta} = \hat{\theta}(X_1, X_2, \cdots, X_n)$ 来估计 θ，则称 $\hat{\theta}$ 为参数 θ 的估计量. 相应于样本值 $x_1, x_2, \cdots, x_n$，对应的 $\hat{\theta}$ 值称为参数 θ 的估计值. 这种估计称为点估计.

2. 矩估计法

矩估计法的基本思想是替换原理，即用样本矩去替换同阶总体矩. 其特点是不需要假定总体分布有明确的分布类型.

设样本的 k 阶原点矩为 $m_k = \dfrac{1}{n} \sum_{i=1}^{n} x_i^k$，总体的 k 阶原点矩为 $\mu_k = E(X^k)$. 利用替换原理有：若总体的未知参数 $\hat{\theta}_i = g_i(\mu_1, \mu_2, \cdots, \mu_k)$，$i = 1, 2, \cdots, k$，其中 $g_1, g_2, \cdots, g_k$ 为 k 个多元的已知函数，则 θ_i 的矩估计量为 $\hat{\theta}_1 = g_i(m_1, m_2, \cdots, m_k)$.

用样本均值估计总体均值，用样本方差估计总体方差是最常用的方法.

3. 最大似然估计法

最大似然估计法只适用于总体的分布类型是已知的统计模型.

设总体 X 是连续随机变量,其概率密度函数为 $f(x,\theta_1,\theta_2,\cdots,\theta_k)$,其中 θ_i 是未知参数,$i=1,2,\cdots,k$. 已知 $x_1,x_2,\cdots,x_n$ 是总体 X 的样本$(X_1,X_2,\cdots,X_n)$ 的观测值,则求 θ_i 的最大似然估计值 $\hat{\theta}_i$ 的步骤为:

(1) 写出似然函数 $L(\theta)=\prod\limits_{i=1}^{n}f(x_i,\theta_1,\theta_2,\cdots,\theta_k)$.

(2) 若 $\hat{\theta}_i(x_1,x_2,\cdots,x_n)$ 满足关系式
$$L(\hat{\theta}_1,\hat{\theta}_2,\cdots,\hat{\theta}_k)=\max L(\theta_1,\theta_2,\cdots,\theta_k)$$

则称 $\hat{\theta}_i(x_1,x_2,\cdots,x_n)$ 为 θ_i 的最(极) 大似然估计值,称 $\hat{\theta}_i(X_1,X_2,\cdots,X_n)$ 为 θ_i 的最大似然估计量.

如果 $L(\theta_1,\theta_2,\cdots,\theta_k)$ 是 θ_i 的可微函数,则将似然函数取对数,即
$$\ln L(\theta_1,\theta_2,\cdots,\theta_k)=\sum\limits_{i=1}^{n}\ln f(x_i,\theta_1,\theta_2,\cdots,\theta_k)$$

建立并求解似然方程组
$$\frac{\partial \ln L(\theta_1,\theta_2,\cdots,\theta_k)}{\partial \theta_i}=0,\quad i=1,2,\cdots,k$$

一般地,当似然函数可微时,最大似然估计值可以由解似然方程组得到. 当似然函数不可微时,可以直接找使得 $L(\theta_1,\theta_2,\cdots,\theta_k)$ 达到最大的解来求得最大似然估计值.

设总体 X 是离散随机变量,其分布律为
$$P(X=x_i;\theta_1,\theta_2,\cdots,\theta_k)=p(x_i,\theta_1,\theta_2,\cdots,\theta_k)$$

则似然函数为
$$L(\theta_1,\theta_2,\cdots,\theta_k)=\prod\limits_{i=1}^{n}p(x_i,\theta_1,\theta_2,\cdots,\theta_k)$$

它的计算方法与连续型一样.

10.1.2 点估计的优良性评判准则

1. 无偏性

设有总体分布 $f(x,\theta),\theta\in\Theta,(X_1,X_2,\cdots,X_n)$ 是来自总体 X 的一个样本,$\hat{g}=\hat{g}(X_1,X_2,\cdots,X_n)$ 是 $g(\theta)$ 的一个估计量. 如果对于每一个 $\theta\in\Theta$,都有 $E_\theta(\hat{g})=g(\theta)$,则称 $\hat{g}$ 是 $g(\theta)$ 的一个无偏估计量.

2. 有效性

设 $\hat{g}_1,\hat{g}_2$ 是 $g(\theta)$ 的两个无偏估计量. 如果对于每一个 $\theta\in\Theta$,都有 $D(\hat{g}_1)\leqslant$

$D(\hat{g}_2)$,且至少对某一个 θ_0,不等式能严格成立,则 $\hat{g}_1$ 比 $\hat{g}_2$ 有效;又称在所有的 $g(\theta)$ 的无偏估计中,方差最小的那一个为一致最小方差无偏估计.

3. 相合性(一致性)

对任意的 $\varepsilon > 0$,若 $\lim\limits_{n \to \infty} P_\theta(|\hat{g}(X_1, X_2, \cdots, X_n) - g(\theta)| > \varepsilon) = 0, \theta \in \Theta$,则称估计量 $\hat{g}$ 具有相合性.

10.2　难点及典型例题辅导与精析

例 1　设 $X_1, X_2, \cdots, X_n$ 是取自服从几何分布的总体 X 的一个样本,总体的分布律为
$$P(X = k) = p(1-p)^{k-1}, \quad k = 1, 2, \cdots$$
其中 p 未知,$0 < p < 1$,试求 p 的矩估计量.

解　因为总体一阶矩为 $a_1 = E(X) = \mu$,而
$$E(X) = \sum_{i=1}^{+\infty} ip(1-p)^{i-1} = p^{-1}$$
用样本矩去估计总体矩,即令 $\mu = p^{-1}$,所以 p 的矩估计量为 $\hat{p} = \mu^{-1} = \overline{X}^{-1}$.

例 2　设总体 $X \sim B(m, p)$,其中 m 已知,p 未知. 现从总体 X 中抽取简单随机样本 $X_1, X_2, \cdots, X_n$,试求 p 的矩估计和最大似然估计.

解　由题设可知 $E(X) = mp$,故 $\overline{X} = m\hat{p}_{矩}$,即 p 的矩估计 $\hat{p}_{矩} = \dfrac{\overline{X}}{m}$.

下面求最大似然估计. 因为似然函数为
$$L(p) = \prod_{i=1}^{n} P(X_i = x_i) = \prod_{i=1}^{n} [C_m^{x_i} p^{x_i} (1-p)^{m-x_i}] =$$
$$\left(\prod_{i=1}^{n} C_m^{x_i}\right) p^{\sum\limits_{i=1}^{n} x_i} \cdot (1-p)^{mn - \sum\limits_{i=1}^{n} x_i}$$
取对数得
$$\ln L = \ln\left(\prod_{i=1}^{n} C_m^{x_i}\right) + \sum_{i=1}^{n} x_i \cdot \ln p + \left(mn - \sum_{i=1}^{n} x_i\right)\ln(1-p)$$
故
$$\frac{\partial \ln L}{\partial p} = \frac{1}{p}\sum_{i=1}^{n} x_i - \frac{1}{1-p}\left(mn - \sum_{i=1}^{n} x_i\right)$$
令 $\dfrac{\partial \ln L}{\partial p} = 0$,解之得

$$p = \frac{1}{mn} \sum_{i=1}^{n} x_i = \frac{\bar{x}}{m}$$

故 p 的最大似然估计为 $\hat{p}_{最大} = \dfrac{\bar{X}}{m}$.

例 3 设总体 X 服从区间 $[a,b]$ 上的均匀分布,其中参数 a,b 未知,X_1,$X_2,\cdots,X_n$ 是来自 X 的一个样本. 求:(1) 参数 a,b 的矩估计. (2) 参数 a,b 的最大似然估计.

解 (1) 将被估计的参数 a,b 分别表示为总体矩的函数,设 $E(X)=\mu$,$D(X)=\sigma^2$,则

$$E(X) = \mu = \frac{a+b}{2}, \quad D(X) = \sigma^2 = \frac{(b-a)^2}{12}$$

建立关于 a,b 的方程组,即

$$\begin{cases} a+b = 2\mu \\ b-a = 2\sqrt{3}\sigma \end{cases}$$

解之得 $a = \mu - \sqrt{3}\sigma, b = \mu + \sqrt{3}\sigma$,因此 a 与 b 的矩估计值分别为

$$\hat{a} = \hat{\mu} - \sqrt{3}\hat{\sigma}, \quad \hat{b} = \hat{\mu} + \sqrt{3}\hat{\sigma}$$

其中

$$\hat{\mu} = \bar{X} = \frac{1}{n} \sum_{i=1}^{n} X_i, \quad \hat{\sigma} = \sqrt{\frac{1}{n} \sum_{i=1}^{n} (X_i - \bar{X})^2}$$

(2) 记 $x_{(1)} = \min(x_1, x_2, \cdots, x_n), x_{(n)} = \max(x_1, x_2, \cdots, x_n)$. 由题设可知,总体 X 的密度函数为

$$f(x;a,b) = \begin{cases} \dfrac{1}{b-a}, & a \leqslant x \leqslant b \\ 0, & 其他 \end{cases}$$

因此 a,b 的似然函数为

$$L(a,b) = \begin{cases} \dfrac{1}{(b-a)^n}, & a \leqslant x_i \leqslant b \quad (i=1,2,\cdots,n) \\ 0, & 其他 \end{cases}$$

因为由似然方程组

$$\frac{\partial \ln L(a,b)}{\partial a} = \frac{n}{(b-a)} = 0, \quad \frac{\partial \ln L(a,b)}{\partial b} = -\frac{n}{(b-a)} = 0$$

求不出 a,b,所以不能用解似然方程组的方法求出 a 和 b 的最大似然估计.

根据极大似然原理,可确定似然函数 $L(a,b)$ 的最大值点. 由 $L(a,b)$ 的表示式可看出,要使 $L(a,b)$ 达到最大,只需 $b-a$ 尽量小,即 a 要尽量大,且 b 要尽量小. 注意到 $a \leqslant x_{(1)}, b \geqslant x_{(n)}$,即当 $a = x_{(1)}, b = x_{(n)}$ 时,似然函数取到

极大值. 因此, a,b 的最大似然估计值为

$$\hat{a} = x_{(1)} = \min(x_1, x_2, \cdots, x_n), \quad \hat{b} = x_{(n)} = \max(x_1, x_2, \cdots, x_n)$$

a,b 的最大似然估计量为

$$\hat{a} = X_{(1)} = \min(X_1, X_2, \cdots, X_n), \quad \hat{b} = X_{(n)} = \max(X_1, X_2, \cdots, X_n)$$

例 4 设总体 X 的概率分布为

X	0	1	2	3
P	θ^2	$2\theta(1-\theta)$	θ^2	$1-2\theta$

其中, $\theta(0 < \theta < 0.5)$ 是未知参数, 利用总体 X 的如下样本值: 3,1,3,0,3,1,2,3, 求 θ 的矩估计值和最大似然估计值.

解 (1) 总体均值为

$$E(X) = 0 \times \theta^2 + 1 \times 2\theta(1-\theta) + 2 \times \theta^2 + 3 \times (1-2\theta) = 3 - 4\theta$$

样本均值为

$$\bar{x} = \frac{1}{8} \times (3+1+3+0+3+1+2+3) = 2$$

令 $E(X) = \bar{x}$, 即 $3 - 4\theta = 2$, 解得 θ 的矩估计值为 $\hat{\theta} = \frac{1}{4}$.

(2) 对于给定的样本值, $X = 0(1个), 1(2个), 2(1个), 3(4个)$, 似然函数为

$$L(\theta) = 4\theta^6 (1-\theta)^2 (1-2\theta)^4$$

取对数, 得

$$\ln L(\theta) = \ln 4 + 6\ln \theta + 2\ln(1-\theta) + 4\ln(1-2\theta)$$

令

$$\frac{\mathrm{d}\ln L(\theta)}{\mathrm{d}\theta} = \frac{6}{\theta} + \frac{2}{1-\theta} + \frac{8}{1-2\theta} = \frac{6 - 28\theta + 24\theta^2}{\theta(1-\theta)(1-2\theta)} = 0$$

解之得 $\theta_{1,2} = \frac{7 \pm \sqrt{13}}{12}$, 舍去 $\theta_1 = \frac{7 + \sqrt{13}}{12} > \frac{1}{2}$, 故 θ 的极大似然估计值为 $\hat{\theta} = \frac{7 - \sqrt{13}}{12}$.

例 5 设总体 X 的分布密度 $f(x;\theta)$ 为

$$f(x,\theta) = \begin{cases} \theta e^{-\theta x}, & x \geq 0 \\ 0, & x < 0 \end{cases} \quad (\theta > 0)$$

今从 X 中抽取 10 个样本, 得数据如下:

1 050，1 100，1 080，1 200，1 300，1 250，1 340，1 060，1 150，1 150

试用最大似然估计法估计未知参数 θ.

解　由 X 的概率密度函数，得关于样本 $X_1,X_2,\cdots,X_n$ 的似然函数为

$$L=L(\theta)=\prod_{i=1}^{n}f(x_i,\theta)=\theta^n \mathrm{e}^{-\theta\sum\limits_{i=1}^{n}x_i},\quad x_i\geqslant 0$$

在上式两端取对数，得

$$\ln L=n\ln\theta-\theta\sum_{i=1}^{n}x_i$$

求导数并令其等于零，即

$$\frac{\mathrm{d}\ln L}{\mathrm{d}\theta}=\frac{n}{\theta}-\sum_{i=1}^{n}x_i=0$$

从而可解得 θ 的最大似然估计值为

$$\hat{\theta}=\frac{1}{\frac{1}{n}\sum\limits_{i=1}^{n}x_i}=\frac{1}{\bar{x}}$$

由抽样数据可以求得

$$\bar{x}=\frac{1}{n}\sum_{i=1}^{n}x_i=1\ 168$$

因而
$$\hat{\theta}=\frac{1}{1168}\approx 0.000\ 86$$

例6　设 $X_1,X_2,\cdots,X_n$ 为总体 X 的一个样本，总体 X 的概率密度函数为

$$f(x,\theta)=\begin{cases}\dfrac{6x}{\theta^3}(\theta-x),&0<x<\theta\\[2mm]0,&\text{其他}\end{cases}$$

求：$(1)\theta$ 的矩估计量 $\hat{\theta}$；$(2)\hat{\theta}$ 的方差 $D(\hat{\theta})$.

解　(1) 因为

$$E(X)=\int_{-\infty}^{+\infty}xf(x)\mathrm{d}x=\int_{c}^{+\infty}\frac{6x^2}{\theta^3}(\theta-x)\mathrm{d}x=\frac{\theta}{2}$$

设 $\bar{X}=\dfrac{1}{n}\sum\limits_{i=1}^{n}X_i$，令 $\dfrac{\theta}{2}=\bar{X}$，得 θ 的矩估计量为 $\hat{\theta}=2\bar{X}$.

(2) 因为

$$E(X^2)=\int_{-\infty}^{+\infty}x^2f(x)\mathrm{d}x=\int_0^{\theta}\frac{6x^3}{\theta^3}(\theta-x)\mathrm{d}x=\frac{6\theta^2}{20}$$

$$D(X)=E(X^2)-[E(X)]^2=\frac{\theta^2}{20}$$

所以,$\hat{\theta}=2\overline{X}$ 的方差为

$$D(\hat{\theta})=D(2\overline{X})=4D(\overline{X})=\frac{4}{n}D(X)=\frac{\theta^2}{5n}$$

例 7 设总体 X 的概率密度函数为

$$f(x,\theta,\lambda)=\begin{cases}\frac{1}{\lambda}e^{-\frac{x-\theta}{\lambda}}, & x>\theta\\ 0, & x\leqslant\theta\end{cases}$$

其中,$\lambda>0,\theta>0$ 且为未知参数. 又设 $x_1,x_2,\cdots,x_n$ 是 X 的一组样本观察值,求参数 θ,λ 的最大似然估计值.

解 似然函数为

$$L(\theta,\lambda)=\begin{cases}\lambda^{-n}e^{-\frac{1}{\lambda}\sum_{i=1}^{n}(x_i-\theta)}, & x_i>\theta \quad(i=1,2,\cdots,n)\\ 0, & \text{其他}\end{cases}$$

因为 $L(\theta,\lambda)$ 作为 θ 的函数,不连续,只能从使 $L(\theta,\lambda)$ 取得最大值来求解. 由 $L(\theta,\lambda)$ 的表达式知,当 $\min_i x_i\geqslant\theta,\theta$ 越大时,$L(\theta,\lambda)$ 越大. 因此,取 $\hat{\theta}=\min_i x_i$ 时,$L(\hat{\theta},\lambda)$ 达到最大,即 θ 的最大似然估计值 $\hat{\theta}=\min_i x_i$. 又

$$\ln L(\theta,\lambda)=-n\ln\lambda-\lambda^{-1}\sum_{i=1}^{n}(x_i-\theta)$$

令

$$\frac{\partial\ln L(\theta)}{\partial\lambda}=\lambda^{-2}\sum_{i=1}^{n}(x_i-\theta)-\lambda^{-1}n=0$$

所以 λ 的最大似然估计值为 $\hat{\lambda}=\bar{x}-\hat{\theta}=\bar{x}-\min_i x_i$.

例 8 设总体 X 服从正态分布 $N(\mu,\sigma^2),\mu,\sigma^2$ 未知,求 $p=P(X\geqslant2)$ 的最大似然估计量.

解 由题设可知 $\hat{\mu}=\overline{X},\hat{\sigma}=S$,且

$$p=P(X\geqslant2)=1-P(X<2)=1-P(\frac{X-\mu}{\sigma}<\frac{2-\mu}{\sigma})=$$

$$1-\Phi(\frac{2-\mu}{\sigma})$$

故 $p=P(X\geqslant2)$ 的最大似然估计量为

$$\hat{p}=1-\Phi(\frac{2-\hat{\mu}}{\hat{\sigma}})=1-\Phi(\frac{2-\overline{X}}{S})$$

例 9 设 $Y=\ln X\sim N(\mu,\sigma^2),X_1,X_2,\cdots,X_n$ 为取自总体 X 的简单随机样本,试求 $E(X)$ 的最大似然估计 $\hat{\mu}_X$.

解 因为

$$E(X) = E(e^Y) = \int_{-\infty}^{+\infty} e^y \cdot \frac{1}{\sqrt{2\pi}\,\sigma} e^{-\frac{(y-\mu)^2}{2\sigma^2}} dy = e^{\mu + \frac{\sigma^2}{2}}$$

令 $Y_i = \ln X_i, i = 1, 2, \cdots, n$，则 $Y_1, Y_2, \cdots, Y_n$ 相当于取自总体 Y 中的样本. 所以似然函数为

$$L(\mu, \sigma^2) = \prod_{i=1}^{n} f(y_i, \mu, \sigma^2) = \prod_{i=1}^{n} \left[\frac{1}{\sqrt{2\pi}\,\sigma} e^{-\frac{(y_i-\mu)^2}{2\sigma^2}} \right] =$$

$$(2\pi\sigma^2)^{-\frac{n}{2}} \exp\left\{ -\frac{1}{2\sigma^2} \sum_{i=1}^{n} (y_i - \mu)^2 \right\}$$

取对数，得

$$\ln L = -\frac{n}{2} \ln(2\pi\sigma^2) - \frac{1}{2\sigma^2} \sum_{i=1}^{n} (y_i - \mu)^2$$

则有　$\dfrac{\partial \ln L}{\partial \mu} = \dfrac{1}{\sigma^2} \sum_{i=1}^{n} (y_i - \mu), \quad \dfrac{\partial \ln L}{\partial (\sigma^2)} = -\dfrac{n}{2\sigma^2} + \dfrac{1}{2\sigma^4} \sum_{i=1}^{n} (y_i - \mu)^2$

令　$\dfrac{\partial \ln L}{\partial \mu} = \dfrac{\partial \ln L}{\partial (\sigma^2)} = 0$

解之得　$\mu = \dfrac{1}{n} \sum_{i=1}^{n} y_i, \quad \sigma^2 = \dfrac{1}{n} \sum_{i=1}^{n} (y_i - \bar{y})^2$

则 μ 和 σ^2 的最大似然估计分别为

$$\hat{\mu} = \bar{y} = \frac{1}{n} \sum_{i=1}^{n} y_i, \quad \hat{\sigma}^2 = \frac{1}{n} \sum_{i=1}^{n} (y_i - \bar{y})^2$$

故 $E(X)$ 的最大似然估计为

$$\hat{\mu}_X = \exp\left\{ \frac{1}{n} \sum_{i=1}^{n} \ln x_i + \frac{1}{2n} \sum_{i=1}^{n} \left(\ln x_i - \frac{1}{n} \sum_{j=1}^{n} \ln x_j \right)^2 \right\}$$

例 10　设总体 X 服从泊松分布 $P(\lambda)$，其中 $\lambda > 0, X_1, X_2, \cdots, X_n$ 是总体的一个样本. 证明：(1) 虽然 $\bar{X}$ 是 λ 的无偏估计，但 $\bar{X}^2$ 不是 λ^2 的无偏估计.

(2) 样本函数 $\dfrac{1}{n} \sum_{i=1}^{n} X_i(X_i - 1)$ 是 λ^2 的无偏估计.

证　由泊松分布的性质可知

$$X \sim P(\lambda), \quad E(X) = \lambda, \quad D(X) = \lambda$$

(1) 因为 $X_1, X_2, \cdots, X_n$ 相互独立，且

$$E(X_i) = E(X) = \lambda, \quad D(X_i) = D(X) = \lambda \quad (i = 1, 2, \cdots, n)$$

所以有

$$E(\overline{X}) = E(\frac{1}{n}\sum_{i=1}^{n}X_i) = \frac{1}{n}\sum_{i=1}^{n}E(X_i) = \frac{1}{n}\cdot n\lambda = \lambda$$

$$D(\overline{X}) = D(\frac{1}{n}\sum_{i=1}^{n}X_i) = \frac{1}{n^2}\sum_{i=1}^{n}D(X_i) = \frac{1}{n^2}\cdot n\lambda = \frac{\lambda}{n}$$

由 $D(X)$ 与 $E(X)$ 的关系式 $D(X) = E(X^2) - [E(X)]^2$,可知

$$[E(X)]^2 = D(X) + E(X^2) = \frac{\lambda}{n} + \lambda^2 \neq \lambda$$

所以,根据无偏估计的定义可知:$\overline{X}$ 为 λ 的无偏估计,而 $\overline{X}^2$ 不是 λ^2 的无偏估计.

(2) 因为

$$\frac{1}{n}\sum_{i=1}^{n}X_i(X_i-1) = \frac{1}{n}\sum_{i=1}^{n}X_i^2 - \frac{1}{n}\sum_{i=1}^{n}X_i = \frac{1}{n}\sum_{i=1}^{n}X_i^2 - \overline{X}$$

所以

$$E(\frac{1}{n}\sum_{i=1}^{n}X_i(X_i-1)) = E(\frac{1}{n}\sum_{i=1}^{n}X_i^2 - \overline{X}) =$$

$$\frac{1}{n}\sum_{i=1}^{n}[D(X_i) + (E(X_i))^2] - E(\overline{X}) = \lambda^2$$

故样本函数 $\frac{1}{n}\sum_{i=1}^{n}X_i(X_i-1)$ 是 λ^2 的无偏估计.

例 11 已知总体 X 服从正态分布 $N(\mu,\sigma^2)$,现从总体 X 中随机抽取样本 X_1,X_2,X_3,证明下面三个统计量

$$\hat{\mu}_1 = \frac{X_1}{2} + \frac{X_2}{3} + \frac{X_3}{6}, \quad \hat{\mu}_2 = \frac{X_1}{2} + \frac{X_2}{4} + \frac{X_3}{4}, \quad \hat{\mu}_3 = \frac{X_1}{3} + \frac{X_2}{3} + \frac{X_3}{3}$$

都是总体均值 $E(X) = \mu$ 的无偏估计量,并确定哪个估计量更有效.

证 根据正态分布的性质可知 $E(X_i) = E(X) = \mu, i=1,2,3$,从而有

$$E(\hat{\mu}_1) = E(\frac{X_1}{2} + \frac{X_2}{3} + \frac{X_3}{6}) = \frac{1}{2}E(X_1) + \frac{1}{3}E(X_2) + \frac{1}{6}E(X_3) = \mu$$

$$E(\hat{\mu}_2) = E(\frac{X_1}{2} + \frac{X_2}{4} + \frac{X_3}{4}) = \frac{1}{2}E(X_1) + \frac{1}{4}E(X_2) + \frac{1}{4}E(X_3) = \mu$$

$$E(\hat{\mu}_3) = E(\frac{X_1}{3} + \frac{X_2}{3} + \frac{X_3}{3}) = \frac{1}{3}E(X_1) + \frac{1}{3}E(X_2) + \frac{1}{3}E(X_3) = \mu$$

故 $E(\hat{\mu}_1), E(\hat{\mu}_2), E(\hat{\mu}_3)$ 都是总体均值 μ 的无偏估计量.

因为样本 X_1,X_2,X_3 是相互独立的,且根据正态分布总体的性质可知

$$D(X_i) = D(X) = \sigma^2, \quad i=1,2,3$$

所以

$$D(\hat{\mu}_1) = D(\frac{X_1}{2} + \frac{X_2}{3} + \frac{X_3}{6}) =$$

$$\frac{1}{4}D(X_1) + \frac{1}{9}D(X_2) + \frac{1}{36}D(X_3) = \frac{7}{18}\sigma^2$$

$$D(\hat{\mu}_2) = D(\frac{X_1}{2} + \frac{X_2}{4} + \frac{X_3}{4}) =$$

$$\frac{1}{4}E(X_1) + \frac{1}{16}(E(X_2) + E(X_3)) = \frac{3}{8}\sigma^2$$

$$D(\hat{\mu}_3) = D(\frac{X_1}{3} + \frac{X_2}{3} + \frac{X_3}{3}) =$$

$$\frac{1}{9}E(X_1) + \frac{1}{9}(E(X_2) + E(X_3)) = \frac{1}{3}\sigma^2$$

即

$$D(\hat{\mu}_3) = \frac{1}{3}\sigma^2 < D(\hat{\mu}_2) = \frac{3}{8}\sigma^2 < \frac{7}{18}\sigma^2 = D(\hat{\mu}_1)$$

因此,估计量 $D(\hat{\mu}_3)$ 更有效.

例 12 假设总体 X 的期望 μ 与方差 σ^2 都存在,$X_1, X_2, \cdots, X_n$ 是取自总体 X 的一个样本,$\overline{X} = \frac{1}{n}\sum_{i=1}^{n}X_i$,$W = \sum_{i=1}^{n}a_iX_i(a_i$ 为常数,$\sum_{i=1}^{n}a_i = 1)$. 求证:$\overline{X}$ 与 W 都是总体期望 μ 的无偏估计,且 $D(\overline{X}) \leqslant D(W)$.

证 $X_1, X_2, \cdots, X_n$ 相互独立且都与总体 X 同分布,则有

$$E(X_i) = E(X) = \mu, \quad D(X_i) = D(X) = \sigma^2, \quad i = 1, 2, \cdots, n$$

从而有

$$E(\overline{X}) = E(\frac{1}{n}\sum_{i=1}^{n}X_i) = \frac{1}{n}\sum_{i=1}^{n}E(X_i) = \mu$$

$$E(W) = E(\sum_{i=1}^{n}a_iX_i) = \sum_{i=1}^{n}a_iE(X_i) = \mu$$

$$D(\overline{X}) = D(\frac{1}{n}\sum_{i=1}^{n}X_i) = \frac{1}{n^2}\sum_{i=1}^{n}D(X_i) = \frac{\sigma^2}{n^2}$$

$$D(W) = D(\sum_{i=1}^{n}a_iX_i) = \sum_{i=1}^{n}a_i^2D(X_i) = \sum_{i=1}^{n}a_i^2\sigma^2$$

又因为

$$(\sum_{i=1}^{n}a_i)^2 = \sum_{i=1}^{n}a_i^2 + \sum_{1 \leqslant i < j \leqslant n}2a_ia_j \leqslant \sum_{i=1}^{n}a_i^2 + (n-1)\sum_{j=1}^{n}a_j^2 = n\sum_{i=1}^{n}a_i^2$$

即

$$\frac{1}{n} \leqslant \sum_{i=1}^{n}a_i^2$$

所以
$$D(\overline{X}) = \frac{1}{n}\sigma^2 \leqslant \sum_{i=1}^{n} a_i^2 \sigma^2 = D(W)$$

根据无偏估计的定义和有效估计的定义可知，$\overline{X}$ 与 W 都是总体期望 μ 的无偏估计，且 $D(\overline{X}) \leqslant D(W)$，即 $\overline{X}$ 比 W 更有效.

例 13　设总体 X 的均值为 μ，方差为 $\sigma^2 > 0$，从中分别抽取容量为 n_1, n_2 的两个独立样本，$\overline{X}_1, \overline{X}_2$ 是两个样本的均值. 试证对于满足 $a+b=1$ 的任何常数 a 及 b，$Y = a\overline{X}_1 + b\overline{X}_2$ 都是 μ 的无偏估计，并确定常数 a, b，使 Y 的方差达到最小.

证　由已知得 $E(\overline{X}_1) = E(\overline{X}_2) = \mu$，则有
$$E(Y) = E(a\overline{X}_1 + b\overline{X}_2) = aE(\overline{X}_1) + bE(\overline{X}_2) = (a+b)\mu = \mu$$

因此，$Y = a\overline{X}_1 + b\overline{X}_2$ 是 μ 的无偏估计. 又因为
$$D(\overline{X}_1) = \frac{\sigma^2}{n_1}, \quad D(\overline{X}_2) = \frac{\sigma^2}{n_2}$$

所以
$$D(Y) = D(a\overline{X}_1 + b\overline{X}_2) = a^2 D(\overline{X}_1) + b^2 D(\overline{X}_2) = \left(\frac{a^2}{n_1} + \frac{b^2}{n_2}\right)\sigma^2$$

求 $D(Y)$ 在 $a+b=1$ 条件下的条件极值，其拉格朗日函数为
$$L(a, b) = \frac{a^2}{n_1} + \frac{b^2}{n_2} + \lambda(a + b - 1)$$

求偏导数得方程组
$$\begin{cases} \dfrac{\partial L}{\partial a} = \dfrac{2a}{n_1} + \lambda = 0 \\[2mm] \dfrac{\partial L}{\partial b} = \dfrac{2b}{n_2} + \lambda = 0 \end{cases}$$

解之得
$$a = \frac{n_1}{n_1 + n_2}, \quad b = \frac{n_2}{n_1 + n_2}$$

例 14　假设总体 X 在区间 $[0, \theta]$ 上服从均匀分布，其中端点 θ 是未知参数. 设 $X_1, X_2, \cdots, X_n$ 是来自总体 X 的一个样本，$X_{(n)} = \max(X_1, X_2, \cdots, X_n)$ 是最大观测量. 试证：$X_{(n)}$ 是 θ 的有偏估计，而 $(n+1)X_{(n)}/n$ 是 θ 的无偏估计量.

证　由题设可知 X 的概率密度函数为
$$f(x) = \begin{cases} \dfrac{1}{\theta}, & 0 < x \leqslant \theta \\[2mm] 0, & \text{其他} \end{cases}$$

而 X 的分布函数为

$$F(x) = \begin{cases} 0, & x < 0 \\ \dfrac{x}{\theta}, & 0 \leqslant x \leqslant \theta \\ 1, & x > \theta \end{cases}$$

故可知 $X_{(n)}$ 的分布函数为 $F_{(n)}(x) = [F(x)]^n$，即

$$F_{(n)}(x) = [F(x)]^n = \begin{cases} 0, & x < 0 \\ \dfrac{x^n}{\theta^n}, & 0 \leqslant x \leqslant \theta \\ 1, & x > \theta \end{cases}$$

于是

$$f_{(n)}(x) = F'_{(n)}(x) = \begin{cases} \dfrac{n x^{n-1}}{\theta^n}, & 0 \leqslant x \leqslant \theta \\ 0, & \text{其他} \end{cases}$$

因为

$$E(X_{(n)}) = \int_{-\infty}^{+\infty} x f_{(n)}(x) \mathrm{d}x = \int_0^\theta x \frac{n x^{n-1}}{\theta^n} \mathrm{d}x = \frac{n}{n+1} \theta \neq \theta$$

所以，$X_{(n)}$ 不是 θ 的无偏估计量，即 $X_{(n)}$ 是 θ 的有偏估计. 又

$$E\left[\frac{n+1}{n} X_{(n)}\right] = \frac{n+1}{n} E[X_{(n)}] = \theta$$

因此，$\dfrac{(n+1)X_{(n)}}{n}$ 是 θ 的无偏估计量.

【注】有的有偏估计可以修正为无偏的，但并非一切有偏估计都可以修正.

例 15　设 $X_1, X_2, \cdots, X_n$ 为取自总体 $X \sim N(\mu, \sigma^2)$ 的样本，试证：$S^2 = \dfrac{1}{n-1} \sum_{i=1}^n (X_i - \overline{X})^2$ 是 σ^2 的一致估计量.

证　由于 $\dfrac{(n-1)S^2}{\sigma^2} \sim \chi^2(n-1)$，则有

$$E(S^2) = \sigma^2, \quad D(S^2) = \frac{\sigma^4}{(n-1)^2} \cdot 2(n-1) = \frac{2}{n-1} \sigma^4$$

根据切比雪夫不等式，有

$$P(|S^2 - \sigma^2| < \varepsilon) \geqslant 1 - \frac{D(S^2)}{\varepsilon^2} = 1 - \frac{2\sigma^4}{(n-1)\varepsilon}$$

即得

$$\lim_{n \to \infty} P(|S^2 - \sigma^2| < \varepsilon) = 1$$

所以 S^2 是 σ^2 的一致估计量.

例 16 设总体 X 在区间 $(\mu-\rho,\mu+\rho)$ 上服从均匀分布,从总体 X 中随机抽取简单样本 $X_1,X_2,\cdots,X_n$,求 μ 和 ρ(均为未知参数)的矩估计,并问它们是否有一致性.

解 因为

$$E(X)=\mu, \quad E(X^2)=D(X)+(E(X))^2=\frac{\rho^2}{3}+\mu^2$$

则

$$\overline{X}=\hat{\mu}, \quad \frac{1}{n}\sum_{i=1}^{n}X_i^2=\frac{\hat{\rho}^2}{3}+\hat{\mu}^2$$

解得矩估计为

$$\hat{\mu}=\overline{X}, \quad \hat{\rho}=\sqrt{3}\sqrt{\frac{1}{n}\sum_{i=1}^{n}X_i^2-(\overline{X})^2}$$

当 $n\to\infty$ 时,有

$$\overline{X}\to\mu, \quad \frac{1}{n}\sum_{i=1}^{n}X_i^2\xrightarrow{P}\frac{\rho^2}{3}+\mu^2$$

故

$$\hat{\mu}\xrightarrow{P}\mu,\hat{\rho}\xrightarrow{P}\sqrt{3}\sqrt{\frac{1}{3}\rho^2+\mu^2-\mu^2}=\rho$$

即 $\hat{\mu}$ 和 $\hat{\rho}$ 分别是 μ 和 ρ 的一致估计.

10.3 考点及考研真题辅导与精析

例 1 设总体 X 的分布函数为

$$F(x,\beta)=\begin{cases}1-\dfrac{1}{x^{\beta}}, & x>1 \\ 0, & x\leqslant 1\end{cases}$$

其中,未知参数 $\beta>1,X_1,X_2,\cdots,X_n$ 为来自总体 X 的简单随机样本.求:(1)β 的矩估计量;(2)β 的最大似然估计量. (2004 年研究生入学考试试题)

分析 先由分布函数求出概率密度,再根据求矩估计量和最大似然估计量的标准方法进行讨论.

解 X 的概率密度为

$$f(x,\beta)=\begin{cases}\dfrac{\beta}{x^{\beta+1}}, & x>1 \\ 0, & x\leqslant 1\end{cases}$$

(1) 因为

$$E(X) = \int_{-\infty}^{+\infty} x f(x, \beta) \mathrm{d}x = \int_{1}^{+\infty} x \cdot \frac{\beta}{x^{\beta+1}} \mathrm{d}x = \frac{\beta}{\beta - 1}$$

令 $\dfrac{\beta}{\beta - 1} = \overline{X}$，解得 $\beta = \dfrac{\overline{X}}{\overline{X} - 1}$，所以参数 β 的矩估计量为 $\hat{\beta} = \dfrac{\overline{X}}{\overline{X} - 1}$.

(2) 似然函数为

$$L(\beta) = \prod_{i=1}^{n} f(x_i, \beta) = \begin{cases} \dfrac{\beta^n}{(x_1 x_2 \cdots x_n)^{\beta+1}}, & x_i > 1 (i = 1, 2, \cdots, n) \\ 0, & \text{其他} \end{cases}$$

当 $x_i > 1 (i = 1, 2, \cdots, n)$ 时，$L(\beta) > 0$，取对数，得

$$\ln L(\beta) = n \ln \beta - (\beta + 1) \sum_{i=1}^{n} \ln x_i$$

两边对 β 求导，得

$$\frac{\mathrm{d}\ln L(\beta)}{\mathrm{d}\beta} = \frac{n}{\beta} - \sum_{i=1}^{n} \ln x_i$$

令 $\dfrac{\mathrm{d}\ln L(\beta)}{\mathrm{d}\beta} = 0$，可得 $\beta = \dfrac{n}{\displaystyle\sum_{i=1}^{n} \ln x_i}$，故 β 的最大似然估计量为

$$\hat{\beta} = \frac{n}{\displaystyle\sum_{i=1}^{n} \ln X_i}$$

例 2　设随机变量 X 的分布函数为

$$F(x, \alpha, \beta) = \begin{cases} 1 - \left(\dfrac{\alpha}{x}\right)^{\beta}, & x > \alpha \\ 0, & x \leqslant \alpha \end{cases}$$

其中，参数 $\alpha > 0, \beta > 1$. 设 $X_1, X_2, \cdots, X_n$ 为来自总体 X 的简单随机样本.
(1) 当 $\alpha = 1$ 时，求未知参数 β 的矩估计量；(2) 当 $\alpha = 1$ 时，求未知参数 β 的最大似然估计量；(3) 当 $\beta = 2$ 时，求未知参数 α 的最大似然估计量.

(2004 年研究生入学考试试题)

　　分析　本题是一个常规题型，只要注意求连续型总体未知参数的矩估计和最大似然估计都须已知密度函数，从而先由分布函数求导得密度函数即可.

　　解　当 $\alpha = 1$ 时，X 的概率密度为

$$f(x, \beta) = \begin{cases} \dfrac{\beta}{x^{\beta+1}}, & x > 1 \\ 0, & x \leqslant 1 \end{cases}$$

（1）因为

$$E(X) = \int_{-\infty}^{+\infty} x f(x,\beta)\,\mathrm{d}x = \int_{1}^{+\infty} x \cdot \frac{\beta}{x^{\beta+1}}\,\mathrm{d}x = \frac{\beta}{\beta-1}$$

令 $\dfrac{\beta}{\beta-1} = \overline{X}$，解得 $\beta = \dfrac{\overline{X}}{\overline{X}-1}$，所以参数 β 的矩估计量为 $\hat{\beta} = \dfrac{\overline{X}}{\overline{X}-1}$.

（2）对于总体 X 的样本值 $x_1, x_2, \cdots, x_n$，似然函数为

$$L(\beta) = \prod_{i=1}^{n} f(x_i, \alpha) = \begin{cases} \dfrac{\beta^n}{(x_1 x_2 \cdots x_n)^{\beta+1}}, & x_i > 1 (i=1,2,\cdots,n) \\ 0, & \text{其他} \end{cases}$$

当 $x_i > 1 (i=1,2,\cdots,n)$ 时，$L(\beta) > 0$，取对数，得

$$\ln L(\beta) = n \ln \beta - (\beta+1) \sum_{i=1}^{n} \ln x_i$$

对 β 求导数，得

$$\frac{\mathrm{d}[\ln L(\beta)]}{\mathrm{d}\beta} = \frac{n}{\beta} - \sum_{i=1}^{n} \ln x_i$$

令

$$\frac{\mathrm{d}[\ln L(\beta)]}{\mathrm{d}\beta} = \frac{n}{\beta} - \sum_{i=1}^{n} \ln x_i = 0$$

解之得

$$\beta = \frac{n}{\sum\limits_{i=1}^{n} \ln x_i}$$

故 β 的最大似然估计量为

$$\hat{\beta} = \frac{n}{\sum\limits_{i=1}^{n} \ln x_i}$$

（3）当 $\beta = 2$ 时，X 的概率密度为

$$f(x,\alpha) = \begin{cases} \dfrac{2\alpha^2}{x^3}, & x > \alpha \\ 0, & x \leqslant \alpha \end{cases}$$

对于总体 X 的样本值 $x_1, x_2, \cdots, x_n$，似然函数为

$$L(\alpha) = \prod_{i=1}^{n} f(x_i, \alpha) = \begin{cases} \dfrac{2^n \alpha^{2n}}{(x_1 x_2 \cdots x_n)^3}, & x_i > \alpha (i=1,2,\cdots,n) \\ 0, & \text{其他} \end{cases}$$

当 $x_i > \alpha (i=1,2,\cdots,n)$ 时，α 越大，$L(\alpha)$ 越大，即 α 的最大似然估计值为

$$\hat{\alpha} = \min\{x_1, x_2, \cdots, x_n\}$$

故 α 的最大似然估计量为 $\hat{\alpha} = \min\{X_1, X_2, \cdots, X_n\}$.

例3 设 $X_1, X_2, \cdots, X_n (n > 2)$ 为来自总体 $N(0, \sigma^2)$ 的简单随机样本, $\overline{X}$ 为样本均值, 记 $Y_i = X_i - \overline{X}, i = 1, 2, \cdots, n$. 求: (1) Y_i 的方差 $D(Y_i)$, $i = 1, 2, \cdots, n$; (2) Y_1 与 Y_n 的协方差 $\mathrm{cov}(Y_1, Y_n)$; (3) 若 $c(Y_1 + Y_n)^2$ 是 σ^2 的无偏估计量, 求常数 c.　　　　　　　　　(2004 年研究生入学考试试题)

分析 (1) 先将 Y_i 表示为相互独立的随机变量求和, 再用方差的性质进行计算即可; (2) 求 Y_1 与 Y_n 的协方差 $\mathrm{cov}(Y_1, Y_n)$, 本质上还是数学期望的计算, 同样应注意利用数学期望的运算性质; (3) 估计 $c(Y_1 + Y_n)^2$, 利用其数学期望等于 σ^2 确定 c 即可.

解 由题设知 $X_1, X_2, \cdots, X_n (n > 2)$ 相互独立, 且

$$E(X_i) = 0, \quad D(X_i) = \sigma^2 (i = 1, 2, \cdots, n), \quad E(\overline{X}) = 0$$

(1) $D(Y_i) = D(X_i - \overline{X}) = D\left[(1 - \frac{1}{n}) X_i - \frac{1}{n} \sum_{j \neq i}^{n} X_j \right] =$

$$(1 - \frac{1}{n})^2 D(X_i) + \frac{1}{n^2} \sum_{j \neq i}^{n} D(X_j) =$$

$$\frac{(n-1)^2}{n^2} \sigma^2 + \frac{1}{n^2} \cdot (n-1) \sigma^2 = \frac{n-1}{n} \sigma^2$$

(2) $\mathrm{cov}(Y_1, Y_n) = E[(Y_1 - E(Y_1))(Y_n - E(Y_n))] = E(Y_1 Y_n) =$

$$E[(X_1 - \overline{X})(X_n - \overline{X})] =$$

$$E(X_1 X_n - X_1 \overline{X} - X_n \overline{X} + \overline{X}^2) =$$

$$E(X_1 X_n) - 2E(X_1 \overline{X}) + E(\overline{X}^2) =$$

$$0 - \frac{2}{n} E\left[X_1^2 + \sum_{j=2}^{n} X_1 X_j \right] + D(\overline{X}) + [E(\overline{X})]^2 =$$

$$-\frac{2}{n} \sigma^2 + \frac{1}{n} \sigma^2 = -\frac{1}{n} \sigma^2$$

(3) $E[c(Y_1 + Y_n)^2] = cD(Y_1 + Y_n) = c[D(Y_1) + D(Y_2) + 2\mathrm{cov}(Y_1, Y_n)]$

$$= c\left[\frac{n-1}{n} + \frac{n-1}{n} - \frac{2}{n} \right] \sigma^2 = \frac{2(n-2)}{n} c\sigma^2 = \sigma^2$$

故

$$c = \frac{n}{2(n-2)}$$

例4 设总体 X 的概率密度为

$$f(x, \theta) = \begin{cases} \theta, & 0 < x < 1 \\ 1 - \theta, & 1 \leqslant x < 2 \\ 0, & \text{其他} \end{cases}$$

其中, θ 是未知参数, 且 $0 < \theta < 1$. $X_1, X_2, \cdots, X_n$ 为来自总体 X 的简单随机样

本,记 N 为样本值 $x_1, x_2, \cdots, x_n$ 中小于 1 的个数. 求:(1) θ 的矩估计;(2) θ 的最大似然估计. (2006 年研究生入学考试试题)

解 (1) 因为

$$E(X) = \int_0^1 x \cdot \theta \mathrm{d}x + \int_1^2 x(1-\theta)\mathrm{d}x = \frac{3}{2} - \theta$$

令 $\overline{X} = \frac{3}{2} - \theta$,所以 θ 的矩估计 $\hat{\theta} = \frac{3}{2} - \overline{X}$.

(2) 对样本 $x_1, x_2, \cdots, x_n$ 按照小于 1 或者大于等于 1 进行分类:$x_{p1}, x_{p2}, \cdots, x_{pN} < 1, x_{pN+1}, x_{pN+2}, \cdots, x_{pm} \geqslant 1$. 则似然函数为

$$L(\theta) = \begin{cases} \theta^N (1-\theta)^{n-N}, & x_{p1}, x_{p2}, \cdots, x_{pN} < 1, x_{pN+1}, x_{pN+2}, \cdots, x_{pm} \geqslant 1 \\ 0, & \text{其他} \end{cases}$$

在 $x_{p1}, x_{p2}, \cdots, x_{pN} < 1, x_{pN+1}, x_{pN+2}, \cdots, x_{pm} \geqslant 1$ 时,取对数,得

$$\ln L(\theta) = N \ln \theta + (n-N)\ln(1-\theta)$$

令

$$\frac{\mathrm{d}\ln L(\theta)}{\mathrm{d}\theta} = \frac{N}{\theta} - \frac{n-N}{1-\theta} = 0$$

解得 θ 的最大似然估计值为 $\hat{\theta} = \frac{N}{n}$.

例 5 设总体 X 的概率密度为

$$f(x, \theta) = \begin{cases} \dfrac{1}{2\theta}, & 0 < x < \theta \\ \dfrac{1}{2(1-\theta)}, & \theta \leqslant x < 1 \\ 0, & \text{其他} \end{cases}$$

其中,参数 θ 未知,且 $0 < \theta < 1$. $X_1, X_2 \cdots, X_n$ 是来自总体 X 的简单随机样本,$\overline{X}$ 是样本均值. (1) 求参数 θ 的矩估计量 $\hat{\theta}$;(2) 判断 $4\overline{X}^2$ 是否为 θ^2 的无偏估计量,并说明理由. (2007 年研究生入学考试试题)

解 (1) 因为

$$E(X) = \int_{-\infty}^{+\infty} x f(x, \theta) \mathrm{d}x = \int_0^\theta \frac{x}{2\theta} \mathrm{d}x + \int_\theta^1 \frac{x}{2(1-\theta)}\mathrm{d}x =$$

$$\frac{\theta}{4} + \frac{1}{4}(1+\theta) = \frac{\theta}{2} + \frac{1}{4}$$

令 $\frac{\theta}{2} + \frac{1}{4} = \overline{X}$,所以 θ 的矩估计量为 $\hat{\theta} = 2\overline{X} - \frac{1}{2}$.

(2) 因为

$$E(4\overline{X}^2) = 4E(\overline{X}^2) = 4[D(\overline{X}) + E^2(\overline{X})] = 4\left[\frac{D(X)}{n} + E^2(X)\right]$$

而

$$E(X^2) = \int_{-\infty}^{+\infty} x^2 f(x,\theta) dx = \int_0^\theta \frac{x^2}{2\theta} dx + \int_\theta^1 \frac{x^2}{2(1-\theta)} dx =$$

$$\frac{\theta^2}{3} + \frac{1}{6}\theta + \frac{1}{6}$$

$$D(X) = E(X^2) - E^2(X) = \frac{\theta^2}{3} + \frac{1}{6}\theta + \frac{1}{6} - \left(\frac{1}{2}\theta + \frac{1}{4}\right)^2 =$$

$$\frac{1}{12}\theta^2 - \frac{1}{12}\theta + \frac{5}{48}$$

故得

$$E(4\overline{X}^2) = 4\left[\frac{D(X)}{n} + E^2(X)\right] = \frac{3n+1}{3n}\theta^2 + \frac{3n-1}{n}\theta + \frac{3n+5}{12n} \neq \theta^2$$

所以 $4\overline{X}^2$ 不是 θ^2 的无偏估计量.

例 6 设 $X_1, X_2 \cdots, X_n$ 是总体 $N(\mu, \sigma^2)$ 的简单随机样本. 记 $\overline{X} = \frac{1}{n}\sum_{i=1}^{n} X_i, S^2 = \frac{1}{n-1}\sum_{i=1}^{n}(X_i - \overline{X})^2, T = \overline{x}^2 - \frac{1}{n}s^2$. (1) 证明 T 是 μ^2 的无偏估计量. (2) 当 $\mu = 0, \sigma = 1$ 时, 求 $D(T)$.

(2008 年研究生入学考试试题)

分析 (1) 要证 $E(T) = \mu^2$; (2) 求 $D(T)$ 时, 要利用 $\overline{X}^2$ 与 S^2 相互独立的性质, 以及当 $X \sim N(\mu, \sigma^2)$ 时, $E(\overline{X}) = \mu, D(\overline{X}) = \frac{1}{n}\sigma^2, E(S^2) = \sigma^2$,

$D\left(\frac{n-1}{\sigma^2}S^2\right) = 2(n-1)$, 因为 $\frac{n-1}{\sigma^2}S^2 \sim \chi^2(n-1)$.

解 (1) 因为

$$E(T) = E\left(\overline{X}^2 - \frac{1}{n}S^2\right) = E(\overline{X}^2) - \frac{1}{n}E(S^2) =$$

$$D(\overline{X}) + E(\overline{X})^2 - \frac{1}{n}E(S^2) = \frac{1}{n}\sigma^2 + \mu^2 - \frac{1}{n}\sigma^2 = \mu^2$$

所以 T 是 μ^2 的无偏估计量.

(2) 当 $\mu = 0, \sigma = 1$ 时, 有

$$X \sim N(0,1), \quad \overline{X} \sim N\left(0, \frac{1}{n}\right), \quad E(T) = 0$$

且 $\overline{X}^2$ 与 S^2 相互独立, 故有

$$D(T) = D\left(\overline{X}^2 - \frac{1}{n}S^2\right) = D(\overline{X}^2) + \frac{1}{n^2}D(S^2) =$$

$$\frac{1}{n^2}D\left(\sqrt{n}\,\overline{X}\right)^2+\frac{1}{n^2}\cdot\frac{1}{(n-1)^2}D\left[(n-1)S^2\right]=$$

$$\frac{2}{n^2}+\frac{1}{n^2}\cdot\frac{1}{(n-1)^2}\cdot2(n-1)=\frac{2}{n(n-1)}$$

例7　设 $X_1,X_2\cdots,X_m$ 为来自二项分布 $B(n,p)$ 的简单随机样本，$\overline{X}$ 和 S^2 分别为样本均值和样本方差. 若 $\overline{X}+kS^2$ 为 np^2 的无偏估计量，则 $k=$
_____.　　　　　　　　　　　　　　（2009 年研究生入学考试试题）

分析　本题考查无偏估计的概念，利用 $E(\overline{X}+kS^2)=np^2$ 计算即可.

解　由题设可知
$$E(\overline{X})=np,\quad E(S^2)=np(1-p)$$
若 $\overline{X}+kS^2$ 为 np^2 的无偏估计量，则有 $E(\overline{X}+kS^2)=np^2$，即
$$E(\overline{X})+kE(S^2)=np^2$$
因而有 $np^2=np+knp(1-p)$，解得 $k=-1$.

例8　假设 $\hat{\theta}$ 是 θ 的无偏估计，且有 $D(\hat{\theta})>0$，试证 $\hat{\theta}^2=(\hat{\theta})^2$ 不是 θ^2 的无偏估计.　　　　　　　　　　　　　　（2005 年西安电子科技大学）

解　由方差的计算公式，有
$$E(\hat{\theta}^2)=E[(\hat{\theta})^2]=D(\hat{\theta})+[E(\hat{\theta})]^2$$
再由 $\hat{\theta}$ 是 θ 的无偏估计可得
$$E(\hat{\theta}^2)=D(\hat{\theta})+\theta^2$$
易见当 $D(\hat{\theta})>0$ 时，$\hat{\theta}^2=(\hat{\theta})^2$ 不是 θ^2 的无偏估计.

例9　设总体 X 的概率密度为
$$f(x,\lambda)=\begin{cases}\lambda^2x\mathrm{e}^{-\lambda x}, & x>0\\ 0, & 其他\end{cases}$$
其中，参数 $\lambda(\lambda>0)$ 未知. $X_1,X_2\cdots,X_n$ 是来自总体 X 的随机样本.（1）求参数 λ 的矩估计量；（2）求参数 λ 的最大似然估计量.

（2009 年研究生入学考试试题）

分析　本题考查点估计，可以分别按两种估计方法计算 λ 的相应估计量.

解　（1）因为
$$E(X)=\int_0^{+\infty}x\cdot\lambda^2x\mathrm{e}^{-\lambda x}\,\mathrm{d}x=-\lambda x^2\mathrm{e}^{-\lambda x}\Big|_0^{+\infty}+2\lambda\int_0^{+\infty}x\mathrm{e}^{-\lambda x}\,\mathrm{d}x=$$

$$-2x\mathrm{e}^{-\lambda x}\Big|_0^{+\infty}+2\int_0^{+\infty}\mathrm{e}^{-\lambda x}\,\mathrm{d}x=-\frac{2}{\lambda}\mathrm{e}^{-\lambda x}\Big|_0^{+\infty}=\frac{2}{\lambda}$$

令 $E(X) = \bar{X}$, 即 $\frac{2}{\lambda} = \bar{X}$, 所以 θ 的矩估计量为 $\hat{\lambda} = 2\bar{X}^{-1}$.

(2) 设 $x_1, x_2 \cdots, x_n (x_i > 0, i = 1, 2, \cdots, n)$ 为样本观测值, 则似然函数为

$$L(\lambda) = \prod_{i=1}^{n} f(x_i, \lambda) = \prod_{i=1}^{n} \lambda^2 x_i e^{-\lambda x_i} = \lambda^{2n} e^{-\lambda \sum_{i=1}^{n} x_i} \prod_{i=1}^{n} x_i$$

取对数, 得

$$\ln L(\lambda) = \ln (\lambda^{2n} e^{-\lambda \sum_{i=1}^{n} x_i} \prod_{i=1}^{n} x_i) =$$

$$2n\ln \lambda + \sum_{i=1}^{n} \ln x_i - \lambda \sum_{i=1}^{n} x_i$$

令

$$\frac{d\ln L}{d\lambda} = \frac{2n}{\lambda} - \sum_{i=1}^{n} x_i = 0$$

故参数 λ 的最大似然估计量为 $\hat{\lambda} = 2\bar{X}^{-1}$.

例 10 设总体 X 的概率分布为

X	1	2	3
P	$1-\theta$	$\theta-\theta^2$	θ^2

其中, $\theta \in (1, 0)$ 未知. 以 N_i 表示来自总体 X 的简单随机样本(样本容量为 n) 中等于 i 的个数 $(i = 1, 2, 3)$. 试求常数 a_1, a_2, a_3, 使 $T = \sum_{i=1}^{3} a_i N_i$ 为 θ 的无偏估计量, 并求 T 的方差. (2010 年研究生入学考试试题)

解 $N_1 \sim B(n, 1-\theta), N_2 \sim B(n, \theta-\theta^2), N_3 \sim B(n, \theta^2)$

$$E(T) = E(\sum_{i=1}^{3} a_i N_i) = a_1 E(N_1) + a_2 E(N_2) + a_3 E(N_3) =$$

$$a_1 n(1-\theta) + a_2 n(\theta-\theta^2) + a_3 n(\theta^2) =$$

$$na_1 + n(a_2 - a_1)\theta + n(a_3 - a_2)\theta^2$$

因 T 为 θ 的无偏估计量, 故有 $E(T) = \theta$, 即得

$$\begin{cases} na_1 = 0 \\ n(a_2 - a_1) = 1 \\ n(a_3 - a_2) = 2 \end{cases}$$

解之得

$$\begin{cases} a_1 = 0 \\ a_2 = \dfrac{1}{n} \\ a_3 = \dfrac{1}{n} \end{cases}$$

所以统计量为

$$T = 0 \times N_1 + \frac{N_2}{n} + \frac{N_3}{n} = \frac{N_2 + N_3}{n} = \frac{n - N_1}{n}$$

$$D(T) = D(\frac{n - N_1}{n}) = \frac{1}{n^2} D(n - N_1) = \frac{D(N_1)}{n^2} =$$

$$\frac{n \times (1 - \theta) \times \theta}{n^2} = \frac{(1 - \theta)\theta}{n}$$

10.4　课后习题解答

1. 设 $X_1, X_2, \cdots, X_n$ 是取自总体 X 的一个样本,在下列情形下,试求总体参数的矩估计与最大似然估计. (1)$X \sim B(1, p)$,其中 p 未知,$0 < p < 1$; (2)$X \sim E(\lambda)$,其中 λ 未知,$\lambda > 0$.

解　(1) 因 $X \sim B(1, p)$,故 $E(X) = p$,p 的矩估计量为 $\hat{p} = \overline{X}$. 又知 X 的分布律为

$$P(X = x) = p^x (1 - p)^{1-x}, \quad x = 0, 1$$

所以似然函数为

$$L(p) = p^{\sum\limits_{i=1}^{n} x_i} (1 - p)^{n - \sum\limits_{i=1}^{n} x_i}$$

取对数,有

$$\ln L(p) = (\sum_{i=1}^{n} x_i) \ln p + (n - \sum_{i=1}^{n} x_i) \ln (1 - p)$$

令

$$\frac{\mathrm{d} \ln L(p)}{\mathrm{d} p} = \frac{\sum\limits_{i=1}^{n} x_i}{p} - \frac{n - \sum\limits_{i=1}^{n} x_i}{1 - p} = 0$$

解得 p 的最大似然估计值为 $\hat{p} = \dfrac{1}{n} \sum\limits_{i=1}^{n} x_i = \overline{x}$,$p$ 的最大似然估计量为 $\hat{p} = \overline{X}$.

(2) 因 $X \sim E(\lambda)$,故 $E(X) = \lambda^{-1}$. 令 $\lambda^{-1} = \overline{X}$,则 λ 的矩估计量为 $\hat{\lambda} = \dfrac{1}{\overline{X}}$.

又知 X 的密度函数为

$$f(x) = \begin{cases} \lambda e^{-\lambda x}, & x > 0 \\ 0, & x \leqslant 0 \end{cases}$$

故似然函数为

$$L(\lambda) = \begin{cases} \lambda^n e^{-\lambda \sum\limits_{i=1}^{n} x_i}, & x_i > 0 \quad (i=1,2,\cdots,n) \\ 0, & \text{其他} \end{cases}$$

取对数,有

$$\ln L(\lambda) = n\ln \lambda - \lambda \sum_{i=1}^{n} x_i$$

令

$$\frac{\mathrm{d}\ln L(\lambda)}{\mathrm{d}\lambda} = \frac{n}{\lambda} - \sum_{i=1}^{n} x_i = 0$$

解得 λ 的最大似然估计值为 $\hat{\lambda} = \dfrac{n}{\sum\limits_{i=1}^{n} x_i} = (\bar{x})^{-1}$，$\lambda$ 的最大似然估计量为 $\hat{\lambda} = \dfrac{1}{\bar{X}}$.

可以看出 λ 的矩估计量与最大似然估计量是相同的.

2. 设 $X_1, X_2, \cdots, X_n$ 是取自总体 X 的一个样本,其中 X 服从参数为 λ 的泊松分布,λ 未知,$\lambda > 0$,求 λ 的矩估计与最大似然估计. 如果得到一组样本观察值:

X	0	1	2	3	4
频数	17	20	10	2	1

求 λ 的矩估计值与最大似然估计值.

解 因 X 服从参数为 λ 的泊松分布,$E(X) = \lambda$,故 λ 的矩估计量 $\hat{\lambda} = \bar{X}$. 由样本观察值可算得

$$\bar{x} = \frac{0 \times 17 + 1 \times 20 + 2 \times 10 + 3 \times 2 + 4 \times 1}{50} = 1$$

故 λ 的矩估计值为 $\hat{\lambda} = \bar{x} = 1$. 又 X 的分布律为

$$P(X = x) = e^{-\lambda} \frac{\lambda^x}{x!}, \quad x = 0, 1, 2, \cdots$$

故似然函数为

$$L(\lambda) = e^{-n\lambda} \frac{\lambda^{\sum\limits_{i=1}^{n} x_i}}{x_1! \, x_2! \, \cdots x_n!}, \quad x_i = 0, 1, 2, \cdots, \quad n = 1, 2, \cdots, n$$

取对数,有

$$\ln L(\lambda) = -n\lambda + (\sum_{i=1}^{n} x_i)\ln \lambda - \sum_{i=1}^{n} \ln(x_i!)$$

令

$$\frac{\mathrm{d}\ln L(\lambda)}{\mathrm{d}\lambda} = -n + \frac{\sum_{i=1}^{n} x_i}{\lambda} = 0$$

解得 λ 的最大似然估计值为 $\hat{\lambda} = \frac{1}{n}\sum_{i=1}^{n} x_i = \bar{x} = 1$.

3. 设 $X_1, X_2, \cdots, X_n$ 是取自总体 X 的一个样本,其中 X 服从区间 $(0, \theta)$ 的均匀分布,$\theta > 0$,未知. 求 θ 的矩估计.

解 因 X 服从区间 $(0, \theta)$ 的均匀分布,故 $E(X) = \frac{\theta}{2}$. 令 $\frac{\theta}{2} = \bar{X}$,所以 θ 的矩估计量 $\hat{\theta} = 2\bar{X}$.

4. 设 $X_1, X_2, \cdots, X_n$ 是取自总体 X 的一个样本,X 的密度函数为

$$f(x) = \begin{cases} \dfrac{2x}{\theta^2}, & 0 < x < \theta \\ 0, & \text{其他} \end{cases}$$

其中 $\theta > 0$,未知. 求 θ 的矩估计.

解 因为

$$E(X) = \int_0^\theta x \cdot \frac{2x}{\theta^2} \mathrm{d}x = \frac{2\theta}{3}$$

令 $\frac{2}{3}\theta = \bar{X}$,所以 θ 的矩估计量 $\hat{\theta} = \frac{3}{2}\bar{X}$.

5. 设 $X_1, X_2, \cdots, X_n$ 是取自总体 X 的一个样本,X 的密度函数为

$$f(x) = \begin{cases} (\theta+1)x^\theta, & 0 < x < 1 \\ 0, & \text{其他} \end{cases}$$

其中 $\theta > 0$,未知. 求 θ 的矩估计和最大似然估计.

解 因为

$$E(X) = \int_0^1 x \cdot (\theta+1)x^\theta \mathrm{d}x = \frac{\theta+1}{\theta+2}$$

令 $\frac{\theta+1}{\theta+2} = \bar{X}$,所以 θ 的矩估计量 $\hat{\theta} = \frac{1-2\bar{X}}{\bar{X}-1}$. 又由题设可知似然函数为

$$L(\theta) = \begin{cases} (\theta+1)^n \prod_{i=1}^{n} x_i^\theta, & 0 < x_i < 1 \\ 0, & \text{其他} \end{cases}$$

取对数,有
$$\ln L(\theta) = n\ln(\theta+1) + \theta\sum_{i=1}^{n}\ln x_i$$

令
$$\frac{d\ln L(\theta)}{d\theta} = \frac{n}{\theta+1} + \sum_{i=1}^{n}x_i = 0$$

解得 θ 的最大似然估计值为 $\hat{\theta} = -1 - \dfrac{n}{\sum\limits_{i=1}^{n}x_i}$.

6. 设 $X_1, X_2, \cdots, X_n$ 是取自总体 X 的一个样本,总体 X 服从参数为 p 的几何分布,即 $P(X=x)=p(1-p)^{x-1}(x=1,2,3,\cdots)$,其中 p 未知,$0<p<1$.求 p 的最大似然估计.

解　由题设可知似然函数为
$$L(p) = p^n(1-p)^{\sum_{i=1}^{n}x_i - n}$$

取对数,有
$$\ln L(p) = n\ln p + (\sum_{i=1}^{n}x_i - n)\ln(1-p)$$

令
$$\frac{d\ln L(p)}{dp} = \frac{n}{p} - \frac{\sum\limits_{i=1}^{n}x_i - n}{1-p} = 0$$

解得 p 的最大似然估计值为 $\hat{p} = \dfrac{1}{\bar{x}}$,$p$ 的最大似然估计量为 $\hat{p} = \dfrac{1}{\bar{X}}$.

7. 已知某路口车辆经过的时间间隔服从指数分布 $E(\lambda)$,其中 $\lambda>0$,未知.现在观测到 6 个时间间隔数据(单位:s):1.8,3.2,4,8,4.5,2.5,试求该路口车辆经过的平均时间间隔的矩估计值和最大似然估计值.

解　因某路口车辆经过的时间间隔服从指数分布 $E(\lambda)$,故 λ 的矩估计量和最大似然估计量都为 $\dfrac{1}{\bar{X}}$.则平均时间间隔的矩估计和最大似然估计都为 $\dfrac{1}{\lambda}$,即为 $\bar{X}$.又由样本观察值可算得
$$\bar{x} = \frac{1.8+3.2+4+8+4.5+2.5}{6} = 4$$

故路口车辆经过的平均时间间隔的矩估计值和最大似然估计值都为 4.

8. 设总体 X 的的密度函数为 $f(x;\sigma) = \dfrac{1}{2\sigma}e^{-\frac{|x|}{\sigma}}(-\infty<x<+\infty)$,其中 $\sigma>0$,未知.设 $X_1, X_2, \cdots, X_n$ 是取自这个总体的一个样本,试求 σ 的最大似然估计.

解　由题设可知似然函数为

$$L(\sigma) = \frac{1}{(2\sigma)^n} e^{-\frac{\sum\limits_{i=1}^{n} |x_i|}{\sigma}}$$

取对数,有

$$\ln L(\sigma) = -n\ln(2\sigma) - \frac{1}{\sigma} \sum_{i=1}^{n} |x_i|$$

令

$$\frac{\mathrm{d}\ln L(\sigma)}{\mathrm{d}\sigma} = -\frac{n}{\sigma} + \frac{\sum\limits_{i=1}^{n} |x_i|}{\sigma^2} = 0$$

解得 σ 的最大似然估计值为 $\hat{\sigma} = \frac{1}{n} \sum\limits_{i=1}^{n} |x_i|$,$\sigma$ 的最大似然估计量为 $\hat{\sigma} = \frac{1}{n} \sum\limits_{i=1}^{n} |X_i|$.

9. 在第 3 题中,θ 的矩估计是否是 θ 的无偏估计?

解　因为

$$E(\hat{\theta}) = E(2\overline{X}) = 2E(\overline{X}) = 2E\left(\frac{1}{n} \sum_{i=1}^{n} X_i\right) =$$

$$\frac{2}{n} \sum_{i=1}^{n} E(X_i) = \frac{2}{n} \sum_{i=1}^{n} \frac{\theta}{2} = \theta$$

所以 θ 的矩估计量 $2\overline{X}$ 是 θ 的无偏估计量.

10. 试证第 8 题中 σ 的最大似然估计是 σ 的无偏估计.

解　因为

$$E(\hat{\sigma}) = E\left(\frac{1}{n} \sum_{i=1}^{n} |X_i|\right) = \frac{1}{n} \sum_{i=1}^{n} E(|X_i|) =$$

$$\frac{1}{n} \sum_{i=1}^{n} \int_{-\infty}^{+\infty} |x| \cdot \frac{1}{2\sigma} e^{-\frac{|x|}{\sigma}} \mathrm{d}x = \frac{1}{n} \sum_{i=1}^{n} 2 \int_{0}^{+\infty} x \cdot \frac{1}{2\sigma} e^{-\frac{x}{\sigma}} \mathrm{d}x = \sigma$$

所以 σ 的最大似然估计量 $\hat{\sigma} = \frac{1}{n} \sum\limits_{i=1}^{n} |X_i|$ 是 σ 的无偏估计量.

11. 设 X_1, X_2, X_3 为总体 $X \sim N(\mu, \sigma^2)$ 的样本,证明

$$\hat{\mu}_1 = \frac{1}{6} X_1 + \frac{1}{3} X_2 + \frac{1}{2} X_3, \quad \hat{\mu}_2 = \frac{2}{5} X_1 + \frac{1}{5} X_2 + \frac{2}{5} X_3$$

都是总体均值 μ 的无偏估计,并进一步判断哪一个估计更有效.

解　因为

$$E(\hat{\mu}_1) = E\left(\frac{1}{6} X_1 + \frac{1}{3} X_2 + \frac{1}{2} X_3\right) =$$

$$\frac{1}{6}E(X_1) + \frac{1}{3}E(X_2) + \frac{1}{2}E(X_3) =$$

$$(\frac{1}{6} + \frac{1}{3} + \frac{1}{2})E(X) = E(X) = \mu$$

$$E(\hat{\mu}_2) = E(\frac{2}{5}X_1 + \frac{1}{5}X_2 + \frac{2}{5}X_3) =$$

$$\frac{2}{5}E(X_1) + \frac{1}{5}E(X_2) + \frac{2}{5}E(X_3) =$$

$$(\frac{2}{5} + \frac{1}{5} + \frac{2}{5})E(X) = E(X) = \mu$$

所以 $\hat{\mu}_1, \hat{\mu}_2$ 都是总体均值 μ 的无偏估计.

又由于

$$D(\hat{\mu}_1) = D(\frac{1}{6}X_1 + \frac{1}{3}X_2 + \frac{1}{2}X_3) =$$

$$\frac{1}{36}D(X_1) + \frac{1}{9}D(X_2) + \frac{1}{4}D(X_3) =$$

$$(\frac{1}{36} + \frac{1}{9} + \frac{1}{4})D(X) = \frac{7}{18}D(X) = \frac{7}{18}\sigma^2$$

$$D(\hat{\mu}_2) = D(\frac{2}{5}X_1 + \frac{1}{5}X_2 + \frac{2}{5}X_3) =$$

$$\frac{4}{25}D(X_1) + \frac{1}{25}D(X_2) + \frac{4}{25}D(X_3) =$$

$$(\frac{4}{25} + \frac{1}{25} + \frac{4}{5})D(X) = \frac{9}{25}D(X) = \frac{9}{25}\sigma^2$$

即 $D(\hat{\mu}_1) > D(\hat{\mu}_2)$，因此 $\hat{\mu}_2$ 比 $\hat{\mu}_1$ 更有效.

12. 设 $X_1, X_2, \cdots, X_n$ 是取自总体 $X \sim N(0, \sigma^2)$ 的一个样本，其中 $\sigma^2 > 0$，未知. 令 $\hat{\sigma}^2 = \frac{1}{n}\sum_{i=1}^{n}X_i^2$，试证 $\hat{\sigma}^2$ 是 σ^2 的相合估计.

解 因为

$$E(\hat{\sigma}^2) = E(\frac{1}{n}\sum_{i=1}^{n}X_i^2) = \frac{1}{n}\sum_{i=1}^{n}E(X_i^2) = \sigma^2$$

又因为

$$\frac{1}{\sigma^2}\sum_{i=1}^{n}X_i^2 \sim \chi^2(n)$$

所以

$$D(\frac{1}{\sigma^2}\sum_{i=1}^{n}X_i^2) = 2n$$

从而
$$D(\hat{\sigma}^2) = D(\frac{1}{\sigma^2}\sum_{i=1}^{n}X_i^2) \cdot \frac{\sigma^4}{n^2} = \frac{2\sigma^4}{n}$$

由契比雪夫不等式知,当 $n \to \infty$ 时,对于任给 $\varepsilon > 0$,有
$$P(|\hat{\sigma}^2 - \sigma^2| > \varepsilon) \leqslant \frac{D(\hat{\sigma}^2)}{\varepsilon^2} = \frac{2\sigma^4}{n\varepsilon^2} \to 0$$

故 $\hat{\sigma}^2$ 是 σ^2 的相合估计.

第 11 章

区 间 估 计

11.1　重点及知识点辅导与精析

11.1.1　参数的区间估计

1.定义

设 $X_1, X_2, \cdots, X_n$ 是来自总体 $f(x, \theta)$ 的样本，$\theta \in \Theta$ 未知. 对于任意给定的 $0 < \alpha < 1$，若统计量 $\underline{\theta} = \underline{\theta}(X_1, X_2, \cdots, X_n) < \bar{\theta}(X_1, X_2, \cdots, X_n) = \bar{\theta}$，使得
$$P_\theta(\underline{\theta} \leqslant \theta \leqslant \bar{\theta}) \geqslant 1 - \alpha, \quad \theta \in \Theta$$
则称 $[\underline{\theta}, \bar{\theta}]$ 为 θ 的双侧 $1-\alpha$ 置信区间，$1-\alpha$ 为置信水平. 一旦样本有观察值 $x_1, x_2, \cdots, x_n$，则称相应的 $[\underline{\theta}(x_1, x_2, \cdots, x_n), \bar{\theta}(x_1, x_2, \cdots, x_n)]$ 为置信区间的观察值.

如果存在统计量 $\bar{\theta} = \bar{\theta}(X_1, X_2, \cdots, X_n)$，使得
$$P_\theta(\underline{\theta} \leqslant \theta) \geqslant 1 - \alpha, \quad \theta \in \Theta$$
则称 $\bar{\theta}$ 为 θ 的置信水平为 $1-\alpha$ 的置信上限，$(-\infty, \bar{\theta}]$ 为 θ 的单侧 $1-\alpha$ 置信区间. 如果存在统计量 $\underline{\theta} = \underline{\theta}(X_1, X_2, \cdots, X_n)$，使得
$$P_\theta(\theta \leqslant \bar{\theta}) \geqslant 1 - \alpha, \quad \theta \in \Theta$$
则称 $\underline{\theta}$ 为 θ 的置信水平为 $1-\alpha$ 的置信下限，$[\underline{\theta}, +\infty)$ 为 θ 的单侧 $1-\alpha$ 置信区间.

2.求置信区间的一般步骤

(1) 求出 θ 的一个点估计（通常为最大似然估计）$\hat{\theta} = \hat{\theta}(X_1, X_2, \cdots, X_n)$；

(2) 通过 $\hat{\theta}$ 的分布，构造出一个枢轴函数 $G = G(\hat{\theta}, \theta)$，其中枢轴函数 $G =$

$G(\hat{\theta},\theta)$ 除包含未知参数 θ 以外,不再有其他的未知参数,且 $G=G(\hat{\theta},\theta)$ 的分布完全已知或完全可以确定;

(3) 由于 $G=G(\hat{\theta},\theta)$ 的分布是完全已知的,因此可确定 $a < b$,使得

$$P(a \leqslant G(\hat{\theta},\theta) \leqslant b) \geqslant 1-\alpha$$

当 $G=G(\hat{\theta},\theta)$ 的分布为连续型时,只须考虑取等号的情形;

(4) 将 $a \leqslant G(\hat{\theta},\theta) \leqslant b$ 等价变形为 $\underline{\theta} \leqslant \theta \leqslant \bar{\theta}$,其中 $\underline{\theta},\bar{\theta}$ 只与 $\hat{\theta}$ 有关,则 $[\underline{\theta},\bar{\theta}]$ 就是 θ 的双侧 $1-\alpha$ 置信区间.

11.1.2 单正态总体下的置信区间

设 $X_1,X_2,\cdots,X_n$ 是取自正态总体 $N(\mu,\sigma^2)$ 的一个样本,置信水平为 $1-\alpha$,样本均值 $\overline{X}=\dfrac{1}{n}\sum\limits_{i=1}^{n}X_i$,样本方差 $S^2=\dfrac{1}{n}\sum\limits_{i=1}^{n}(X_i-\overline{X})^2$,修正样本方差 $S^{*2}=\dfrac{1}{n-1}\sum\limits_{i=1}^{n}(X_i-\overline{X})^2$.

1. 均值 μ 的置信区间

若 σ^2 已知,取枢轴函数

$$U=\frac{\sqrt{n}(\overline{X}-\mu)}{\sigma} \sim N(0,1)$$

则 μ 的置信水平为 $1-\alpha$ 的双侧置信区间为

$$\left[\overline{X}-u_{1-\alpha/2}\frac{\sigma}{\sqrt{n}}, \quad \overline{X}+u_{1-\alpha/2}\frac{\sigma}{\sqrt{n}}\right].$$

若 σ^2 未知,取枢轴函数

$$T=\frac{\sqrt{n}(\overline{X}-\mu)}{S^*} \sim t(n-1)$$

则 μ 的置信水平为 $1-\alpha$ 的双侧置信区间为

$$\left[\overline{X}-t_{1-\alpha/2}(n-1)\cdot\frac{S^*}{\sqrt{n}}, \quad \overline{X}+t_{1-\alpha/2}(n-1)\cdot\frac{S^*}{\sqrt{n}}\right]$$

2. 方差 σ^2 的置信区间

若 μ 已知,取枢轴函数

$$\chi^2=\frac{\sum\limits_{i=1}^{n}(X_i-\mu)^2}{\sigma^2} \sim \chi^2(n)$$

则 σ^2 的置信水平为 $1-\alpha$ 的双侧置信区间为

$$\left[\frac{\sum_{i=1}^{n}(X_i-\mu)^2}{\chi^2_{1-\alpha/2}(n)},\quad \frac{\sum_{i=1}^{n}(X_i-\mu)^2}{\chi^2_{\alpha/2}(n)}\right]$$

若 μ 未知,取枢轴函数

$$\chi^2=\frac{nS^2}{\sigma^2}\sim\chi^2(n-1)$$

则 σ^2 的置信水平为 $1-\alpha$ 的双侧置信区间为

$$\left[\frac{nS^2}{\chi^2_{1-\alpha/2}(n-1)},\quad \frac{nS^2}{\chi^2_{\alpha/2}(n-1)}\right]$$

11.1.3 二正态总体下的置信区间

设 $X_1,X_2,\cdots,X_m$ 是取自正态总体 $N(\mu_1,\sigma_1^2)$ 的一个样本,$Y_1,Y_2,\cdots,Y_n$ 是取自正态总体 $N(\mu_2,\sigma_2^2)$ 的一个样本,并且 $(X_1,X_2,\cdots,X_m)$ 与 $(Y_1,Y_2,\cdots,Y_n)$ 相互独立,置信水平为 $1-\alpha$.

$$\overline{X}=\frac{1}{m}\sum_{i=1}^{m}X_i,\quad \overline{Y}=\frac{1}{n}\sum_{i=1}^{n}Y_i$$

$$S_w^2=\frac{1}{m+n-2}\left[\sum_{i=1}^{m}(X_i-\overline{X})^2+\sum_{i=1}^{n}(Y_i-\overline{Y})^2\right]$$

(1) 若 σ_1^2,σ_2^2 已知,取枢轴函数

$$U=\frac{\overline{X}-\overline{Y}-(\mu_1-\mu_2)}{\sqrt{\frac{\sigma_1^2}{m}+\frac{\sigma_2^2}{n}}}\sim N(0,1)$$

则 $\mu_1-\mu_2$ 的置信水平为 $1-\alpha$ 的双侧置信区间为

$$\left[\overline{X}-\overline{Y}-u_{1-\alpha/2}\sqrt{\frac{\sigma_1^2}{m}+\frac{\sigma_2^2}{n}},\quad \overline{X}-\overline{Y}+u_{1-\alpha/2}\sqrt{\frac{\sigma_1^2}{m}+\frac{\sigma_2^2}{n}}\right]$$

(2) 若 $\sigma_1^2=\sigma_2^2=\sigma^2$ 未知,取枢轴函数

$$T=\frac{\overline{X}-\overline{Y}-(\mu_1-\mu_2)}{S_w\sqrt{\frac{1}{m}+\frac{1}{n}}}\sim t(m+n-2)$$

则 $\mu_1-\mu_2$ 的置信水平为 $1-\alpha$ 的双侧置信区间为

$$\left[\overline{X}-\overline{Y}-t_{1-\alpha/2}(m+n-2)S_w\sqrt{\frac{1}{m}+\frac{1}{n}},\quad \overline{X}-\overline{Y}+\right.$$

$$\left.t_{1-\alpha/2}(m+n-2)S_w\sqrt{\frac{1}{m}+\frac{1}{n}}\right]$$

11.2　难点及典型例题辅导与精析

例 1　设总体 X 服从正态分布 $N(\mu, \sigma^2)$，其中方差 σ^2 为已知. 求：要使均值 μ 的 $1-\alpha$ 置信区间长度不大于 2σ，抽取的样本容量 n 至少为多大？

解　依题意，应选取的枢轴函数为

$$U = \frac{\overline{X} - \mu}{\sigma/\sqrt{n}} \sim N(0,1)$$

对于给定的 α，μ 的置信区间为

$$\left[\overline{X} - \frac{\sigma u_{1-\alpha/2}}{\sqrt{n}},\ \ \overline{X} + \frac{\sigma u_{1-\alpha/2}}{\sqrt{n}}\right]$$

其区间长为 2σ，从而有 $\dfrac{2\sigma}{\sqrt{n}} u_{1-\alpha/2} \leqslant 2\sigma$，所以，$n \geqslant u_{1-\alpha/2}^2$.

例 2　假设随机变量 X 服从正态分布 $N(\mu, 2.8^2)$，现有 X 的 10 个观察值 $x_1, x_2, \cdots, x_{10}$，已知 $\overline{x} = \dfrac{1}{10}\sum\limits_{i=1}^{10} x_i = 1\,500$. 求：(1)$\mu$ 的置信水平为 0.95 的置信区间. (2)要使置信水平为 0.95 的置信区间长度小于 1，观察值个数 n 最少应取多少？(3)如果样本容量 $n = 100$，区间 $[\overline{X} - 1, \overline{X} + 1]$ 作为 μ 的置信区间，则其置信水平是多少？

解　(1)由题设可知

$$X \sim N(\mu, 2.8^2),\quad n = 10,\quad 1 - \alpha - 0.95,\quad \sigma^2 = 2.8^2,\quad \overline{x} - 1\,500$$

因为 σ^2 已知，所以选择的枢轴函数为

$$U = \frac{\overline{X} - \mu}{\sigma/\sqrt{n}} \sim N(0,1)$$

故 μ 的 $1-\alpha$ 的置信区间为 $[\overline{X} - \dfrac{\sigma}{\sqrt{n}} u_{1-\alpha/2}, \overline{X} + \dfrac{\sigma}{\sqrt{n}} u_{1-\alpha/2}]$. 查标准正态分布表可知 $u_{1-\alpha/2} = u_{0.975} = 1.96$，故 μ 的置信水平为 0.95 的置信区间为

$$\left[1\,500 - \frac{2.8}{\sqrt{10}} \times 1.96,\ \ 1\,500 + \frac{2.8}{\sqrt{10}} \times 1.96\right]$$

即 $[1\,498.265, 1\,501.735]$.

(2)由于置信区间的长度 l 是其区间上、下限的差，即

$$l = \left(\overline{X} + \frac{\sigma}{\sqrt{n}} u_{1-\alpha/2}\right) - \left(\overline{X} - \frac{\sigma}{\sqrt{n}} u_{1-\alpha/2}\right) = \frac{2\sigma}{\sqrt{n}} u_{1-\alpha/2}$$

要使置信水平为 0.95 的置信区间长度小于 l，即有 $\frac{2\sigma}{\sqrt{n}}u_{1-\alpha/2} < 1$，则

$$\frac{2 \times 2.8}{\sqrt{n}} \times 1.96 < 1$$

从而有 $n > (2 \times 2.8 \times 1.96)^2 = 120.47$

所以观察值个数 n 最少应取 121.

(3) 置信区间如果是 $[\overline{X}-1, \overline{X}+1]$，则其长度 l 为 2，于是有等式

$$\frac{2\sigma}{\sqrt{n}}u_{1-\alpha/2} = 2, \quad u_{1-\alpha/2} = 2\sqrt{n}/2\sigma = 3.57$$

即 $P(|U| < u_{1-\alpha/2}) = P(|U| < 3.57) = 2\Phi(3.57) - 1$

查标准正态分布表可知 $\Phi(3.57) = 0.9998$，从而有

$$P(|U| < u_{1-\alpha/2}) = 2 \times 0.9998 - 1 = 0.9996$$

即所求的置信水平为 0.9996.

例 3   设总体 X 服从正态分布 $N(\mu, \sigma^2)$，其中 σ^2 已知. 对于给定的置信水平 α，试问当 μ 的置信区间之长 l 缩小到 $\frac{l}{k}(k > 1)$ 时，样本容量应相应增加多少？

解   由题设可知，μ 的置信水平为 $1-\alpha$ 的双侧置信区间为

$$\left[\overline{X} - u_{1-\frac{\alpha}{2}} \cdot \frac{\sigma}{\sqrt{n}}, \quad \overline{X} + u_{1-\frac{\alpha}{2}} \cdot \frac{\sigma}{\sqrt{n}}\right]$$

故其长为

$$l = \left(\overline{X} + \frac{\sigma}{\sqrt{n}}u_{1-\alpha/2}\right) - \left(\overline{X} - \frac{\sigma}{\sqrt{n}}u_{1-\alpha/2}\right) = \frac{2\sigma}{\sqrt{n}}u_{1-\alpha/2}$$

当 l 缩小到 $\frac{l}{k}$ $(k > 1)$ 时，有

$$\frac{l}{k} = \frac{2\sigma}{k\sqrt{n}}u_{1-\alpha/2} = \frac{2\sigma}{\sqrt{k^2 n}}u_{1-\alpha/2} = \frac{2\sigma}{\sqrt{n_1}}u_{1-\alpha/2}$$

从而可知样本容量应增加到 $n_1 = k^2 n(k^2$ 为整数$)$ 或 $n_1 = [k^2 n] + 1(k^2$ 为非整数$)$.

例 4   已知一批零件的长度 X（单位：cm）服从正态分布 $N(\mu, 1)$，从中随机地抽取 16 个零件，得到长度的平均值为 40 cm，求 μ 的置信水平为 0.95 的双侧置信区间.

解   由题设可知，σ^2 已知，故 μ 的置信水平为 $1-\alpha$ 的双侧置信区间为

$$\left[\overline{X}-u_{1-\frac{\alpha}{2}}\cdot\frac{\sigma}{\sqrt{n}},\quad\overline{X}+u_{1-\frac{\alpha}{2}}\cdot\frac{\sigma}{\sqrt{n}}\right]$$

将条件 $n=16, \overline{x}=40, u_{0.975}=1.96$ 代入,得 μ 的置信水平为 0.95 的置信区间为 $[39.51,40.49]$.

例5 某轮胎厂对其生产的轮胎内径进行检测. 假设轮胎的内径 $X\sim N(\mu,\sigma^2)$,今随机抽取 16 个进行检测,测得平均内径为 3.05 mm,样本修正标准差为 0.16 mm,试求 μ 和 σ^2 的置信水平为 0.95 的双侧置信区间.

解 由题设可知

$X\sim N(\mu,\sigma^2),\quad n=16,\quad \overline{x}=3.05,\quad s^*=0.16,\quad 1-\alpha=0.95$

(1) 因为 σ^2 未知,所以选择枢轴函数为

$$T=\frac{\sqrt{n}(\overline{X}-\mu)}{S^*}\sim t(n-1)$$

故 μ 的置信水平为 $1-\alpha$ 的双侧置信区间为

$$\left[\overline{X}-\frac{S^*}{\sqrt{n}}t_{1-\alpha/2}(n-1),\quad \overline{X}+\frac{S^*}{\sqrt{n}}t_{1-\alpha/2}(n-1)\right]$$

查 t 分布表,可知 $t_{1-\alpha/2}(n-1)=t_{0.975}(15)=2.131\,5$,从而可得 μ 的置信水平为 0.95 的置信区间为

$$\left[3.05-\frac{0.16}{\sqrt{16}}\times2.131\,5,\quad 3.05+\frac{0.16}{\sqrt{16}}\times2.131\,5\right]$$

即 $[2.96,3.14]$.

(2) 因为 μ 未知,所以选择的枢轴函数为

$$\chi^2=\frac{(n-1)S^{*2}}{\sigma^2}\sim\chi^2(n-1)$$

σ^2 的置信水平为 $1-\alpha$ 的双侧置信区间为

$$\left[\frac{(n-1)S^{*2}}{\chi^2_{1-\alpha/2}(n-1)},\quad \frac{(n-1)S^{*2}}{\chi^2_{\alpha/2}(n-1)}\right]$$

查 χ^2 分布表,可知

$\chi^2_{1-\alpha/2}(n-1)=\chi^2_{0.975}(15)=27.488,\quad \chi^2_{\alpha/2}(n-1)=\chi^2_{0.025}(15)=6.262$

故 σ^2 的置信水平为 0.95 的双侧置信区间为

$$\left[\frac{15\times0.16^2}{27.488},\quad \frac{15\times0.16^2}{6.262}\right]$$

即 $[0.014,0.061]$.

例6 设某物体密度的测量误差 $X\sim N(\mu,\sigma^2)$. 现随机地抽测 12 个样品,测得 $s^*=0.2$,求 σ^2 的置信水平为 0.90 的双侧置信区间.

解　由题设可知 $s^* = 0.2, n = 12, 1-\alpha = 0.90$. 因为 μ 未知,所以选择的枢轴函数为

$$\chi^2 = \frac{(n-1)S^{*2}}{\sigma^2} \sim \chi^2(n-1)$$

σ^2 的置信水平为 $1-\alpha$ 的双侧置信区间为

$$\left[\frac{(n-1)S^{*2}}{\chi^2_{1-\alpha/2}(n-1)}, \frac{(n-1)S^{*2}}{\chi^2_{\alpha/2}(n-1)} \right]$$

查 χ^2 分布表,可知

$$\chi^2_{1-\alpha/2}(n-1) = \chi^2_{0.95}(11) = 19.675, \chi^2_{\alpha/2}(n-1) = \chi^2_{0.05}(11) = 4.575$$

则 σ^2 的置信水平为 0.90 的双侧置信区间的观察值为

$$\left[\frac{(n-1)S^{*2}}{\chi^2_{1-\alpha/2}(n-1)}, \frac{(n-1)S^{*2}}{\chi^2_{\alpha/2}(n-1)} \right] = \left[\frac{11 \times 0.2^2}{19.675}, \frac{11 \times 0.2^2}{4.575} \right] \approx [0.02, 0.10]$$

即 σ^2 的置信水平为 0.90 的双侧置信区间为 $[0.02, 0.10]$.

例7　设灯泡寿命服从正态分布 $N(\mu, \sigma^2)$,今从一批灯泡中随机抽取 5 只作寿命试验,测得寿命(单位:h)如下:

1050,　1100,　1120,　1250,　1280

求灯泡寿命均值 μ 的置信水平为 0.95 的单侧置信下限.

解　因为方差 σ^2 未知,所以选择枢轴函数

$$T = \frac{\sqrt{n}(\overline{X} - \mu)}{S^*} \sim t(n-1)$$

故所求的 μ 的置信水平为 $1-\alpha$ 的单侧置信区间为

$$\left[\overline{X} - t_{1-\alpha}(n-1) \frac{S^*}{\sqrt{n}}, \infty \right)$$

即 μ 的置信水平为 $1-\alpha$ 的单侧置信下限为

$$\underline{\mu} = \overline{X} - t_{1-\alpha}(n-1) \frac{S^*}{\sqrt{n}}$$

代入条件

$$\overline{x} = 1\,160, \quad s^{*2} = 9\,950, \quad s^* \approx 99.749\,7, \quad t_{0.95}(4) = 2.131\,8$$

得所求单侧置信下限为 $\underline{\mu} \approx 1\,064.90$.

例8　从汽车轮胎厂生产的某种轮胎中抽取 10 个样品进行磨损试验,直至轮胎行使到磨坏为止. 测得它们的行使路程(km)如下:41 250,41 010,42 650,38 970,40 200,42 550,43 500,40 400,41 870,39 800. 设汽车轮胎行使路程服从正态分布 $N(\mu, \sigma^2)$,求:(1)μ 的置信水平为 0.90 的单侧置信上限;(2)σ 的置信水平为 0.95 的单侧置信下限.

解　（1）由于方差 σ^2 未知,则选取枢轴函数为

$$T = \frac{\sqrt{n}\,(\overline{X} - \mu)}{S^*} \sim t(n-1)$$

故所求 μ 的置信水平为 $1 - \alpha$ 的单侧置信区间为

$$\left(-\infty,\quad \overline{X} + t_{1-\alpha}(n-1)\frac{S^*}{\sqrt{n}}\right)$$

即 μ 的置信水平为 $1 - \alpha$ 的单侧置信上限为

$$\overline{\mu} = \overline{X} + t_{1-\alpha}(n-1)\frac{S^*}{\sqrt{n}}$$

代入条件

$$\overline{x} = 41\,220,\ s^{*2} = 2\,030\,155.6,\quad s^* \approx 1\,424.835\,3,\quad t_{0.90}(9) = 1.383\,0$$

得所求单侧置信上限为 $\overline{\mu} \approx 41\,843.142.$

（2）由于均值 μ 未知,则选取枢轴函数为

$$\chi^2 = \frac{(n-1)S^{*2}}{\sigma^2} \sim \chi^2(n-1)$$

故所求的 σ^2 的置信水平为 $1 - \alpha$ 的单侧置信区间为

$$\left[\frac{(n-1)S^{*2}}{\chi^2_{1-\alpha}(n-1)},\ +\infty\right)$$

则 σ^2 的置信水平为 $1 - \alpha$ 的单侧置信下限为

$$\underline{\sigma^2} = \frac{(n-1)S^{*2}}{\chi^2_{1-\alpha}(n-1)}$$

代入条件 $\chi^2_{0.95}(9) = 16.919$,得所求单侧置信下限为 $\underline{\sigma^2} = 1\,079\,933.826.$

例 9　某工厂对两批导线进行测试,现随机地从 A 批导线中抽取 4 根,从 B 批导线中抽取 5 根,测得其电阻（Ω）为:

A 批导线:　0.143　　0.142　　0.143　　0.137

B 批导线:　0.140　　0.142　　0.136　　0.138　　0.140

设测试数据分别服从正态总体 $N(\mu_1, \sigma^2)$,$N(\mu_2, \sigma^2)$,μ_1,μ_2,σ^2 均未知,且它们相互独立. 试求 $\mu_1 - \mu_2$ 的置信水平为 0.95 的置信区间.

解　因为 μ_1,μ_2,σ^2 均未知,所以选取枢轴函数为

$$T = \frac{\overline{X}_A - \overline{X}_B - (\mu_1 - \mu_2)}{S_w\sqrt{\dfrac{1}{n_A} + \dfrac{1}{n_B}}} \sim t(n_A + n_B - 2)$$

其中

$$S_w^2 = \frac{(n_1 - 1)S_A^{*2} + (n_2 - 1)S_B^{*2}}{n_A + n_B - 2}$$

则 $\mu_1 - \mu_2$ 的置信水平为 $1-\alpha$ 的置信区间为

$$\left[(\overline{X}_A - \overline{X}_B) - t_{1-\alpha/2} S_w \sqrt{\frac{1}{n_A} + \frac{1}{n_B}}, \quad (\overline{X}_A - \overline{X}_B) + t_{1-\alpha/2} S_w \sqrt{\frac{1}{n_A} + \frac{1}{n_B}} \right]$$

代入数据

$$\overline{x}_A = 0.141\,25, \quad \overline{x}_B = 0.139\,2, \quad s_A^{*2} = 8.24 \times 10^{-6}, \quad s_B^{*2} = 5.992 \times 10^{-6}$$

$$t_{0.975}(7) = 2.364\,6, \qquad 2.364\,6 S_w \sqrt{1/n_A + 1/n_B} \approx 0.004\,2$$

得 $\mu_1 - \mu_2$ 的置信水平为 0.95 的置信区间为 $[-0.002\,14, 0.006\,25]$.

例 10 设 $0.50, 1.25, 0.80, 2.00$ 是来自总体 X 的简单随机样本值. 已知 $Y = \ln X$ 服从正态分布 $N(\mu, 1)$. 求：(1) X 的数学期望 $E(X)$(记 $E(X)$ 为 b)；(2) μ 的置信水平为 0.95 的置信区间；(3) 利用上述结果求 b 的置信水平为 0.95 的置信区间.

解 (1) 由题意知 $Y = \ln X$ 的概率密度为

$$f(y) = \frac{1}{\sqrt{2\pi}} e^{-\frac{1}{2}(y-\mu)^2}$$

故

$$b = E(X) = E(e^Y) = \frac{1}{\sqrt{2\pi}} \int_{-\infty}^{+\infty} e^y e^{-0.5(y-\mu)^2} dy = e^{\mu+0.5}$$

(2) 令 $\overline{Y}$ 表示 Y 的样本均值, 则 $\overline{Y} \sim N(\mu, 0.25)$, 从而枢轴函数

$$U = \frac{\overline{Y} - \mu}{\sqrt{0.25}} \sim N(0, 1)$$

设 λ 为临界值, 则

$$P(|U| < \lambda) = 0.95, \lambda = U_{1-\alpha/2} = 1.96, |U| = \left| \frac{\overline{Y} - \mu}{0.5} \right| < 1.96$$

又

$$\overline{Y} = \frac{1}{4}(\ln 0.5 + \ln 1.25 + \ln 0.8 + \ln 2) = 0$$

故有 $-0.98 < \mu < 0.98$, 即 μ 的置信水平为 0.95 的置信区间为 $[-0.98, 0.98]$.

(3) 由 e^x 的严格单调性和前面的结果有

$$0.95 = P(-0.98 < \mu < 0.98) = P(-0.48 < \mu + 0.5 < 1.48) =$$
$$P(e^{-0.48} < e^{\mu+0.5} < e^{1.48})$$

故 b 的置信水平为 0.95 的置信区间为 $[e^{-0.48}, e^{1.48}]$.

11.3 考点及考研真题辅导与精析

例 1 设随机变量 X 服从正态分布 $N(0, 1)$, 对给定的 $\alpha(0 < \alpha < 1)$, 数

u_a 满足 $P\{X>u_a\}=\alpha$. 若 $P\{|X|<x\}=\alpha$,则 x 等于(   ).

(A)$u_{\frac{\alpha}{2}}$ (B) $u_{1-\frac{\alpha}{2}}$ (C) $u_{\frac{1-\alpha}{2}}$ (D) $u_{1-\alpha}$

(2004 年研究生入学考试试题)

解   由标准正态分布概率密度函数的对称性知,$P(X<-u_a)=\alpha$,于是

$$1-\alpha=1-P(|X|<x)=P(|X|\geqslant x)=$$
$$P(X\geqslant x)+P(X\leqslant -x)=2P(X\geqslant x)$$

即有
$$P(X\geqslant x)=\frac{1-\alpha}{2}$$

则根据定义有 $x=u_{\frac{1-\alpha}{2}}$,故应选(C).

例 2   设一批零件的长度服从正态分布 $N(\mu,\sigma^2)$,其中 μ,σ^2 均未知. 现从中随机抽取 16 个零件,测得样本均值 $\bar{x}=20$ cm,样本标准差 $s=1$ cm,则 μ 的置信度为 0.90 的置信区间是(   ).   (2005 年研究生入学考试试题)

(A) $\left(20-\frac{1}{4}t_{0.05}(16),20+\frac{1}{4}t_{0.05}(16)\right)$

(B) $\left(20-\frac{1}{4}t_{0.1}(16),20+\frac{1}{4}t_{0.1}(16)\right)$

(C) $\left(20-\frac{1}{4}t_{0.05}(15),20+\frac{1}{4}t_{0.05}(15)\right)$

(D) $\left(20-\frac{1}{4}t_{0.1}(15),20+\frac{1}{4}t_{0.1}(15)\right)$

分析   总体方差未知时,求期望的区间估计选取枢轴函数

$$T=\frac{\sqrt{n}(\overline{X}-\mu)}{S}\sim t(n-1)$$

解   由于 μ,σ^2 均未知,因此选取枢轴函数

$$T=\frac{\sqrt{n}(\overline{X}-\mu)}{S}\sim t(n-1)$$

故 μ 的置信度为 0.90 的置信区间是

$$\left(\bar{x}-\frac{1}{\sqrt{n}}t_{\frac{\alpha}{2}}(n-1),\ \bar{x}+\frac{1}{\sqrt{n}}t_{\frac{\alpha}{2}}(n-1)\right)$$

即 $\left(20-\frac{1}{4}t_{0.05}(15),20+\frac{1}{4}t_{0.05}(15)\right)$,故应选(C).

例 3   为了提高可靠性和测量精度,飞机通常安装了若干个高度仪. 设飞机实际飞行高度为 μ 时,每个高度仪测量值 X 服从正态分布 $N(\mu,\sigma_0^2)(\sigma_0=15$ m),而飞机仪表上显示的飞行高度是所有高度仪测量值的平均值. 在置信水平 $1-\alpha=0.98$ 下,求解下列问题:

(1) 若要保证飞行仪表上显示的飞行高度的绝对误差小于 30 m,问飞机至少要安装多少个高度仪?

(2) 若飞机装有 4 个高度仪,飞机仪表上显示的飞行高度是 9 813 m,问飞机实际飞行在什么高度范围内? 　　　　　　　　　　(2005 年国防科技大学)

分析　这是将知识点应用于实际,解此类问题时,要清楚所考知识点:总体方差已知时,μ 的置信水平 $1-\alpha$ 的置信区间为

$$\left[\overline{X}-u_{1-\frac{\alpha}{2}}\cdot\frac{\sigma_0}{\sqrt{n}},\quad \overline{X}+u_{1-\frac{\alpha}{2}}\cdot\frac{\sigma_0}{\sqrt{n}}\right]$$

解　设飞机上安装的 n 个高度仪在某时刻的测量值分别为 $X_1,X_2,\cdots,X_n$,则 $X_1,X_2,\cdots,X_n$ 是总体 X 服从正态分布 $N(\mu,\sigma_0^2)$($\sigma_0=15\text{m}$) 的样本,μ 的置信水平 $1-\alpha=0.98$ 的置信区间为 $\left[\overline{X}-u_{1-\frac{\alpha}{2}}\cdot\frac{\sigma_0}{\sqrt{n}},\overline{X}+u_{1-\frac{\alpha}{2}}\cdot\frac{\sigma_0}{\sqrt{n}}\right]$.

(1) 依题意,须有 $|\overline{X}-\mu|<30$,则应使得 $u_{1-\frac{\alpha}{2}}\cdot\frac{\sigma_0}{\sqrt{n}}\leqslant 30$,即 $\sqrt{n}\geqslant 1.165$,

得 $n\geqslant 2$. 因此,飞机至少要安装 2 个高度仪才能满足要求.

(2) 当 $\overline{x}=9\ 813$ m 时,μ 的置信水平 $1-\alpha=0.98$ 的置信区间为

$$\left[9\ 813-2.33\times\frac{15}{\sqrt{4}},9\ 813+2.33\times\frac{15}{\sqrt{4}}\right]=[9\ 795.525,9\ 830.475]$$

即飞机实际飞行在 9 795.525 ～ 9 830.475 m 的高度范围内.

例 4　设某种清漆干燥时间 $X\sim N(\mu,\sigma^2)$(单位:h),取 $n=9$ 的样本,得样本均值和方差分别为 $\overline{x}=6,s^2=0.33$,则 μ 的置信度为 0.95 的单侧置信区间上限为_____. 　　　　　　　　　　(2005 年上海交通大学)

分析　要知道当 σ^2 未知时,μ 的置信度为 $1-\alpha$ 的单侧置信区间上限为

$$\overline{\mu}=\overline{X}+\frac{S}{\sqrt{n}}t_{1-\alpha}(n-1)$$

解　由于 μ 的置信度为 $1-\alpha$ 的单侧置信区间上限(σ^2 未知)为

$$\overline{\mu}=\overline{X}+\frac{S}{\sqrt{n}}t_{1-\alpha}(n-1)$$

查表得 $t_{1-\alpha}(n-1)=t_{0.95}(8)=1.859\ 5$,故 μ 的置信度为 0.95 的单侧置信区间上限为

$$\overline{\mu}=6+\frac{\sqrt{0.33}}{\sqrt{9}}\times 1.859\ 5\approx 6.356$$

11.4　课后习题解答

1. 某车间生产滚珠,从长期实践中知道,滚珠直径 X 服从正态分布 $N(\mu,$ $0.2^2)$. 从某天生产的产品中随机抽取 6 个,量得直径如下(单位:mm):

$$14.7,\ 15.0,\ 14.9,\ 14.8,\ 15.2,\ 15.1$$

求 μ 的双侧 0.9 置信区间和双侧 0.99 置信区间.

解　由于 $\sigma^2 = 0.2^2$ 已知,因此 μ 的 $1-\alpha$ 置信区间为

$$\left[\overline{X} - u_{1-\frac{\alpha}{2}} \cdot \frac{\sigma}{\sqrt{n}},\quad \overline{X} + u_{1-\frac{\alpha}{2}} \cdot \frac{\sigma}{\sqrt{n}}\right]$$

当 $1-\alpha = 0.9$,即 $\alpha = 0.1$ 时,查表得 $u_{1-\frac{\alpha}{2}} = u_{0.95} = 1.64$;当 $1-\alpha = 0.99$,即 $\alpha = 0.01$ 时,查表得 $u_{1-\frac{\alpha}{2}} = u_{0.995} = 2.576$. 又知 $\overline{x} = 14.95, n = 6$,代入上式置信区间,得 μ 的双侧 0.9 置信区间为

$$\left[14.95 - 1.64 \times \frac{0.2}{\sqrt{6}},\quad 14.95 + 1.64 \times \frac{0.2}{\sqrt{6}}\right]$$

即为 $[14.82, 15.08]$;μ 的双侧 0.99 置信区间为

$$\left[14.95 - 2.576 \times \frac{0.2}{\sqrt{6}}, 14.95 + 2.576 \times \frac{0.2}{\sqrt{6}}\right]$$

即为 $[14.74, 15.16]$.

2. 假定某商店中一种商品的月销售量服从正态分布 $N(\mu, \sigma^2)$,σ 未知. 为了合理确定对该商品的进货量,须对 μ 和 σ 作估计. 为此随机抽取 7 个月,其销售量分别为

$$64,\ 57,\ 49,\ 81,\ 76,\ 70,\ 59$$

试求 μ 的双侧 0.95 置信区间和方差 σ^2 双侧 0.9 置信区间.

解　由于 μ,σ 都未知,因此 μ 的 $1-\alpha$ 置信区间为

$$\left[\overline{X} - t_{1-\frac{\alpha}{2}}(n-1) \cdot \frac{s^*}{\sqrt{n}},\quad \overline{X} + t_{1-\frac{\alpha}{2}}(n-1) \cdot \frac{s^*}{\sqrt{n}}\right]$$

σ^2 的 $1-\alpha$ 置信区间为

$$\left[\frac{ns^2}{\chi_{1-\alpha/2}^2(n-1)},\quad \frac{ns^2}{\chi_{\alpha/2}^2(n-1)}\right]$$

又由题意知

$$\overline{x} = 65.14,\quad n = 7,\quad s^2 = 108.41,\quad s^* = 11.25,\quad t_{0.975}(6) = 2.4669$$

$$\chi^2_{0.95}(6) = 12.592, \quad \chi^2_{0.05}(6) = 1.635$$

代入上面的置信区间,得 μ 的双侧 0.95 置信区间为

$$\left[65.14 - 2.466\,9 \times \frac{11.25}{\sqrt{7}}, \quad 65.14 + 2.466\,9 \times \frac{11.25}{\sqrt{7}} \right]$$

即为 $[54.65, 75.63]$;σ^2 的双侧 0.9 置信区间为

$$\left[\frac{7 \times 108.41}{12.592}, \quad \frac{7 \times 108.41}{1.635} \right]$$

即为 $[60.3, 464.14]$.

3. 随机地取某种子弹 9 发作试验,测得子弹速度的 $s^* = 11$. 设子弹速度服从正态分布 $N(\mu, \sigma^2)$,求这种子弹速度的标准差 σ 和方差 σ^2 的双侧 0.95 置信区间.

解　由于 μ 未知,因此 σ^2 的 $1-\alpha$ 置信区间为

$$\left[\frac{(n-1)S^{*2}}{\chi^2_{1-\alpha/2}(n-1)}, \quad \frac{(n-1)s^{*2}}{\chi^2_{\alpha/2}(n-1)} \right]$$

又由题意知

$$n = 9, \quad s^{*2} = 121, \quad s^* = 11, \quad \chi^2_{0.975}(8) = 17.535, \quad \chi^2_{0.025}(8) = 2.18$$

代入上式置信区间,得 σ^2 的双侧 0.95 置信区间为 $\left[\frac{8 \times 121}{17.535}, \frac{8 \times 121}{2.18} \right]$,即为

$[55.204, 444.037]$;σ 的双侧 0.95 置信区间为 $[\sqrt{55.204}, \sqrt{444.037}]$,即为 $[7.43, 21.07]$.

4. 已知某炼铁厂的铁水含碳量(%)正常情况下服从正态分布 $N(\mu, \sigma^2)$,且标准差 $\sigma = 0.108$. 现测量 5 炉铁水,其含碳量分别是 4.28%,4.4%,4.42%,4.35%,4.37%,试求未知参数 μ 的单侧置信水平为 0.95 的置信下限和置信上限.

解　由于 $\sigma = 0.108$ 已知,因此 μ 的 $1-\alpha$ 单侧置信下限为

$$\bar{X} - u_{1-\alpha} \cdot \frac{\sigma}{\sqrt{n}}$$

μ 的 $1-\alpha$ 单侧置信上限为

$$\bar{X} + u_{1-\alpha} \cdot \frac{\sigma}{\sqrt{n}}$$

又由题意知 $\bar{x} = 4.364\%$,$n = 5$,$u_{0.95} = 1.645$,代入上式对应的置信上、下限,得 μ 的 0.95 单侧置信下限为

$$4.364 - 1.645 \times \frac{0.108}{\sqrt{5}} = 4.285$$

μ 的 0.95 单侧置信上限为

$$4.364 + 1.645 \times \frac{0.108}{\sqrt{5}} = 4.443$$

5.某单位职工每天的医疗费服从正态分布 $N(\mu, \sigma^2)$,现抽查了 25 天,得 $\bar{x} = 170$ 元,$s^* = 30$ 元,求职工每天医疗费均值 μ 的双侧 0.95 置信区间.

解 由于 σ^2 未知,因此 μ 的 $1-\alpha$ 置信区间为

$$\left[\bar{X} - t_{1-\frac{\alpha}{2}}(n-1) \cdot \frac{s^*}{\sqrt{n}}, \quad \bar{X} + t_{1-\frac{\alpha}{2}}(n-1) \cdot \frac{s^*}{\sqrt{n}} \right]$$

又由题意知

$$\bar{x} = 170, \quad n = 25, \quad s^* = 30, \quad t_{0.975}(24) = 2.063\,9$$

代入上面的置信区间,得 μ 的双侧 0.95 置信区间为

$$\left[170 - 2.063\,9 \times \frac{30}{\sqrt{24}}, \quad 170 + 2.063\,9 \times \frac{30}{\sqrt{24}} \right]$$

即为 $[157.4, 182.6]$.

6.某食品加工厂有甲、乙两条加工猪肉罐头的生产线.设罐头质量服从正态分布并假设甲生产线与乙生产线互不影响.从甲生产线抽取 10 个罐头,测得其平均质量 $\bar{x} = 501$ g,已知其总体标准差 $\sigma_1 = 5$ g;从乙生产线抽取 20 个罐头,测得其平均质量 $\bar{y} = 498$ g,已知其总体标准差 $\sigma_2 = 4$ g.求甲、乙两条猪肉罐头生产线生产罐头质量的均值差 $\mu_1 - \mu_2$ 的双侧 0.99 置信区间.

解 由于 $\sigma_1 = 5$ g,$\sigma_2 = 4$ g 已知,因此 $\mu_1 - \mu_2$ 的 $1-\alpha$ 置信区间为

$$\left[\bar{X} - \bar{Y} - u_{1-\frac{\alpha}{2}} \cdot \sqrt{\frac{\sigma_1^2}{m} + \frac{\sigma_2^2}{n}}, \quad \bar{X} - \bar{Y} + u_{1-\frac{\alpha}{2}} \cdot \sqrt{\frac{\sigma_1^2}{m} + \frac{\sigma_2^2}{n}} \right]$$

又由题意知

$$\bar{x} = 501, \quad \bar{y} = 498, \quad m = 10, \quad n = 20, \quad \sigma_1^2 = 25, \quad \sigma_2^2 = 16, \quad u_{0.995} = 2.576$$

代入上式置信区间,得 $\mu_1 - \mu_2$ 的 0.99 置信区间为

$$\left[501 - 498 - 2.576 \times \sqrt{\frac{25}{10} + \frac{16}{20}}, \quad 501 - 498 + 2.576 \times \sqrt{\frac{25}{10} + \frac{16}{20}} \right]$$

即为 $[-1.68, 7.68]$.

7.为了比较甲、乙两种显像管的使用寿命 X 和 Y,随机地抽取甲、乙两种显像管各 10 只,得数据 $x_1, x_2, \cdots, x_{10}$ 和 $y_1, y_2, \cdots, y_{10}$(单位:10^4h),且由此

算得

$$\bar{x}=2.33,\quad \bar{y}=0.75,\quad \sum_{i=1}^{10}(x_i-\bar{x})^2=27.5,\quad \sum_{i=1}^{10}(y_i-\bar{y})^2=19.2$$

假定两种显像管的使用寿命均服从正态分布,且由生产过程知道它们的方差相等. 试求两个总体均值之差 $\mu_1-\mu_2$ 的双侧 0.95 置信区间.

解　由于 $\sigma_1^2=\sigma_2^2=\sigma^2$ 未知,因此 $\mu_1-\mu_2$ 的 $1-\alpha$ 置信区间为

$$\Big[\bar{X}-\bar{Y}-t_{1-\frac{\alpha}{2}}(m+n-2)\cdot S_w\sqrt{\frac{1}{m}+\frac{1}{n}},\quad \bar{X}-\bar{Y}+$$

$$t_{1-\frac{\alpha}{2}}(m+n-2)\cdot S_w\sqrt{\frac{1}{m}+\frac{1}{n}}\Big]$$

其中

$$S_w^2=\frac{1}{m+m-2}\Big[\sum_{i=1}^{m}(X_i-\bar{X})^2+\sum_{i=1}^{m}(Y_i-\bar{Y})^2\Big]$$

又由题意知

$$\bar{x}=2.33,\quad \bar{y}=0.75,\quad m=n=10,\quad s_w=1.611,\quad t_{0.975}(18)=2.1009$$

故 $\mu_1-\mu_2$ 的双侧 0.95 的置信区间为

$$\Big[2.33-0.75-2.1009\times1.611\times\sqrt{\frac{1}{10}+\frac{1}{10}},\quad 2.33-0.75+$$

$$2.1009\times1.611\times\sqrt{\frac{1}{10}+\frac{1}{10}}\Big]$$

即为 $[0.066,3.094]$.

8. 在 3091 个男生、3581 个女生组成的总体中,随机无放回地抽取 100 人,观察其中男生的成数,要求计算样本中男生成数的 SE.

解　由于样本大小 $n=100$,相对于总体容量 $N=6672$ 来说很小,因此可使用有放回抽样的公式. 即:样本成数 $\bar{x}=100\times\frac{3091}{6672}\approx46$,估计 $\hat{\sigma}=$

$\sqrt{46\times54}\approx50$,标准差 SE 的估计为 $\widehat{SE}=\frac{50}{\sqrt{100}}=5$.

9. 抽取 1000 人的随机样本估计一个大的人口总体中拥有私人汽车的人的百分数,样本中有 543 人拥有私人汽车. (1)求样本中拥有私人汽车的人的百分数的 SE. (2)求总体中拥有私人汽车的人的百分数的 95% 的置信区间.

解　因为样本成数

$$\bar{x}=100\times\frac{543}{1000}=54.3\%$$

估计 $$\hat{\sigma}=\sqrt{54.3\times 45.7}\approx 49.8$$

所以 $$\widehat{SE}=\frac{49.8}{\sqrt{1\,000}}\approx 1.575$$

由于 $$u_{1-\alpha/2}\cdot\widehat{SE}=u_{0.975}\times 1.575=3.087$$

所以总体中拥有私人汽车的人的百分数的 95% 的置信区间为(51.213, 57.387).

第 12 章

假 设 检 验

12.1　重点及知识点辅导与精析

12.1.1　假设检验的基本概念及推理方法

1. 假设检验的基本概念

假设检验是根据样本来判定一个关于总体分布（或参数）的理论假设是否成立的统计方法. 方法的基本思想是：观察到的数据差异达到一定程度时，就会反映出与总体理论假设的真实差异，从而拒绝理论假设.

原假设 H_0 与备择假设 H_1 是总体分布所处的两种状态的刻画，一般都是根据实际问题的需要以及相关的专业理论知识提出来的. 通常情况下，备择假设的设定反映了收集数据的目的.

检验统计量是统计检验的重要工具，其功能在于构造观察数据与期望数之间的差异程度，要求在原假设 H_0 下分布是完全已知的或可以计算的. 检验的名称是由使用的统计量的名称来命名的.

2. 显著性水平 α 的检验

显著性水平 α 的检验就是控制第一类错误概率的检验. 也就是在收集数据之前假定一个准则，即文献上称之为拒绝域，一旦样本观察值落在拒绝域内就拒绝原假设 H_0. 若在原假设 H_0 成立的条件下，样本落在拒绝域的概率不超过事先设定的 α，则称该拒绝域所代表的检验为显著性水平 α 的检验，而称 α 为显著性水平.

3.假设检验的推理方法

否定论证是假设检验的重要推理方法. 其推理方法是:先对总体的概率分布或分布参数作出某种假设(包括原假设 H_0 与备择假设 H_1),为了检验原假设 H_0 是否成立,不妨先假定原假设 H_0 成立,然后考查由此将导致什么后果. 在显著性水平 $\alpha(0 < \alpha < 1)$ 下,如果导致小概率事件竟然在个别试验中发生了,则根据小概率事件的实际不可能性原理,拒绝原假设 H_0;否则,就接受原假设 H_0.

假设检验中,如果所选统计量的观测值落在某区间内,小概率事件发生了,则拒绝原假设 H_0,这样的区间叫做关于原假设 H_0 的拒绝域(简称拒绝域). 当拒绝域位于两侧时,称为双侧假设检验;当拒绝域位于一侧时,称为单侧假设检验.

12.1.2　假设检验的基本步骤

(1)根据实际问题,提出原假设 H_0 及备择假设 H_1;

(2)选取适当的统计量,并在原假设 H_0 成立的条件下确定该统计量的分布;

(3)对于给定的显著性水平 α,根据统计量的分布查表,确定统计量对应于 α 的临界值;

(4)根据样本观测值计算统计量的观测值,并与临界值比较,从而对拒绝或接受原假设 H_0 作出判断.

12.1.3　假设检验可能发生的两种错误的概率

(1)原假设 H_0 实际上是正确的,但是却错误地拒绝 H_0,这样就犯了"弃真"的错误,被称为犯第一类错误的概率.

(2)原假设 H_0 实际是不正确的,但是却错误地接受 H_0,这样就犯了"取伪"的错误,被称为犯第二类错误的概率.

12.1.4　正态总体参数的假设检验

1. 单个正态总体参数的假设检验

单个正态总体参数的假设检验的原假设 H_0、备择假设 H_1、条件及拒绝域的情况见表 12-1.

表 12-1

	H_0	H_1	条件	拒绝域
单个正态总体参数的假设检验	$\mu=\mu_0$	$\mu>\mu_0$	σ^2 已知	$\left\{\dfrac{\sqrt{n}(\bar{x}-\mu_0)}{\sigma}>u_{1-\alpha}\right\}$
			σ^2 未知	$\left\{\dfrac{\sqrt{n}(\bar{x}-\mu_0)}{s^*}>t_{1-\alpha}(n-1)\right\}$
		$\mu<\mu_0$	σ^2 已知	$\left\{\dfrac{\sqrt{n}(\bar{x}-\mu_0)}{\sigma}<-u_{1-\alpha}\right\}$
			σ^2 未知	$\left\{\dfrac{\sqrt{n}(\bar{x}-\mu_0)}{s^*}<-t_{1-\alpha}(n-1)\right\}$
		$\mu\neq\mu_0$	σ^2 已知	$\left\{\dfrac{\sqrt{n}\lvert\bar{x}-\mu_0\rvert}{\sigma}>u_{1-\alpha/2}\right\}$
			σ^2 未知	$\left\{\dfrac{\sqrt{n}\lvert\bar{x}-\mu_0\rvert}{s^*}>t_{1-\alpha/2}(n-1)\right\}$
	$\sigma^2=\sigma_0^2$ (σ_0^2 已知)	$\sigma^2>\sigma_0^2$	μ 已知	$\left\{\dfrac{\sum\limits_{i=1}^{n}(x_i-\mu)^2}{\sigma_0^2}>\chi_{1-\alpha}^2(n)\right\}$
			μ 未知	$\left\{\dfrac{\sum\limits_{i=1}^{n}(x_i-\bar{x})^2}{\sigma_0^2}>\chi_{1-\alpha}^2(n-1)\right\}$
		$\sigma^2<\sigma_0^2$	μ 已知	$\left\{\dfrac{\sum\limits_{i=1}^{n}(x_i-\mu)^2}{\sigma_0^2}<\chi_{\alpha}^2(n)\right\}$
			μ 未知	$\left\{\dfrac{\sum\limits_{i=1}^{n}(x_i-\bar{x})^2}{\sigma_0^2}<\chi_{\alpha}^2(n-1)\right\}$
		$\sigma^2\neq\sigma_0^2$	μ 已知	$\left\{\dfrac{\sum\limits_{i=1}^{n}(x_i-\mu)^2}{\sigma_0^2}>\chi_{1-\alpha/2}^2(n)\right.$ 或 $\left.\dfrac{\sum\limits_{i=1}^{n}(x_i-\mu)^2}{\sigma_0^2}<\chi_{\alpha/2}^2(n)\right\}$

续 表

单个正态总体参数的假设检验	H_0	H_1	条件	拒绝域
	$\sigma^2 = \sigma_0^2$ （σ_0^2 已知）	$\sigma^2 \neq \sigma_0^2$	μ 未知	$\left\{ \dfrac{\sum\limits_{i=1}^{n}(x_i - \bar{x})^2}{\sigma_0^2} > \chi_{1-\alpha/2}^2(n-1)\ \text{或} \ \dfrac{\sum\limits_{i=1}^{n}(x_i - \bar{x})^2}{\sigma_0^2} < \chi_{\alpha/2}^2(n-1) \right\}$

2. 两个正态总体参数的假设检验

两个正态总体参数的假设检验的原假设 H_0、备择假设 H_1、条件及拒绝域的情况见表 12-2.

表 12-2

两个正态总体参数的假设检验	H_0	H_1	条件	拒绝域
	$\mu_1 = \mu_2$	$\mu_1 > \mu_2$	σ_1^2, σ_2^2 已知	$\left\{ \dfrac{\bar{x}-\bar{y}}{\sqrt{\dfrac{\sigma_1^2}{m}+\dfrac{\sigma_2^2}{n}}} > u_{1-\alpha} \right\}$
			$\sigma_1^2 = \sigma_2^2$，但未知	$\left\{ \dfrac{\bar{x}-\bar{y}}{s_w\sqrt{\dfrac{1}{m}+\dfrac{1}{n}}} > t_{1-\alpha}(m+n-2) \right\}$
		$\mu_1 < \mu_2$	σ_1^2, σ_2^2 已知	$\left\{ \dfrac{\bar{x}-\bar{y}}{\sqrt{\dfrac{\sigma_1^2}{m}+\dfrac{\sigma_2^2}{n}}} < -u_{1-\alpha} \right\}$
			$\sigma_1^2 = \sigma_2^2$，但未知	$\left\{ \dfrac{|\bar{x}-\bar{y}|}{s_w\sqrt{\dfrac{1}{m}+\dfrac{1}{n}}} < -t_{1-\alpha}(m+n-2) \right\}$

续 表

	H_0	H_1	条件	拒绝域
两个正态总体参数的假设检验	$\mu_1 = \mu_2$	$\mu_1 \neq \mu_2$	σ_1^2, σ_2^2 已知	$\left\{ \dfrac{\lvert \bar{x} - \bar{y} \rvert}{\sqrt{\dfrac{\sigma_1^2}{m} + \dfrac{\sigma_2^2}{n}}} > u_{1-\alpha/2} \right\}$
			$\sigma_1^2 = \sigma_2^2$, 但未知	$\left\{ \dfrac{\lvert \bar{x} - \bar{y} \rvert}{s_w \sqrt{\dfrac{1}{m} + \dfrac{1}{n}}} > t_{1-\alpha/2}(m+n-2) \right\}$

注：$s_w^2 = \dfrac{1}{m+n-2}\left[\sum\limits_{i=1}^{m}(x_i - \bar{x})^2 + \sum\limits_{j=1}^{n}(y_j - \bar{y})^2 \right]$

12.1.5　p 值和 p 值检验法

所谓 p 值就是原假设 H_0 成立时,检验统计量出现那个观察值或者比之更极端值的概率. 直观上用以描述抽样结果与理论假设的吻合程度.

p 值检验法的方法是:在有了检验统计量以及它的观察值之后,只须计算相应的 p 值. 如果 p 值较大,表明在原假设 H_0 下出现这个观察值并无不正常之处,因而不能拒绝原假设 H_0;如果 p 值很小,则表明在原假设 H_0 下一个小概率事件在该次试验发生,这与小概率事件的实际推理原理矛盾,这个矛盾表明数据不支持原假设 H_0,从而作出拒绝原假设 H_0 的结论. 通常约定:当 p 值不超过 0.05 时,就认为"很小"了,并称结果是统计显著的;当 p 值不超过 0.01 时,则称结果是高度显著的.

12.2　难点及典型例题辅导与精析

例 1　假设正态总体 $X \sim N(\mu, 1)$,$x_1, x_2, \cdots, x_{10}$ 是来自 X 的 10 个观察值,要在 $\alpha = 0.05$ 的水平下检验 $H_0: \mu = 0$, $H_1: \mu \neq 0$,取拒绝域为 $R = \{\lvert \bar{x} \rvert \geqslant c\}$. 求:(1)$c$ 的值;(2) 若已知 $\bar{x} = 1$,是否可以据此接受 H_0;(3) 若以 $R = \{\lvert \bar{x} \rvert \geqslant 1.15\}$ 作为 H_0 的拒绝域,试求显著水平 α.

解　(1) 因为 $\sigma^2 = 1$ 已知,所以假设 $H_0: \mu = 0, H_1: \mu \neq 0$,选 U 统计量,拒绝域为

$$|Z| = \left| \frac{\bar{X} - \mu_0}{\sigma_0/\sqrt{n}} \right| \geqslant u_{\frac{\alpha}{2}}$$

故
$$c = u_{\alpha/2} \cdot \frac{\sigma_0}{\sqrt{n}}$$

即 $c = 0.619\,8$ 或 $c = 0.62$.

(2) 已知 $n = 10, \bar{x} = 1, \sigma_0 = 1, \alpha = 0.05, \mu_0 = 0, U_{\frac{\alpha}{2}} = U_{0.025} = 1.96$,计算得

$$|u| = \left| \frac{1 - 0}{\sqrt{1/10}} \right| = 3.162\,3 > 1.96$$

所以拒绝 H_0.

(3) 因为以 $R = \{|\bar{x}| \geqslant 1.15\}$ 作为 H_0 的拒绝域,即

$$c = u_{\alpha/2} \cdot \frac{\sigma_0}{\sqrt{n}} = 1.15$$

所以
$$u_{\alpha/2} = 1.15 \cdot \frac{\sqrt{n}}{\sigma_0} = 3.636\,6$$

查表得 $\alpha = (1 - 0.999\,85) \times 2 = 0.000\,3$.

例 2　设 X_1, X_2, X_3, X_4 是来自正态分布 $N(\mu, 1)$ 的样本,检验假设 H_0:$\mu = 0$, $H_1 : \mu = 1$,拒绝域 $R = \{\bar{X} \geqslant 0.98\}$,求此检验的两类错误概率.

解　设
$$\alpha(\mu) = P_\mu(\bar{X} \geqslant 0.98), \quad \beta(\mu) = P_\mu(\bar{X} < 0.98)$$

因此犯第一类错误的概率为

$$\alpha(0) = P_0(\bar{X} \geqslant 0.98) = P_0(2\bar{X} \geqslant 1.96) = P_0(\sqrt{4}\,\bar{X} \geqslant 1.96) = 0.025$$

犯第二类错误的概率为

$$\beta(1) = P_1(\bar{X} < 0.98) = P_1(\sqrt{4}\,\bar{X} < 1.96) =$$
$$P_1(\sqrt{4}\,(\bar{X} - 1) < 1.96 - 2) = 0.484\,0$$

例 3　对二项分布 $B(n, p)$ 作统计假设. $H_0 : p = 0.6, H_1 : p = 0.3$,假设 H_0 的否定域取为 $R = \{\mu_n \leqslant C_1\} \bigcup \{\mu_n \geqslant C_2\}$,其中 μ_n 表示 n 次试验中成功的次数. 对下列条件求犯第一类错误的概率 α 和犯第二类错误的概率 β. (1) $n = 10, C_1 = 1, C_2 = 9, \mu_n = 3$;(2) $n = 20, C_1 = 7, C_2 = 17, \mu_n = 6$.

解　(1) 显著性水平 α 是犯第一类错误的概率,于是
$$\alpha = P(\mu_n \in R \mid H_0) = P(\mu_n \in R \mid p = 0.6) =$$

$$\sum_{i=0}^{1} C_{10}^i 0.6^i 0.4^{10-i} + \sum_{i=9}^{10} C_{10}^i 0.6^i 0.4^{10-i} \approx 0.047\,9$$

$$\beta = P(\mu_n \in \bar{R} \mid H_1) = 1 - P(\mu_n \in R \mid H_1) = 1 - P(\mu_n \in R \mid p = 0.3) =$$

$$1 - \sum_{i=0}^{1} C_{10}^i 0.3^i 0.7^{10-i} - \sum_{i=9}^{10} C_{10}^i 0.3^i 0.7^{10-i} \approx 0.850\,6$$

$(2)\alpha = P(\mu_n \in R \mid H_0) = P(\mu_n \in R \mid p = 0.6) =$

$$\sum_{i=0}^{7} C_{20}^i 0.6^i 0.4^{20-i} + \sum_{i=17}^{20} C_{20}^i 0.6^i 0.4^{20-i} \approx 0.037\,0$$

$\beta = P(\mu_n \in \bar{R} \mid H_1) = 1 - P(\mu_n \in R \mid H_1) = 1 - P(\mu_n \in R \mid p = 0.3) =$

$$1 - \sum_{i=0}^{7} C_{20}^i 0.3^i 0.7^{20-i} - \sum_{i=17}^{20} C_{20}^i 0.3^i 0.7^{20-i} \approx 0.227\,7$$

例 4　(1)某产品的一项质量指标 $X \sim N(1\,600, 150^2)$,现从一批产品中随机地抽取 26 件,测得该指标的均值 $\bar{x} = 1\,673$. 问:可否认为该批产品的质量指标是合格的($\alpha = 0.05$)?

(2)某产品的一项质量指标 $X \sim N(\mu, 0.048^2)$,现从一批产品中随机地抽取 5 件,测得样本方差 $s^* = 0.007\,78$. 问:该批产品的方差是否正常($\alpha = 0.05$)?

解　(1)由题设可知待检验假设为

$$H_0 : \mu = 1\,600, \quad H_1 : \mu \neq 1\,600$$

由于 $\sigma^2 = 150^2$ 已知,因此取检验统计量

$$Z = \frac{\overline{X} - \mu_0}{\sigma / \sqrt{n}} \sim N(0, 1)$$

当 $\alpha = 0.05, n = 26$ 时,拒绝域为

$$|Z| \geqslant u_{1-\alpha/2} = u_{0.975} = 1.96$$

由题设可得 $\bar{x} = 1\,673$,故统计量的观察值为

$$|u| = \left| \frac{1\,673 - 1\,600}{150 / \sqrt{26}} \right| \approx 2.48$$

由于 $|u| = 2.48 > 1.96$,因此拒绝 H_0,即认为该批产品的质量指标是不合格的.

(2)由题设可知待检验假设为

$$H_0 : \sigma^2 = 0.048^2, \quad H_1 : \sigma^2 \neq 0.048^2$$

由于 μ 未知,因此取检验统计量

$$\chi^2 = \frac{(n-1)S^{*2}}{\sigma_0^2} \sim \chi^2(n-1)$$

当 $\alpha = 0.05, n = 5$ 时,拒绝域为

$$\chi^2 \geqslant \chi_{\alpha/2}^2(n-1) = \chi_{0.025}^2(4) = 11.143$$

或 $$\chi^2 \leqslant \chi_{1-\alpha/2}^2(n-1) = \chi_{0.975}^2(4) = 0.484$$

由题设可得统计量的观察值为

$$\chi^2 = \frac{4 \times 0.007\,78}{0.048^2} \approx 13.507$$

由于 $\chi^2 = 13.507 > 11.143$,故拒绝 H_0,即认为该批产品的方差不正常.

例 5　有一批手枪子弹,当它们出厂时,测其初速 $V \sim N(\mu_0, \sigma_0^2)$,其中 $\mu_0 = 950$ m/s,$\sigma_0 = 10$ m/s. 经过较长时间储存后,现取 9 发进行测试,得样本值(单位:m/s) 如下:

$$914, 920, 910, 934, 953, 945, 912, 924, 940$$

据检验,子弹经储存后其初速 V 仍服从正态分布,且 σ_0 可认为不变. 问:是否可认为这批手枪子弹的初速 V 显著降低($\alpha = 0.025$)?

解　由题设知

$$\mu_0 = 950, \quad \sigma_0 = 10, \quad n = 9, \quad \alpha = 0.025, \quad \bar{x} = \frac{1}{n} \sum_{i=1}^{n} v_i = 928$$

所求检验的假设为

$$H_0: \mu = \mu_0 = 950, \quad H_1: \mu < \mu_0 = 950$$

由于 σ 已知,所以应选择的统计量为

$$Z = \frac{\bar{X} - \mu_0}{\sigma / \sqrt{n}} \sim N(0, 1)$$

从而求得统计量 Z 的观测值为 $u = -6.6$. 查标准值正态分布表,可知 $u_\alpha = u_{0.025} = 1.96$. 因为 $u = -6.6 < -1.96 = -u_{0.025}$,所以拒绝原假设 H_0,接受备择假设 H_1,即认为这批手枪子弹的初速 V 显著降低.

例 6　某批矿砂的 5 个样品中的镍含量,经测定分别为 3.25%,3.27%,3.24%,3.26%,3.24%,设测定这个值总体服从正态分布. 问:在显著性水平 $\alpha = 0.01$ 下,能否认为这批矿砂的镍含量的均值为 3.25?

解　设原假设 $H_0: \mu = \mu_0 = 3.25$,备择假设 $H_1: \mu \neq \mu_0 = 3.25$. 由于 σ^2 未知,因此选 T 统计量,拒绝域为

$$|T| = \left| \frac{\bar{X} - \mu_0}{S^* / \sqrt{5}} \right| \geqslant t_{1-\frac{\alpha}{2}}(4)$$

其中

$$S^{*2} = \left[\frac{1}{4} \sum_{i=1}^{5} X_i^2 - \frac{1}{4} \times 5\,\bar{X}^2 \right], \quad \alpha = 0.01$$

计算得

$$|t| = 0.343 < t_{0.995}(4) = 4.6041$$

故接受原假设 H_0,认为这批矿砂的镍含量的均值为 3.25.

例 7　某工厂向另一工厂订购配件,过去向 A 工厂订购,从订货日开始至交货日止,其中平均为 49.1 天. 现改为向 B 工厂订购,随机观察了向 B 工厂的

8 次订货的交货情况,结果交货天数分别为 $46,38,40,39,52,53,48,44$. 问:B 工厂的平均交货日期是否显著比 A 工厂的短($\alpha=0.05$)?

解　设 B 工厂交货的天数为 X,假定 $X \sim N(\mu,\sigma^2)$.由题设知

$$\mu_0 = 49.1, \quad n=8, \quad \bar{x} = \frac{1}{8}\sum_{i=1}^{8} x_i = 42.75$$

$$s^{*2} = \frac{1}{n-1}\sum_{i=1}^{n}(x_i - \bar{x})^2 = 32.787$$

所求检验的假设为

$$H_0: \mu \geqslant \mu_0 = 49.1, \quad H_1: \mu < \mu_0 = 49.1$$

因为 σ 未知,所以应选择的统计量为

$$T = \frac{\bar{X} - \mu_0}{S^*/\sqrt{n}} \sim t(n-1)$$

从而可求得统计量 T 的观测值为 $t = -3.137$. 查 t 分布表,可知

$$t_{1-\alpha}(n-1) = t_{0.95}(7) = 1.894\,6$$

因为

$$t = -3.137 < -1.895 = -t_{0.95}(7)$$

所以,拒绝原假设 H_0,接受备择假设 H_1,即认为 B 工厂平均交货日期显著比 A 工厂的要短.

例8　某炼钢厂从某天生产的钢筋中随机地抽出 36 根,测其长度,得到样本平均数为 $\bar{x} = 12.8$ m,样本标准差 $s^* = 2.6$ m. 问:这批钢筋的平均长度能否认为在 12 m 以下($\alpha = 0.05$)?

解　由题设知

$$\mu_0 = 12, \quad n = 36, \quad \bar{x} = 12.8, \quad s^* = 2.6$$

故所求检验的假设为

$$H_0: \mu \leqslant \mu_0 = 12, \quad H_1: \mu > \mu_0 = 12$$

因为 σ 未知,所以应选择的统计量为

$$T = \frac{\bar{X} - \mu_0}{S^*/\sqrt{n}} \sim t(n-1)$$

从而可求得统计量 T 的观测值为 $t = 1.846$. 查 t 分布表,可知

$$t_{1-\alpha}(n-1) = t_{0.95}(35) = 1.689\,6$$

因为

$$t = 1.846 > 1.689\,6 = t_{0.95}(35)$$

所以拒绝 H_0,接受 H_1,即认为这批钢筋的平均长度在 12 cm 以上.

例9　某型号手机,根据国标其发射功率的标准差不小于 10 mV. 现从生产的一批手机中抽取样品 10 台,测得样本标准差为 8 mV.设这种手机的发

射功率服从正态分布 $N(\mu,\sigma^2)$,问是否可以认为这批手机的发射功率的标准差显著偏小($\alpha=0.05$)?

解 由题设可知

$$\sigma_0=10, \quad n=10, \quad s^*=8$$

所求检验的假设为

$$H_0:\sigma^2=\sigma_0^2=10^2, \quad H_1:\sigma^2<\sigma_0^2=10^2$$

因为 μ 未知,所以应选择的统计量为

$$\chi^2=(n-1)S^2/\sigma_0^2 \sim \chi^2(n-1)$$

从而可求得统计量 χ^2 的观测值为 $\chi^2=5.76$.查 χ^2 分布表,可知

$$\chi_{1-\alpha}^2(n-1)=\chi_{0.95}^2(9)=16.919$$

因为 $\chi^2=5..76<16.919=\chi_{0.95}^2(9)$,所以拒绝 H_0,即认为这批手机的发射功率的标准差显著偏小.

例 10 某工厂生产的某种产品的质量服从正态分布,今从该产品中随机地抽出 21 个进行质量检测,得样本方差为 10. 问:能否根据此结果得出该产品的质量的方差小于 15($\alpha=0.05$)?

解 由题设知

$$X \sim N(\mu,\sigma^2), \quad \sigma_0^2=15, \quad n=21, \quad s=10, \quad \alpha=0.05$$

$$\bar{x}=\frac{1}{n}\sum_{i=1}^n x_i=\frac{1}{9}\sum_{i=1}^9 x_i=0.509$$

所要求检验的假设为

$$H_0:\sigma^2 \geqslant \sigma_0^2=15, \quad II_1:\sigma^2<\sigma_0^2=15$$

因为 μ 未知,所以应选择的统计量为

$$\chi^2=(n-1)S^2/\sigma_0^2 \sim \chi^2(n-1)$$

从而可求得统计量 χ^2 的观测值为 $\chi^2=8.889$. 查 χ^2 分布表,可知

$$\chi_{\alpha}^2(n-1)=\chi_{0.05}^2(20)=10.851$$

因为 $\qquad \chi^2=8.889<10.851=\chi_{0.05}^2(20)$

所以接受原假设 H_0,即不能根据此结果得出总体方差小于 15 的结论.

例 11 某轴承厂对两台自动机床生产的轴承进行长度检测. 先从第一台生产的轴承中抽取 50 根,测得平均长度为 20.1 mm;然后从第二台生产的轴承中抽取 50 根,测得平均长度为 19.8 mm. 假设两台机床生产的轴承长度各自服从正态分布,方差分别为 1.750 mm² 和 1.375 mm²,且这两个总体相互独立. 问:在显著性水平 $\alpha=0.05$ 下检验这两台自动机床生产的承轴长度的均值是否相等?

解 设第一台生产的轴承长度为 X,第二台生产的轴承长度为 Y,由题意可知

$$X \sim N(\mu_1, \sigma_1^2), \quad Y \sim N(\mu_2, \sigma_2^2), \quad n_1 = n_2 = 50, \quad \bar{x} = 20.1, \quad \bar{y} = 19.8$$
$$\sigma_1^2 = 1.750, \quad \sigma_2^2 = 1.375$$

所求检验的假设为

$$H_0: \mu_1 = \mu_2, \quad H_1: \mu_1 \neq \mu_2$$

因为 σ_1^2, σ_2^2 已知,所以应选择的统计量为

$$Z = \frac{\bar{X} - \bar{Y}}{\sqrt{\dfrac{\sigma_1^2}{n_1} + \dfrac{\sigma_2^2}{n_2}}} \sim N(0, 1)$$

从而可求得统计量 Z 的观测值为 $u = 1.2$. 查标准正态分布表,可知 $u_{\alpha/2} = u_{0.025} = 1.96$. 因为 $|u| = 1.2 < 1.96 = u_{0.025}$,所以接受原假设 H_0,即认为在显著性水平 $\alpha = 0.05$ 下两台自动机床生产的轴承长度的均值相等.

例 12 某国棉厂在对其生产的针织品进行漂白过程中,主要考虑温度指标对针织品断裂强力的影响. 为了比较在 70℃ 与 80℃ 下的影响有无差别,在这两个温度下,分别重复做了 8 次试验,得数据如下(单位:kg):

70℃ 时的强力:20.5, 18.8, 19.8, 20.9, 21.5, 17.5, 21.0, 21.2;

80℃ 时的强力:17.7, 20.3, 20.0, 18.8, 19.0, 20.1, 20.0, 19.1.

已知断裂强力服从正态分布且方差不变,问在 70℃ 时的强力在与 80℃ 时的强力是否有显著差别($\alpha = 0.05$)?

解 设 X 为 70℃ 时的强力,Y 为 80℃ 时的强力. 由题设知

$$\sigma_1^2 = \sigma_2^2, \quad X \sim N(\mu_1, \sigma_1^2), \quad Y \sim N(\mu_2, \sigma_2^2), \quad n_1 = n_2 = 8, \quad \alpha = 0.05$$

$$\bar{x} = \frac{1}{n} \sum_{i=1}^{n_1} x_i = 20.4, \quad \bar{y} = \frac{1}{n} \sum_{i=1}^{n_2} y_i = 19.4$$

$$s_1^{*2} = \frac{1}{n_1 - 1} \sum_{i=1}^{n_1} (x_i - \bar{x})^2 = 0.885\,7$$

$$s_2^{*2} = \frac{1}{n_2 - 1} \sum_{i=1}^{n_2} (x_i - \bar{x})^2 = 0.817$$

所求检验的假设为

$$H_0: \mu_1 = \mu_2, \quad H_1: \mu_1 \neq \mu_2$$

因为 σ_1^2, σ_2^2 未知,但 $\sigma_1^2 = \sigma_2^2$,所以应选择的统计量为

$$T = \frac{\bar{X} - \bar{Y}}{S_w \sqrt{\dfrac{1}{n_1} + \dfrac{1}{n_2}}} \sim t(n_1 + n_2 - 2)$$

其中　　　　　$s_w = \sqrt{\dfrac{(n_1-1)s_1^{*2}+(n_2-1)s_2^{*2}}{n_1+n_2-2}} = 0.922\ 7$

从而可求得统计量 T 的观测值为 $t = 2.168$，查 t 分布表可知

$$t_{1-\alpha/2}(n_1+n_2-2) = t_{0.975}(14) = 2.144\ 8$$

因为 $|t| = 2.168 > 2.1448 = t_{0.975}(14)$，所以拒绝原假设 H_0，接受备择假设 H_1，即认为 70℃ 时的强力与在 80℃ 时的强力有显著差别.

例 13　某煤厂为了分析煤的含灰率，今从甲、乙两个煤矿分别抽取 5 个和 4 个样品进行检测，得其含灰率（%）如下：

甲矿：24.3,20.8,23.7,21.3,17.4；

乙矿：18.2,16.9,20.2,16.7.

假定各煤矿含灰率均服从正态分布，且甲矿的方差为 7.505，乙矿的方差为 2.593.试问甲矿的含灰率是否远高于乙矿的含灰率（$\alpha = 0.05$）？

解　设甲矿含灰率为 X，乙矿含灰率为 Y.由题意知

$$X \sim N(\mu_1,\sigma_1^2), \quad Y \sim N(\mu_2,\sigma_2^2), \quad n_1 = 5, \quad n_2 = 4, \quad \alpha = 0.05$$

$$\bar{x} = 21.5, \quad \bar{y} = 18, \quad \sigma_1^2 = 7.505, \quad \sigma_2^2 = 2.593$$

所求检验的假设为

$$H_0:\mu_1 \leqslant \mu_2, H_1:\mu_1 > \mu_2$$

因为 σ_1^2,σ_2^2 已知，所以应选择的统计量为

$$Z = \frac{\bar{X}-\bar{Y}}{\sqrt{\dfrac{\sigma_1^2}{n_1}+\dfrac{\sigma_2^2}{n_2}}} \sim N(0,1)$$

从而可求得统计量 Z 的观测值为 $u = 2.387\ 4$.查标准正态分布表，可知 $u_\alpha = u_{0.05} = 1.645$. 因为 $u = 2.387\ 4 > 1.645 = -u_{0.05}$，所以拒绝原假设 H_0，接受备择假设 H_1，即认为甲矿含灰率远高于乙矿含灰率.

例 14　某养鸡厂对鸡所生的蛋进行检测.现从两组鸡蛋中抽出 24 只，其中 9 只来自第一组，测得其长度均值为 22.20 mm，样本方差为 0.422 5 mm²；15 只来自另一组，测得其长度均值为 21.12 mm，样本方差为 0.568 9 mm².假设两个样本来自同方差的正态分布，试判断第一组的鸡蛋是否比第二组的鸡蛋长度要长（$\alpha = 0.05$）？

解　设第一组鸡蛋长为 X，第二组鸡蛋长为 Y. 由题意知

$$\sigma_1^2 = \sigma_2^2, \quad X \sim N(\mu_1,\sigma_1^2), \quad Y \sim N(\mu_2,\sigma_2^2), \quad n_1 = 9, \quad n_2 = 15, \quad \alpha = 0.05$$

$$\bar{x} = 22.20, \quad \bar{y} = 21.12, \quad s_1^{*2} = 0.422\ 5, \quad s_2^{*2} = 0.568\ 9$$

要求检验的假设为

$$H_0: \mu_1 \leqslant \mu_2, \quad H_1: \mu_1 > \mu_2$$

因为 σ_1^2, σ_2^2 未知,但 $\sigma_1^2 = \sigma_2^2$,所以应选择的统计量为

$$T = \frac{\bar{X} - \bar{Y}}{S_w \sqrt{\dfrac{1}{n_1} + \dfrac{1}{n_2}}} \sim t(n_1 + n_2 - 2)$$

其中

$$s_w = \sqrt{\frac{(n_1 - 1)s_1^{*2} + (n_2 - 1)s_2^{*2}}{n_1 + n_2 - 2}} = \sqrt{0.5157} \approx 0.7181$$

从而可求得统计量 T 的观测值为 $t = 3.567$. 查 t 分布表,可知

$$t_{1-\alpha}(n_1 + n_2 - 2) = t_{0.95}(22) = 1.7171$$

因为 $t = 3.567 > 1.7171 = t_{0.95}(22)$,所以拒绝原假设 H_0,接受备择假设 H_1,即认为第一组鸡蛋比第二组鸡蛋长度要长.

例 15　20 世纪 70 年代后期人们发现,酿造啤酒时,在麦芽干燥过程中形成致癌物质二硝基二甲胺(NDMA). 到了 80 年代初期,开发了一种新的麦芽干燥过程. 下面给出分别在新、老两种过程中形成的(NDMA)含量(以 10 亿份中的份数计).

老过程	6	4	5	5	6	5	5	6	4	6	7	4
新过程	2	1	2	2	1	0	3	2	1	0	1	3

设两样本分别来自正态总体,且两总体的方差相等. 两样本独立,分别以 μ_1,μ_2 记对应于老、新过程的总体的均值,试检验假设(取 $\alpha = 0.05$)

$$H_0: \mu_1 - \mu_2 = 2, \quad H_1: \mu_1 - \mu_2 > 2$$

解　设

$$H_0: \mu_1 - \mu_2 = 2, \quad H_1: \mu_1 - \mu_2 > 2$$

由于总体均为正态分布且方差相等,两样本独立,但 σ^2 未知,因此检验统计量为

$$T = \frac{\bar{X} - \bar{Y} - 2}{S_w \sqrt{\dfrac{1}{n_1} + \dfrac{1}{n_2}}}$$

拒绝域为

$$t \geqslant t_{1-\alpha}(n_1 + n_2 - 2) = t_{0.95}(12 + 12 - 2) = 1.7171$$

由题设可知

$$n_1 = 12, \quad \bar{x} = 5.25, \quad 11s_1^2 = \sum_{i=1}^{12} x_i^2 - 12\bar{x}^2 = 10.25$$

$$n_2 = 12, \quad \bar{y} = 1.5, \quad 11s_2^2 = \sum_{i=1}^{12} y_i^2 - 12\bar{y}^2 = 11$$

统计量的观察值为 $t=4.362$,因 $4.362>1.7171$,故拒绝 H_0.

12.3 考点及考研真题辅导与精析

例 1 设某次考试的学生成绩 $X \sim N(\mu,\sigma^2)$,从中随机抽取 36 位考生的成绩,算得平均成绩为 66.5,标准差为 15 分. 问在显著性水平 0.05 下,是否可以认为这次考试全体考生的平均成绩为 70 分? 并给出检验过程.

(1998 年研究生入学考试试题)

分析 由题设知 σ^2 未知,故在 σ^2 未知的情况下,能选择出 T 统计量及相应的拒绝域.

解 由题设可知待检验假设为

$$H_0 : \mu=70, \quad H_1 : \mu \neq 70$$

因方差未知,故采用 T 检验法,拒绝域为

$$|T| = \left| \frac{\bar{x}-\mu_0}{S/\sqrt{n}} \right| > t_{1-\frac{\alpha}{2}}(n-1)$$

又已知

$$n=36, \quad \bar{x}=66.5, \quad \alpha=0.05, \quad s=15, \quad t_{1-\frac{\alpha}{2}}(n-1)=t_{0.975}(35)=2.0301$$

计算得

$$|T| = \left| \frac{66.5-70}{15/\sqrt{36}} \right| = 1.4 < t_{0.025}(35)$$

故接受 H_0,即在显著性水平 0.05 下,可以认为这次考试的平均成绩为 70 分.

例 2 某巡航导弹在试飞中,弹上测速仪在巡航飞行段的某一秒钟内测得导弹 10 个飞行速度数据,算得样本均值和样本方差观察值分别为 $\bar{x}=1290$ m/s,$s_1^2=2.4$ m²/s². 在同一时间段内地面高精度测量系统测得导弹 20 个飞行速度数据,算得样本均值和样本方差观察值分别为 $\bar{y}=1292$ m/s,$s_2^2=1.3$ m²/s². 假设弹上测速仪测量值服从方差为 σ^2 的正态分布(σ^2 未知),地面测速系统测量值服从正态分布 $N(\mu,\sigma^2)$,μ 为导弹的实际飞行速度. 在显著性水平 $\alpha=0.05$ 下,问弹上测速仪是否存在测量系统误差?

(2005 年国防科技大学)

分析 由题设知 σ^2 未知,故在 σ^2 未知的情况下,能选择出 T 统计量及相应的拒绝域.

解 设弹上测速仪测量值 $X \sim N(\mu',\sigma^2)$,所求的检验假设为

$$H_0 : \mu'=\mu, \quad H_1 : \mu' \neq \mu$$

因为 σ^2 未知，所以应选择的统计量为

$$T = \frac{\bar{X} - \bar{Y}}{S_\omega \sqrt{\dfrac{1}{n_1} + \dfrac{1}{n_2}}} \sim t(n_1 + n_2 - 2)$$

拒绝域为

$$|T| > t_{1-\alpha/2}(n_1 + n_2 - 2)$$

从题设可知

$$n_1 = 10, \quad n_2 = 20, \quad \bar{x} = 1\,290 \text{ m/s}, \quad \bar{y} = 1\,292 \text{ m/s}, \quad s_1^2 = 2.4 \text{ m}^2/\text{s}^2$$

$$s_2^2 = 1.3 \text{ m}^2/\text{s}^2, \quad s_w^2 = \frac{9 \times 2.4 + 19 \times 1.3}{10 + 20 - 2} = 1.654, \quad s_w = 1.286$$

算得统计量 T 的观测值为 $t = 4.016$，查 t 分布表可知

$$t_{1-\alpha/2}(n_1 + n_2 - 2) = u_{0.975}(28) = 2.048$$

因为 $t = 4.016 > 2.048 = t_{0.975}$，所以拒绝原假设 H_0，即认为在显著性水平 $\alpha = 0.05$ 下，弹上测速仪存在测量系统误差.

例 3 设 $X_1, X_2, \cdots, X_{n_1}$ 是来自总体 $X \sim N(\mu_1, \sigma_1^2)$ 的一组样本，$Y_1, Y_2, \cdots, Y_{n_2}$ 是来自总体 $Y \sim N(\mu_2, \sigma_2^2)$ 的一组样本，两组样本相互独立，其样本方差分别为 S_1^2, S_2^2，且设 $\mu_1, \mu_2, \sigma_1^2, \sigma_2^2$ 均为未知. 欲检验假设 $H_0: \sigma_1^2 = \sigma_2^2$，$H_1: \sigma_1^2 > \sigma_2^2$，显著性水平 α 事先给定. 试构造适当检验统计量并给出拒绝域（临界点由分位点给出）. （2005 年西安电子科技大学）

分析 由题设所给条件知道要选 F 检验统计量及其相应的拒绝域.

解 由题设可知，构造检验统计量 $F = S_1^2/S_2^2$. 当 H_0 为真时，所构统计量

$$F = S_1^2/S_2^2 \sim F(n_1 - 1, n_2 - 1)$$

当 H_0 不真而 H_1 为真时，有

$$F = \frac{S_1^2}{S_2^2} = \frac{S_1^2/\sigma_1^2}{S_2^2/\sigma_1^2} \cdot \frac{\sigma_1^2}{\sigma_2^2}$$

即一个 $F(n_1 - 1, n_2 - 1)$ 的统计量乘以一个大于 1 的数，$F = S_1^2/S_2^2$ 有偏大的趋势. 所以当 $F = S_1^2/S_2^2$ 偏大时，拒绝 H_0 而接受 H_1，拒绝域的形式是

$$F = S_1^2/S_2^2 > K$$

由 H_0 为真时，$F = S_1^2/S_2^2 \sim F(n_1 - 1, n_2 - 1)$，确定常数 K，得拒绝域为

$$F = S_1^2/S_2^2 > F_\alpha(n_1 - 1, n_2 - 1)$$

例 4 某厂在所生产的汽车蓄电池的说明书上写明：使用寿命的标准差不超过 0.9 年. 现随机地抽取了 10 个蓄电池，测得样本的标准差为 1.2 年. 假定使用寿命服从正态分布 $N(\mu, \sigma^2)$，取显著性水平 $\alpha = 0.05$，使试验 $H_0: \sigma^2 \geq$

$0.81, H_1 : \sigma^2 < 0.81.$　　　　　　　　　　　　　（2005 年上海交通大学）

分析　在 μ 未知的情况下，能选择出 χ^2 统计量及相应的拒绝域.

解　由于 μ 未知，因此取检验统计量

$$\chi^2 = (n-1)S^2/\sigma_0^2 \sim \chi^2(n-1)$$

当 $\alpha = 0.05, n = 10$ 时，拒绝域为

$$\chi^2 \leqslant \chi_{1-\alpha}^2(n-1) = \chi_{0.95}^2(9) = 3.325$$

由题设可得统计量的观察值为

$$\chi^2 = \frac{9 \times 1.44}{0.81} = 16$$

由于 $\chi^2 = 16 > 3.325$，因此接受 H_0.

例 5　（1）从理论上分析得出结论：压缩机的冷却用水的温度 $T \sim N(\mu, \sigma^2)$，升高的平均值不多于 5℃. 现测量了 5 台压缩机的冷却用水的升高温度分别是 6.4，4.3，5.7，4.9，5.4℃. 问：在 $\alpha = 0.05$ 时，这组数据与理论上分析所得出的结论是否一致？

（2）已知纤维的纤度 $X \sim N(1.405, 0.048^2)$. 现抽取了 5 根纤维，测得纤度为 1.32，1.55，1.36，1.40，1.44. 问：纤度的总体方差是否正常（取 $\alpha = 0.05$）？　　　　　　　　　　（2005 年上海交通大学）

分析　本题是单个正态总体参数的假设检验. 在相应参数未知的情况下，能选择出相应的统计量及相应的拒绝域.

解　（1）由题设可知待检验假设为

$$H_0 : \mu \leqslant 5, \quad H_1 : \mu > 5$$

因 σ^2 未知，故取检验统计量

$$T = \frac{\overline{X} - \mu_0}{S^* / \sqrt{n}} \sim t(n-1)$$

当 $\alpha = 0.05, n = 5$ 时，拒绝域为

$$t > t_{1-\alpha}(n-1) = t_{0.95}(4) = 2.131\ 8$$

由题设可得

$$\overline{x} = 5.34, \quad s^{*2} = 0.633, \quad s^{*2} = 0.795\ 6$$

故统计量的观察值为

$$t = \frac{5.34 - 5}{0.795\ 6/\sqrt{5}} \approx 0.955\ 6$$

由于 $t = 0.955\ 6 < 2.131\ 8$，因此接受 H_0，即认为这组数据与理论上分析所得出的结论是一致的.

　　(2) 由题设可知待检验假设为
$$H_0: \sigma^2 = 0.048^2, \quad H_1: \sigma^2 \neq 0.048^2$$
因 μ 未知,故取检验统计量
$$\chi^2 = \frac{\sum\limits_{i=1}^{n}(X_i - \mu)^2}{\sigma_0^2} \sim \chi^2(n)$$

当 $\alpha = 0.05, n = 5$ 时,拒绝域为
$$\chi^2 \geqslant \chi_{\alpha/2}^2(n) = \chi_{0.025}^2(5) = 12.833 \quad \text{或} \quad \chi^2 \leqslant \chi_{1-\alpha/2}^2(n) = \chi_{0.975}^2(5) = 0.831$$
由题设可得统计量的观察值为
$$\chi^2 = \frac{\sum\limits_{i=1}^{5}(x_i - 1.405)^2}{0.048^2} \approx 13.683$$
由于 $\chi^2 = 13.683 > 12.833$,因此拒绝 H_0,即认为纤度的总体方差是不正常.

　　例6 某冶金实验室对锰的熔化点作了四次试验,结果分别为 1 269, 1 271, 1 263, 1 265℃. 设数据服从正态分布 $N(\mu, \sigma^2)$,以 $\alpha = 0.05$ 的水平作如下检验:(1) 这些结果是否符合公布的数字 1 260℃? (2) 测定值的标准差是否不超过 2℃(须详细写出检验过程)? 　　　　　(2007 年合肥工业大学)

　　分析 本题仍是单个正态总体参数的假设检验. 在相应参数未知的情况下,能选择出相应的统计量及相应的拒绝域,注意拒绝域是单侧的还是双侧的.

　　解 (1) 由题设可知待检验假设为
$$H_0: \mu = 1 260, \quad H_1: \mu \neq 1 260$$
因 σ^2 未知,故取检验统计量
$$T = \frac{\overline{X} - \mu_0}{S^* / \sqrt{n}} \sim t(n-1)$$

当 $\alpha = 0.05, n = 4$ 时,拒绝域为
$$|t| > t_{1-\alpha/2}(n-1) = t_{0.975}(3) = 3.182\ 4$$
由题设可得 $\overline{x} = 1 267, s^{*2} = 3.65^2, s^* = 3.65$,故统计量的观察值为
$$t = \frac{1 267 - 1 260}{3.65 / \sqrt{4}} = 3.826$$

因 $t = 3.826 > 3.182\ 4$,故拒绝 H_0,即认为这些结果不符合公布的数字 1 260℃.

（2）由题设可知待检验假设为

$$H_0 : \sigma \leqslant 2, \quad H_1 : \sigma > 2$$

因 μ 未知，故取检验统计量

$$\chi^2 = \frac{(n-1)S^{*2}}{\sigma_0^2} \sim \chi^2(n-1)$$

当 $\alpha = 0.05, n = 5$ 时，拒绝域为

$$\chi^2 \geqslant \chi_{1-\alpha}^2(n-1) = \chi_{0.95}^2(3) = 7.815$$

由题设可得统计量的观察值为

$$\chi^2 = \frac{3 \times 3.65^2}{2^2} \approx 10$$

由于 $\chi^2 = 10 < 7.815$，因此拒绝 H_0，即认为测定值的标准差超过 $2^\circ\mathrm{C}$.

12.4　课后习题解答

1.（1）在一个假设检验问题中，当检验最终结果是接受 H_1 时，可能犯什么错误？（2）在一个假设检验问题中，当检验最终结果是拒绝 H_1 时，可能犯什么错误？

解　（1）在一个假设检验问题中，当检验最终结果是接受 H_1 时，可能犯拒真的错误，即第一类错误；（2）在一个假设检验问题中，当检验最终结果是拒绝 H_1 时，可能犯采伪的错误，即第二类错误.

2. 某厂生产的化纤纤度服从正态分布 $N(\mu, 0.04^2)$，某厂测得 25 根纤维的纤度，其样本均值 $\bar{x} = 1.39$，试用 p 值法检验总体均值是否为 1.40.

解　设原假设 $H_0 : \mu = 1.40$，备选假设 $H_1 : \mu \neq 1.40$. 选统计量

$$Z = \sqrt{n}\,\frac{(\bar{X} - \mu)}{\sigma}$$

且计算得观察值

$$z = \sqrt{25}\,\frac{(\bar{x} - 1.4)}{0.04} = 125 \times (1.39 - 1.4) = -1.25$$

所以 p 值为

$$p = P(\,|125(\bar{X} - 1.4)| > |z|\,) = P(\,|Z| > 1.25\,) =$$
$$2P(Z > 1.25) \approx 0.20$$

因此不能拒绝 H_0，即可以认为 $\mu = 1.40$.

3. 某印刷厂旧机器每周开工成本服从正态分布 $N(100, 25^2)$. 现安装一台新机器，观测到九周的周开工成本的样本均值 $\bar{x} = 75$ 元. 假定标准差不变，

试用 z 值法检验周开工平均成本是否为 100 的假设.

解　设原假设 $H_0:\mu=100$,备选假设 $H_1:\mu\neq100$. 选统计量

$$Z=\frac{\sqrt{n}(\overline{X}-\mu)}{\sigma}$$

且计算观察值

$$z=\frac{3(75-100)}{25}=-3$$

所以 p 值为

$$p=P(|Z|\geqslant|z|)=2P(Z\geqslant3)=0.002$$

故拒绝 H_0 是高度显著,即 $\mu\neq100$.

4. 设 $(x_1,x_2,\cdots,x_{25})$ 是取自 $N(\mu,100)$ 的一个样本观察值,要检验假设 $H_0:\mu=0,H_1:\mu\neq0$,试给出显著性水平 α 的检验的拒绝域 R.

解　$R=\{\dfrac{\sqrt{25}\,|\overline{X}|}{10}\geqslant u_{1-\alpha/2}\}=\{|\overline{X}|\geqslant2u_{1-\alpha/2}\}$

5. 某纤维的强力服从正态分布 $N(\mu,1.19^2)$,原设计的平均强力为 6 g,现改进工艺后,某天测得 100 个强力数据,其样本均值为 6.35 g. 总体标准差假定不变,试问改进工艺后,强力是否有显著提高($\alpha=0.05$)?

解　设原假设 $H_0:\mu\leqslant6$,备选假设 $H_1:\mu>6$. 选取统计量

$$Z=\frac{\sqrt{n}(\overline{X}-\mu_0)}{\sigma}$$

临界值 $c=u_{0.95}=1.645$,拒绝域为 $R=\{Z\geqslant1.645\}$,计算 Z 值为

$$z=\frac{10(6.35-6)}{1.19}=2.941$$

故拒绝 H_0,即认为改进工艺后强力有显著提高.

6. 监测站对某条河流的溶解氧(DO)浓度(单位:mg/L)记录了 30 个数据,并由此算得 $\overline{x}=2.52,s^*=2.05$. 已知这条河流每日的 DO 浓度服从 $N(\mu,\sigma^2)$,试在显著性水平 $\alpha=0.05$ 下,检验假设 $H_0:\mu=2.7,H_1:\mu>2.7$.

解　因为检验假设

$$H_0:\mu=2.7,\quad H_1:\mu>2.7$$

所以选统计量

$$T=\frac{\sqrt{n}(\overline{X}-\mu_0)}{S^*}$$

拒绝域为 $R=\{T<-t_{1-\alpha}(n-1)\}$,查表知

$$t_{1-\alpha}(29)=t_{0.95}(29)=1.6991$$

计算 t 值为

$$t = \frac{\sqrt{30}(2.52 - 2.7)}{2.05} \approx -0.481 > -1.6991$$

故不能拒绝 H_0.

7. 从某厂生产的电子元件中随机地抽取了 25 个作寿命测试,得数据(单位:h)$x_1, x_2, \cdots, x_{25}$,并由此算得 $\bar{x} = 100, \sum\limits_{i=1}^{25} x_i^2 = 4.9 \times 10^5$. 已知这种电子元件的使用寿命服从 $N(\mu, \sigma^2)$,且出厂标准为 90 h 以上,试在显著性水平 $\alpha = 0.05$ 下,检验该厂生产的电子元件是否符合出厂标准,即检验假设 $H_0: \mu = 90, H_1: \mu > 90$.

解　因检验假设 $H_0: \mu = 90, H_1: \mu > 90$,故选统计量

$$T = \frac{\sqrt{n}(\bar{X} - \mu_0)}{S^*}$$

又由计算知

$$s^{*2} = \frac{1}{n-1}\left(\sum_{i=1}^{n} x_i^2 - n\bar{x}^2\right) = \frac{1}{24}(4.9 \times 10^5 - 25 \times 10^4) = 10^4$$

故 $s^* = 100$,且

$$t = \frac{5(\bar{x} - 90)}{s^*} = \frac{5 \times 10}{100} = 0.5$$

查表知　　　　　　$t_{1-\alpha}(n-1) = t_{0.95}(24) = 1.7109$

由于 $t = 0.5 < t_{0.95}(24) = 1.7109$,因此不能拒绝 H_0.

8. 随机地从一批外径为 1 cm 的钢珠中抽取 10 只,测试其屈服强度(单位:kg),得数据 $x_1, x_2, \cdots, x_{10}$,并由此算得 $\bar{x} = 2200, s^* = 220$. 已知钢珠的屈服强度服从正态分布 $N(\mu, \sigma^2)$,在显著性水平 $\alpha = 0.05$ 下分别检验:

(1) $H_0: \mu = 2000, H_1: \mu < 2000$;

(2) $H_0: \sigma^2 = 200^2, H_1: \sigma^2 > 200^2$.

解　(1) 因为检验假设 $H_0: \mu = 2000, H_1: \mu < 2000$,所以选统计量

$$T = \frac{\sqrt{n}(\bar{X} - \mu_0)}{S^*}$$

拒绝域为

$$R = \{T > t_{1-\alpha}(n-1)\}$$

又查表知 $t_{1-\alpha}(n-1) = t_{0.95}(9) = 1.8331$,计算 Z 值为

$$t = \frac{\sqrt{10}(2200 - 2000)}{220} \approx 2.874$$

因 $t \approx 2.874 > 1.833\ 1 = t_{0.95}(9)$，故拒绝 H_0，接受 H_1.

（2）因为检验假设 $H_0 : \sigma^2 = 200^2, H_1 : \sigma^2 > 200^2$，所以选统计量

$$\chi^2 = \frac{(n-1)S^*}{\sigma^2}$$

拒绝域为 $\qquad\qquad R = \{\chi^2 > \chi^2_{1-\alpha}(n-1)\}$

查表知 $\qquad\qquad \chi^2(n-1) = \chi^2(9) = 16.919$

且计算 χ^2 的观察值为

$$\chi^2 = \frac{(n-1)s^*}{200^2} = \frac{9 \times 220^2}{200^2} = 10.89$$

因 $\chi^2 = 10.89 < 16.919 = \chi^2_{0.95}(9)$，故接受 H_0.

9. 一卷烟厂向化验室送去 A，B 两种烟草，化验尼古丁的含量是否相同. 从 A，B 中各随机抽取质量相同的 5 例进行化验，测得尼古丁的含量为：

A：24，27，26，21，24；　B：27，28，23，31，26

假设尼古丁含量服从正态分布，且 A 种的方差为 5，B 种的方差为 8，取显著性水平 $\alpha = 0.05$. 问：两种烟草的尼古丁含量是否有差异？

解　设 A 的含量为 X，B 的含量为 Y，且

$$X \sim N(\mu_1, 5), \quad Y \sim N(\mu_2, 8)$$

设原假设 $H_0 : \mu_1 = \mu_2$，备选假设 $H_1 : \mu_1 \neq \mu_2$，故选统计量

$$Z = \frac{\overline{X} - \overline{Y}}{\sqrt{\dfrac{\sigma_1^2}{n} + \dfrac{\sigma_2^2}{n}}}$$

拒绝域为 $\qquad\qquad R = \{|Z| > u_{1-\alpha/2}\}$

又查表及计算得

$$u_{0.975} = 1.96, \quad \overline{x} = 24.4, \quad \overline{y} = 27$$

$$z = \frac{24.2 - 27}{\sqrt{1 + 8/5}} = -\frac{2.6}{1.612} = -1.612\ 9$$

且 $u_{0.975} = 1.96 > 1.6129$，故接受 H_0，即认为两种烟草的尼古丁含量没有差异.

10. 某厂铸造车间为提高缸体的耐磨性而试制了一种镍合金铸件以取代一种铜合金铸件，现从两种铸件中各抽一个样本进行硬度测试，其结果如下：

镍合金铸件（X）：72.0，69.5，74.0，70.5，71.8

铜合金铸件（Y）：69.8，70.0，72.0，68.5，73.0，70.0

根据以往经验知硬度 $X \sim N(\mu_1, \sigma_1^2), Y \sim N(\mu_2, \sigma_2^2)$，且 $\sigma_1 = \sigma_2 = 2$. 试在 $\alpha = 0.05$ 水平下比较镍合金铸件硬度有无显著提高.

解　设原假设 $H_0 : \mu_1 \leqslant \mu_2$，备选假设 $H_1 : \mu_1 > \mu_2$，故选统计量

$$Z = \frac{\overline{X} - \overline{Y}}{\sqrt{\dfrac{\sigma_1^2}{n_1} + \dfrac{\sigma_2^2}{n_2}}}$$

拒绝域为

$$R = \{|Z| > u_{1-\alpha}\}$$

又由查表及计算得

$$u_{0.95} = 1.645, \quad \overline{x} = 71.56, \quad \overline{y} = 70.55$$

$$z = \frac{71.56 - 70.55}{\sqrt{4/5 + 4/6}} \approx \frac{1.01}{1.21} \approx 0.834\ 7 < 1.645 = u_{0.95}$$

故接受 H_0，即认为镍合金铸件硬度没有显著提高.

11. 用两种不同方法冶炼的某种金属材料,分别取样测定某种杂质的含量,所得数据如下(单位为万分率):

　　原方法(X):26.9,25.7,22.3,26.8,27.2,24.5,22.8,23.0,24.2,26.4,
　　　　　　30.5,29.5,25.1

　　新方法(Y):22.6,22.5,20.6,23.5,24.3,21.9,20.6,23.2,23.4

假设这两种方法冶炼时杂质含量均服从正态分布,且方差相同,问这两种方法冶炼时杂质的平均含量有无显著差异? 取显著性水平为 0.05.

　　解　设

$$X \sim N(\mu_1, \sigma^2), Y \sim N(\mu_2, \sigma^2)$$

且原假设 $H_0 : \mu_1 = \mu_2$,备选假设

$H_1 : \mu_1 \neq \mu_2$,故选统计量

$$T = \frac{\overline{X} - \overline{Y}}{S_w \sqrt{\dfrac{1}{n_1} + \dfrac{1}{n_2}}}, \quad S_w = \frac{n_1 S_1^2 + n_2 S_2^2}{n_1 + n_2 - 2}$$

拒绝域为
$$R = \{|T| > t_{1-\alpha/2}\}$$

又查表及计算得

$$t_{0.975}(13 + 9 - 2) = 2.086, \quad \overline{x} = 25.76, \quad \overline{y} = 22.51$$

$$\sum_{i=1}^{13} x_i^2 = 8\ 701.67, \quad \sum_{i=1}^{9} y_i^2 = 4\ 573.88$$

$$13 s_1^2 = 75.16, \quad 9 s_2^2 = 13.58, \quad s_w^2 = 4.437$$

且
$$t = \frac{25.76 - 22.51}{2.106\ 4 \times \sqrt{0.077 + 0.111}} \approx \frac{3.25}{0.913\ 3} \approx 3.559$$

故拒绝 H_0,即认为两种方法有显著差异.

12. 随机地挑选 20 位失眠者分别服用甲、乙两种安眠药,记录他们的睡

眠延长时间(单位:h),得数据 $x_1,x_2,\cdots,x_{10}$ 和 $y_1,y_2,\cdots,y_{10}$,由此算得 $\bar{x}=4.04$, $s_1^{*2}=0.001$, $\bar{y}=4$, $s_2^{*2}=0.004$. 问:能否认为甲药的疗效显著地高于乙药? 假定甲、乙两种安眠药的延长睡眠时间均服从正态分布,且方差相等,取显著性水平 $\alpha=0.05$.

解 设

$$X \sim N(\mu_1,\sigma^2), \quad Y \sim N(\mu_2,\sigma^2)$$

且原假设 $H_0:\mu_1 \leqslant \mu_2$,备选假设

$H_1:\mu_1 > \mu_2$,故选统计量

$$T = \frac{\bar{X}-\bar{Y}}{S_w\sqrt{\dfrac{1}{n_1}+\dfrac{1}{n_2}}}, \quad S_w = \frac{n_1 S_1^2 + n_2 S_2^2}{n_1+n_2-2}$$

拒绝域为

$$R = \{\,|T| > t_{1-\alpha}\}$$

又由查表及题设可知

$$t_{0.95}(10+10-2)=1.7341, \quad \bar{x}=4.04, \quad s_1^{*2}=0.001, \quad \bar{y}=4, \quad s_2^{*2}=0.004$$

$$s_w^2 = \frac{1}{18}(9 \times 0.001 + 9 \times 0.004) = 0.0025$$

且

$$t = \frac{4.04-4}{0.05 \times \sqrt{2/10}} \approx \frac{0.04}{0.0224} \approx 1.7857$$

故拒绝 H_0,即认为甲药的疗效显著地高于乙药.

13. 灰色的兔与棕色的兔交配能产生灰色、黑色、肉桂色和棕色等四种颜色的后代,其数据比例由遗传学理论是 $9:3:3:1$. 为了验证这个理论,作了一些观测,得到如下数据:

	实测数	理论数
灰色	149	$144(=256 \times 9/16)$
黑色	54	$48(=256 \times 3/16)$
肉桂色	42	$48(=256 \times 3/16)$
棕色	11	$16(=256 \times 1/16)$
总计	256	256

问:关于兔子的遗传理论是否可信($\alpha=0.05$)?

解 设原假设 $H_0:p_1=9/16$, $p_2=3/16$, $p_3=3/16$, $p_4=1/16$. 选取 χ^2 统计量,则 χ^2 统计量的值为

$$\chi^2 = \frac{(149-144)^2}{144} + \frac{(54-48)^2}{48} + \frac{(42-48)^2}{48} +$$

$$\frac{(11-16)^2}{16} \approx 3.236\ 1$$

临界值 $\chi^2_{0.95}(3) = 6.815$. 因为 $\chi^2_{0.95}(3) = 6.815 > 3.236\ 1$,所以接受 H_0,即认为遗传理论是可信的.

14. 某电话交换台在 1 小时(60 min)内每分钟接到电话用户的呼唤次数有如下记录:

呼唤次数	0	1	2	3	4	5	6	7
实际频数	8	16	17	10	6	2	1	0

问:统计资料可否说明,每分钟电话呼唤次数服从泊松分布($\alpha = 0.05$)?

解　设原假设 $H_0: X \sim P(\lambda)$,λ 未知,其最大似然估计为

$$\hat{\lambda} = \bar{x} = \frac{1}{60}\sum_{i=0}^{7} i \times n_i = \frac{120}{60} = 2$$

期望数为

$$60\hat{p}(0) = 60 \times 0.135 = 8.1, \qquad 60\hat{p}(1) = 60 \times 0.271 = 16.26$$
$$60\hat{p}(2) = 60 \times 0.271 = 16.26, \qquad 60\hat{p}(3) = 60 \times 0.181 = 10.86$$
$$60\hat{p}(4) = 60 \times 0.091 = 5.46, \qquad 60\hat{p}(5) = 60 \times 0.036 = 2.16$$
$$60\hat{p}(6) = 60 \times 0.012 = 0.72, \qquad 60\hat{p}(7) = 60 \times 0.003 = 0.18$$

计算 χ^2 的值:

$$\chi^2 = \frac{(8-8.1)^2}{8.1} + \frac{(16-16.26)^2}{16.26} + \frac{(17-16.26)^2}{16.26} + \frac{(10-10.86)^2}{10.86} +$$

$$\frac{(6-5.46)^2}{5.46} + \frac{(2-2.16)^2}{2.16} + \frac{(1-0.72)^2}{0.72} + \frac{(0-0.18)^2}{0.18} \approx$$

$$0.001\ 2 + 0.004\ 2 + 0.033\ 7 + 0.068\ 1 + 0.053\ 4 + 0.011\ 9 +$$

$$0.108\ 9 + 0.18 = 0.461\ 4$$

临界值 $\chi^2_{0.95}(8-1-1) = 12.592$. 因为 $\chi^2 = 0.461\ 4 < 12.592$,所以接受 H_0,即认为每分钟电话呼唤次数服从泊松分布.

参 考 文 献

［1］　同济大学应用数学系.工程数学·概率统计简明教程.北京:高等教育出版社,2003.

［2］　同济大学应用数学系.概率统计简明教程附册学习辅导与习题全解.北京:高等教育出版社,2004.

［3］　韩明.概率论与数理统计.上海:同济大学出版社,2007.

［4］　丁正生.概率论与数理统计简明教程.北京:高等教育出版社,2005.

［5］　盛骤.概率论与数理统计习题全解指南.北京:高等教育出版社,2008.

［6］　林孔容.概率论与数理统计学习指导.上海:同济大学出版社,2007.

［7］　龚冬宝.概率论与数理统计典型题.西安:西安交通大学出版社,2000.

［8］　余长安.概率论与数理统计历年考研真题详解与常考题型应试技巧.武汉:武汉大学出版社,2008.

［9］　陈桂林.概率论与数理统计学习指导.北京:科学出版社,2005.

［10］　谢兴武.概率统计释难解惑.北京:科学出版社,2007.

［11］　王松桂.概率论与数理统计.北京:科学出版社,2006.

［12］　赵衡秀.概率论与数理统计全程学练考.沈阳:东北大学出版社,2003.

［13］　章昕.概率统计辅导.北京:机械工业出版社,2002.

［14］　李裕奇.随机过程.北京:国防工业出版社,2003.

［15］　孙荣恒.应用概率论.北京:科学出版社,1998.

［16］　孙荣恒.趣味随机问题.北京:科学出版社,2004.